单片微型计算机原理及接口技术

邹丽新　朱桂荣　陈大庆　丁建强　编著

苏州大学出版社

图书在版编目(CIP)数据

单片微型计算机原理及接口技术 / 邹丽新等编著
. —苏州：苏州大学出版社，2018.8（2024.1 重印）
ISBN 978-7-5672-2542-8

Ⅰ. ①单… Ⅱ. ①邹… Ⅲ. ①单片微型计算机－理论
－高等学校－教材 ②单片微型计算机－接口技术－高等学
校－教材 Ⅳ. ①TP368.1

中国版本图书馆 CIP 数据核字(2018)第 171422 号

内 容 提 要

本书以 MCS-51 单片微机为中心介绍单片微型计算机原理与接口技术。内容包括：微型计算机的基础知识、MCS-51 单片微机的硬件结构、指令系统、汇编语言程序设计、中断系统、定时器/计数器与串行接口等，同时还介绍了输入/输出口的扩展、键盘接口技术、显示接口技术和 D/A 与 A/D 接口技术，最后介绍 MCS-51 兼容单片机。

本书可作为高等院校微型计算机原理与接口技术课程的教材。全书具有较强的系统性、先进性和实用性，特别是介绍了一些较新的单片微机接口技术。内容通俗易懂、由浅入深、循序渐进，每章都配有习题，特别适合于没有学过微机原理课程的人员学习。本书也可作为工程技术人员参考用书。

单片微型计算机原理及接口技术

邹丽新　朱桂荣　陈大庆　丁建强　编著
责任编辑　周建兰

苏州大学出版社出版发行
（地址：苏州市十梓街 1 号　邮编：215006）
广东虎彩云印刷有限公司印装
（地址：东莞市虎门镇黄村社区厚虎路20号C幢一楼　邮编：523898）

开本 787 mm×1 092 mm　1/16　印张 20　字数 498 千
2018 年 8 月第 1 版　2024 年 1 月第 2 次印刷
ISBN 978-7-5672-2542-8　定价：56.00 元

苏州大学版图书若有印装错误，本社负责调换
苏州大学出版社营销部　电话：0512-67481020
苏州大学出版社网址　http://www.sudapress.com

前　　言

　　20世纪80年代以来,微型计算机应用技术不断发展和提高,应用领域不断拓宽,目前已经渗透到国防科技、工业生产、农业技术、人工智能、医疗器具、智能家电等各个领域,微型计算机也成为当今世界科学技术应用和发展不可缺少的重要工具。作为微型计算机的重要分支——单片微型计算机,由于其具有结构简洁、原理清晰、扩展灵活、功耗低等特点,因而得到了广泛应用。"单片微型计算机原理及接口技术"课程一直受到各高等院校的重视,深受同学们的欢迎,也为推广微型计算机应用技术做出了重要的贡献。

　　Intel公司的MCS-51系列单片机在我国最早得到推广,并迅速占领我国单片机技术应用市场,目前仍然得到广泛应用。这是得益于Intel公司对51单片机技术实施的开放策略,这一策略使51兼容单片机的产品种类和数量得到了迅速的发展。众多半导体厂商在51单片机的基础上,结合了最新的技术成果,推出了各具特色的51系列兼容单片机。这给51单片机产品赋予了新的生命力,并形成了众星捧月、不断优化、经久不衰的发展格局,在8位单片机的发展中成为一道独特的风景线。因此国内众多高等院校的"单片微型计算机原理与接口技术"课程仍以讲授51系列单片机为主。

　　目前51系列兼容单片机的性能和功能已远远超越了早期Intel公司的MCS-51单片机,全面提升了单片机的运行速度,扩大了存储器容量,大大降低了功耗,提高了驱动能力,集成了多种外围功能模块,提供了多种配置各种封装的系列产品,采用的Flash技术和ISP/IAP(在系统可编程/在应用可编程)技术,极大地方便了应用系统的调试和开发,并在产品的可靠性、安全性、适用性、可用性方面不断改进,性价比不断提升。与此同时,单片机的各种接口技术也得到了快速发展,显示器从单色LED、LCD,到现在广泛使用的彩色LCD、LED和OLED,键盘也从机械式发展到触摸屏技术,通信接口也从并行接口和RS-232C、RS-485串行接口,发展到目前广泛使用的SPI、I^2C、USB等。针对这一现状和发展趋势,本书在介绍MCS-51单片机原理和接口技术的基础上,增加介绍了触摸屏技术,彩色LED和OLED技术,SPI和I^2C接口,新颖的D/A和A/D接口,以及目前较为流行的51兼容单片机。

　　全书共分为11章,第1章主要介绍了微型计算机的基础知识。第2章介绍了Intel公司的MCS-51单片机的硬件结构,包括MCS-51单片机的组成及工作原理、存储器等。第3章介绍了MCS-51单片机的指令系统,包括51系列单片机的寻址方式和111种指令。第4章介绍了51系列单片机汇编语言程序设计,包括汇编语言与机器语言的基本概念,程序设计步骤与方法,伪指令和典型程序设计。第5章介绍了中断系统,包括中断的概念,51系统的中断系统,中断程序的设计,外部中断源的扩展。第6章介绍了定时器/计数器与串行接口,包括51系统定时器与计数器的资源,串行通信的基本概念和51单片机的串行接口。第7章介绍了输入/输出口的扩展,包括并行I/O的扩展和串行I/O的扩展。第8章介绍了单片机键盘接口技术,包括非编码式键盘、编码式键盘和触摸屏技术。第9章介绍了显示接口技术,包括单色LED显示和彩色LED显示,LCD显示和OLED显示模块的使用。第10章介绍了D/A与A/D接口技术,包括D/A转换器和A/D转换器的工作原理,D/A转换器和A/

D 转换器的接口及应用。第 11 章介绍了 MCS-51 兼容单片机,包括常用的 AT89 系列单片机、Nuvoton(原 Winbond)系列单片机、Silicon Labs C8051F 系列单片机和 STC 单片机。带"*"号内容可作为阅读材料。每章都配有习题,供学习者练习和复习。

  参加本书编写工作的有邹丽新、丁建强、朱桂荣、陈大庆、栗荣、王富东、王家善,全书由邹丽新教授负责统稿。王岩岩老师、许峰川老师和张桂炉老师参与了文字校对工作。

  在本书编写期间各兄弟院校的老师提出了不少宝贵意见和建议,在此一并致以衷心的谢意。

  由于编者水平有限,错误、遗漏和不妥之处在所难免,敬请各位读者批评指正。

编 者
2018 年 6 月

目　　录

第 1 章　微型计算机基础

1.1　概述 ··· 1
　　1.1.1　计算机的产生与发展 ··· 1
　　1.1.2　计算机的基本组成 ··· 1
　　1.1.3　微型计算机的系统结构 ··· 2
　　1.1.4　单片微型计算机 ··· 3
　　1.1.5　单片微型计算机的应用与发展 ··· 4
1.2　数字化信息编码与数据表示 ·· 6
　　1.2.1　常用的信息编码 ··· 6
　　1.2.2　计算机中数值数据的表示、转换与运算 ······································· 10
　　1.2.3　二进制数在计算机内的表示法 ··· 13
习题一 ··· 19

第 2 章　MCS-51 单片机的硬件结构

2.1　MCS-51 单片机的组成及工作原理 ··· 20
　　2.1.1　MCS-51 单片机的结构与特点 ·· 20
　　2.1.2　MCS-51 单片机的引脚功能 ·· 22
　　2.1.3　振荡器、时钟电路与 CPU 时序 ··· 25
　　2.1.4　并行 I/O 端口 ·· 28
　　2.1.5　复位与低功耗操作 ··· 31
2.2　存储器 ··· 33
　　*2.2.1　半导体存储器 ··· 33
　　2.2.2　MCS-51 单片机存储器的配置和组织 ·· 45
　　2.2.3　程序存储器的扩展 ··· 52
　　2.2.4　数据存储器的扩展 ··· 53
习题二 ··· 54

第 3 章　MCS-51 单片机的指令系统

3.1　指令系统概述 ··· 56
　　3.1.1　基本概念 ··· 56
　　3.1.2　常用符号的意义 ··· 56
　　3.1.3　指令分类 ··· 57
3.2　寻址方式 ··· 57

3.3 指令 59
   3.3.1 数据传送指令 59
   3.3.2 算术运算指令 64
   3.3.3 逻辑运算指令 70
   3.3.4 控制转移指令 74
   3.3.5 位处理指令 80
3.4 指令系统的特点 83
习题三 84

第4章 汇编语言程序设计

4.1 汇编语言与机器语言 87
4.2 程序设计步骤与方法 87
   4.2.1 程序的设计步骤 87
   4.2.2 编程的方法与技巧 88
   4.2.3 汇编语言程序的基本结构 89
   4.2.4 汇编语言源程序的汇编 91
4.3 伪指令 92
4.4 MCS-51系统典型程序设计 94
   4.4.1 无符号数的排序 94
   4.4.2 查表程序 96
   4.4.3 数制转换 98
   4.4.4 N分支散转程序设计 102
   4.4.5 数字滤波程序 104
习题四 108

第5章 中断

5.1 中断的概念 110
   5.1.1 中断的定义 110
   5.1.2 中断的作用 110
5.2 中断系统 111
   5.2.1 组成 111
   5.2.2 中断源 111
   5.2.3 中断控制 113
   5.2.4 中断响应 115
5.3 中断程序的设计 118
   5.3.1 初始化程序 118
   5.3.2 中断服务程序 118
   5.3.3 中断程序举例 119

5.4 外部中断源的扩展 ·· 121
    5.4.1 利用"与"逻辑合并外部中断信号 ·· 121
    5.4.2 利用触发器检测外部中断信号 ·· 122
    5.4.3 利用异或门检测外部中断信号 ·· 122
5.5 用软件模拟实现多优先级 ··· 124
习题五 ·· 125

第 6 章 定时器/计数器与串行接口

6.1 定时器与计数器 ·· 126
    6.1.1 基本概念 ·· 126
    6.1.2 MCS-51 单片机的定时器/计数器 ··· 126
    6.1.3 52 子系列单片机中的定时器/计数器 2 ······································· 130
    6.1.4 定时器与计数器的应用举例 ··· 135
6.2 串行通信的基本概念 ·· 140
    6.2.1 串行传输方式 ·· 140
    6.2.2 串行数据通信中的几个问题 ··· 141
6.3 MCS-51 单片机的串行接口 ··· 146
    6.3.1 串行口的电路结构 ·· 146
    6.3.2 串行口的工作方式 ·· 148
    6.3.3 串行口应用举例 ·· 153
习题六 ·· 160

第 7 章 输入/输出口的扩展

7.1 并行输入/输出口扩展的地址分配 ··· 162
7.2 并行接口的扩展 ·· 163
    7.2.1 并行输出口的扩展 ·· 163
    7.2.2 并行输入口的扩展 ·· 166
7.3 可编程输入/输出芯片 8255 ·· 168
    7.3.1 8255 的内部结构 ··· 168
    7.3.2 8255 的引脚功能及端口选择 ·· 170
    7.3.3 8255 的控制字、状态字和三种工作方式 ···································· 170
    7.3.4 MCS-51 单片机与 8255 的接口 ··· 178
    7.3.5 8255 编程举例 ·· 179
7.4 异步串行接口的扩展 ·· 180
    7.4.1 RS-485 标准 ·· 180
    7.4.2 RS-485 接口的扩展 ·· 181
    7.4.3 异步串行接口与 PC 的通信 ··· 183
7.5 同步串行接口的扩展 ·· 186
    7.5.1 SPI 接口 ·· 186

7.5.2　I^{2}C 总线 …… 190

习题七 …… 198

第8章　单片机键盘接口

8.1　非编码式键盘 …… 200
 8.1.1　键盘的基本工作原理 …… 200
 8.1.2　键的识别方法 …… 201

8.2　编码式键盘 …… 209
 8.2.1　编码式键盘专用电路 zlg7289A …… 209
 8.2.2　采用单片机设计编码式键盘电路 …… 209

8.3　触摸屏技术 …… 210
 8.3.1　触摸屏的工作原理 …… 211
 8.3.2　触摸屏的三个基本技术特性 …… 212

习题八 …… 213

第9章　显示接口技术

9.1　LED 发光二极管的驱动 …… 214
 9.1.1　基本驱动电路 …… 214
 9.1.2　亮度的控制 …… 216
 9.1.3　颜色控制 …… 217

9.2　七段 LED 数码显示器 …… 218
 9.2.1　结构与原理 …… 218
 9.2.2　七段 LED 数码显示器的接口和编程 …… 220

9.3　点阵 LED 显示器 …… 222
 9.3.1　点阵 LED 显示器概述 …… 222
 9.3.2　点阵 LED 显示器与单片机的接口及编程 …… 223

9.4　LED 显示器专用集成电路 …… 224
 9.4.1　MAX7219 引脚功能 …… 224
 9.4.2　MAX7219 内部组成结构 …… 225
 9.4.3　MAX7219 与单片机的接口 …… 226

9.5　点阵字符 LCD 显示模块的使用 …… 229
 9.5.1　HD44780U 点阵字符型控制器原理 …… 229
 9.5.2　HD44780U 点阵字符型 LCD 控制器的指令 …… 231
 9.5.3　HD44780U 与单片机的接口及软件编程 …… 233

9.6　点阵图形液晶显示器的使用 …… 236
 9.6.1　DMF5001N 点阵图形液晶显示器的结构与特点 …… 236
 9.6.2　DMF5001N 液晶显示器的地址安排 …… 237
 9.6.3　T6963C 点阵液晶显示控制器的指令系统 …… 238
 9.6.4　DMF5001N 液晶显示器的应用 …… 241

9.7 OLED 显示模块的使用 ··· 244
   9.7.1 OLED 显示模块的结构 ······································ 244
   9.7.2 OLED 显示模块的接口电路 ··································· 245
习题九 ·· 249

第 10 章 D/A 与 A/D 接口

10.1 D/A 转换器 ·· 250
   10.1.1 D/A 转换器的工作原理 ····································· 250
   10.1.2 D/A 转换器的性能指标 ····································· 252
   10.1.3 常用 D/A 转换电路 ·· 253
   10.1.4 D/A 转换器与单片机的接口 ·································· 254
   10.1.5 D/A 转换器的应用 ·· 267
10.2 A/D 转换器 ·· 268
   10.2.1 A/D 转换器的工作原理 ····································· 268
   10.2.2 A/D 转换器的性能指标 ····································· 273
   10.2.3 常用 A/D 转换集成电路 ···································· 274
   10.2.4 A/D 转换器与单片机的接口 ·································· 275
   10.2.5 A/D 转换器的选用 ·· 288
习题十 ·· 289

第 11 章 MCS-51 兼容单片机

11.1 概述 ··· 291
11.2 AT89 系列单片机 ·· 292
11.3 Nuvoton(原 Winbond)系列单片机 ··································· 293
11.4 Silicon Labs C8051F 系列单片机 ······································ 294
   11.4.1 C8051F 系列单片机的结构及特点 ······························ 294
   11.4.2 C8051F 系列单片机应用举例 ·································· 295
11.5 STC 单片机 ··· 297
   11.5.1 STC 单片机的发展 ·· 297
   11.5.2 STC 单片机的特点 ·· 297
   11.5.3 STC 单片机的 ISP 和 IAP 技术 ································ 298
   11.5.4 STC 单片机实例 ·· 298
习题十一 ··· 300
附录 A MCS-51 指令表 ·· 301
附录 B MCS-51 指令矩阵表(汇编/反汇编表) ··································· 307
附录 C 图形符号对照表 ·· 308
参考文献 ··· 310

第 1 章
微型计算机基础

1.1 概　　述

1.1.1 计算机的产生与发展

电子计算机是一种能自动、高速、准确地对各种信息进行处理和存储,并能进行算术与逻辑运算的电子设备。电子计算机的产生标志着人类文明进入了一个崭新的历史阶段,并在人类发展史上引起了一场深刻的工业革命。

我们通常把以电子管及其电路为技术基础而构成的计算机称为第一代计算机(1946—1958 年);第二代计算机(1958—1964 年)为晶体管计算机时代;第三代计算机(1964—1971 年)是以集成电路为主的计算机时代,这时计算机的逻辑元件已开始采用小规模与中规模的集成电路(Small Scale Integration or Middle Scale Integration,简称 SSI 或 MSI);第四代计算机(1971 年以后)是大规模与超大规模集成电路(Large Scale Integration or Very Large Scale Integration,简称 LSI 或 VLSI)计算机,它是在单片硅片上集成了数千万个以上晶体管的集成电路。

目前,计算机的应用已进入各个领域,计算机已从早期的数值计算、数据处理发展到当今进行知识处理的人工智能阶段,它不仅可以处理文字、字符、图形、图像、音频、视频等信息,而且正向智能、多媒体计算机方向发展。

在推动计算机技术发展的诸多因素中,除了计算机系统结构和计算机软件技术的发展起了重大作用外,电子技术的发展也起着决定性的作用。随着大规模与超大规模集成电路技术的快速发展,已能将原来体积庞大的中央处理器(Central Processing Unit,简称 CPU)集成在一块面积仅十几平方毫米的半导体芯片上,该半导体芯片称为微处理器(Microprocessor)。微处理器的出现,开创了微型计算机的新时代。以微处理器为核心,加上半导体存储器、输入/输出(I/O)接口电路、系统总线和其他逻辑电路组成的计算机,我们称之为微型计算机,它是计算机发展史上的又一重要环节。

1.1.2 计算机的基本组成

虽然计算机的外形各不相同,但其基本组成都可以分为硬件和软件两大部分,如图 1-1 所示。从第一代计算机问世以来,计算机不断更新换代,其实质就是硬件的更新换代。但无论它怎样改变、升级,就其基本工作原理而言,都是存储程序和程序控制的原理;其基本结构均属于冯·诺依曼型计算机。它由运算器、控制器、存储器、输入设备、输出设备这五个部分组成。原始的冯·诺依曼机在结构上是以运算器和控制器为中心的,但随着计算机系统结构的改进和发展,已逐渐演变为以存储器为中心的结构,如图 1-2 所示。

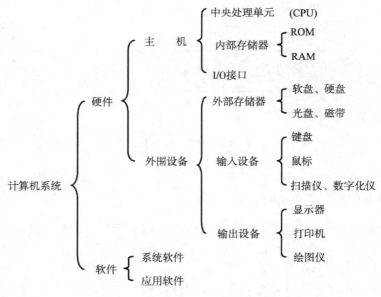

图 1-1　计算机系统的组成

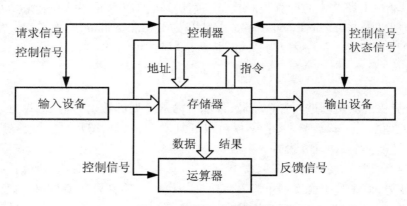

图 1-2　计算机的基本结构

1.1.3　微型计算机的系统结构

微型计算机的组成与其他各类计算机的组成并无本质的区别。但是,由于微型计算机广泛使用了大规模和超大规模集成电路,这样就决定了微型计算机在组成上又具有它本身的特点。

微型计算机由微处理器(MP)、存储器(ROM、RAM)、I/O 接口电路、系统总线(地址总线 AB、数据总线 DB、控制总线 CB)这四个部分组成。

1. 微处理器

微处理器是微型计算机的核心部件,其性能决定了微型计算机的性能。微处理器是集成在一片大规模集成电路上的控制器和运算器。不同型号微型计算机的差别是因其微处理器性能的不同。但是无论何种微处理器,其基本的部件总是相同的。如运算器部分,应包括算术逻辑单元(Arithmetical Logical Unit,简称 ALU)、累加器(Accumulator,简称 ACC)、标志寄存器(Flag Register,简称 FR)、寄存器组等。而控制器部分总是会有程序计数器(Program Counter,简称 PC)、指令寄存器、指令译码器、控制信号发生器等。

2．存储器

存储器是用来存放程序或数据的,存储器分随机存储器(Random Access Memory,简称 RAM)和只读存储器(Read Only Memory,简称 ROM)。

3．系统总线（BUS）

系统总线是计算机系统中各功能部件间传送信息的公共通道(公共信号线),它是微型计算机的重要组成部分,也称为内总线(在微型计算机外部,与外设或其他计算机进行通信的连线称外总线,或叫通信总线)。系统总线包括地址总线(Address Bus,简称 AB)、数据总线(Data Bus,简称 DB)和控制总线(Control Bus,简称 CB)。

4．接口

由于微型计算机广泛应用于各个领域,它所连接的外部设备要求不同的电平、速率,信号的形式可以是模拟信号或数字信号,同时微型计算机与外部设备之间还需要查询和应答信号,用来进行通信联络,这就是输入/输出(I/O)接口,它也是微型计算机的主要部件。

1.1.4 单片微型计算机

随着 LSI、VLSI 技术的高速发展,微型计算机也向着两个方向快速发展：一是高性能的 64 位微型计算机系列正向中、大型计算机挑战；二是在一片芯片上集成多个功能部件,构成一台具有一定功能的单片微型计算机(Single-Chip Microcomputer),简称单片机。从微型计算机诞生开始,单片机的系列产品就如雨后春笋般地层出不穷。Intel 公司、Zilog 公司、Motorola 公司、GI 公司、Rockwell 公司、NEC 公司等世界著名计算机公司都纷纷推出自己的单片机系列产品。现在,除了 8 位和 16 位单片机的产品,32 位超大规模集成电路单片机应用也很广。与此同时,单片机的工作性能也得到了不断改进和提高。

据统计,在 20 世纪 90 年代,全世界每 6 人就有一片单片机,美国及西欧国家已达人均 4 片。单片机已成为工控领域、军事领域及日常生活中使用最广泛的微型计算机。在我国以 Intel 的 MCS-51 单片机应用最为广泛。

单片机是在一块芯片上集成了中央处理器(CPU)、存储器(ROM、RAM)、输入/输出(I/O)接口、可编程定时器/计数器等构成一台计算机所必需的功能部件,有的还包含 A/D 转换器、D/A 转换器等接口电路,一块单片机芯片相当于一台微型计算机,其结构如图 1-3 所示,它具有如下特点。

(1) 集成度高、功能强

通常微型计算机的 CPU、RAM、ROM 以及 I/O 接口等功能部件分别集成在不同的芯片上。而单片机则不同,它把这些功能部件都集成在一块芯片内。

(2) 结构合理

单片机大多采用与冯·诺依曼机稍有不同的哈佛(Harvard)结构,这是数据存储器与程序存储器相互独立的一种结构,这种结构的好处是：

① 存储量大

如采用 16 位地址总线的 8 位单片机可寻址外部 64KB RAM 和 64KB ROM(包括内部

ROM)。此外,还有内部 RAM(通常为 64~256B)和内部 ROM(一般为 1~8KB)。正因为如此,单片机不仅可以进行控制,而且能够进行数据处理。

② 速度快、功能专一

单片机小容量的随机存储器安排在内部,这样的结构极大地提高了 CPU 的运算速度。并且由于单片机的程序存储器是独立的,因此很容易实现程序固化。

(3) 抗干扰性强

单片机的各种功能部件都集成于一块芯片上,其布线极短,数据均在芯片内部传送,增强了抗干扰能力,运行可靠。

(4) 指令丰富

单片机的指令一般有数据传送、算术运算、逻辑运算、控制转移等,有些还具有位操作指令。例如,在 MCS-51 系列单片机中,专门设有布尔处理器,并且有一个专门用于处理布尔变量的指令子集。

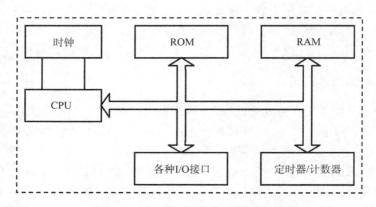

图 1-3　单片微型计算机的结构框图

1.1.5　单片微型计算机的应用与发展

单片机的应用,打破了人们的传统设计思想。原来需要使用模拟电路、脉冲数字电路等部件来实现的功能,在应用了单片机以后,无须使用诸多的硬件,可以通过软件来解决问题。目前单片机已成为测控系统、工业控制、智能化系统等领域的先进控制手段,在人们的日常生活中的应用也非常广泛。

1. 单片机的应用

(1) 工业过程控制中的应用

单片机的 I/O 口线多,操作指令丰富,逻辑操作功能强大,特别适用于工业过程控制。单片机既可作为主机控制,也可作为分布或控制系统的前端机。单片机具有丰富的逻辑判断和位操作指令,因此广泛用于开关量控制、顺序控制以及逻辑控制。例如,工矿企业的锅炉控制、电机控制,交通部门的信号灯控制和管理,以及数控机床等,军事上的雷达、导弹控制等。

(2) 家用电器中的应用

单片机价格低廉、体积小巧、使用方便,广泛应用于人类生活中的诸多场合,如洗衣机、电冰箱、空调器、电饭煲、视听音响设备、大屏幕显示系统、电子玩具、楼宇防盗系统等。

(3) 智能化仪器仪表中的应用

单片机可应用于各类仪器、仪表和设备中,大大地提高了测试的自动化程度与精度,如智能化的示波器、计价器、电子秤、电表、水表、煤气表等。

(4) 计算机网络、外设及物联网中的应用

单片机中集成了通信接口,因而能在计算机网络以及通信设备中广泛应用。加上单片机功耗低、体积小、成本低、容易嵌入各种功能部件中,所以在物联网、无线遥控等方面得到了广泛的应用。

2. 单片机的发展概况

单片机的发展主要可分为以下四个阶段。

(1) 4位单片机(1971—1974年)

它的特点是价廉、结构简单、功能单一、控制能力较弱。例如,Intel公司的4004。

(2) 低、中档8位机(1974—1978年)

此类单片机为8位机的早期产品,如Intel公司的MCS-48单片机系列,Rockwell公司的R6500单片机,Zilog公司的Z8系列单片机等。

(3) 高档8位机(1978—1982年)

此类单片机有串行I/O口,有多级中断处理,定时/计数器为16位,片内RAM、ROM容量增大,寻址范围达64KB,片内尚带有A/D转换接口。它们有Intel公司的MCS-51、Motorola公司的6801等。

(4) 超8位单片机、16位单片机和32位单片机(1982年至今)

这个阶段单片机的特点是不断完善高档8位机,并同时发展16位单片机及专用类型的单片机。运行速度提高了数十倍,片内RAM和ROM的容量也进一步增大,片内带高速I/O部件,多通道10位A/D转换部件,中断处理8级,片内带监视定时器(Watchdog)、PWM(Pulse Width Modulation,脉冲宽度调制)以及SPI串行接口等。现在32位单片机也已进入应用领域,如ARM单片机采用了新型的32位ARM核处理器,引入了操作系统,使其在指令系统、总线结构、调试技术、功耗以及性价比等方面都超过了传统的51系列单片机,同时ARM单片机在芯片内部集成了大量的片内外设,所以功能和可靠性都大大提高。

总之,单片机的发展趋势向着大容量、高性能,小容量、低廉化,外围电路内装化以及I/O接口的增强和能耗降低等方向发展。

● 大容量化:片内存储器容量扩大。以前的ROM为1~8KB,RAM为64~256B;现在片内ROM可达64KB,甚至更多,片内RAM达4KB;以后会越来越大。

● 高性能化:不断改善CPU性能,加快指令运算速度与提高系统控制的可靠性,加强位处理功能、中断与定时控制功能。并采用流水线结构,指令以队列形式出现在CPU中,具有极高的运算速度,有的则采用多流水线结构,其运算速度比传统单片机高出10倍以上。

● 小容量、低廉化:小容量、低廉的8位单片机是发展的方向之一,其用途是把以往用数字逻辑电路组成的控制电路单片化。

● 外围电路内装化:随着单片机集成度的提高,可以把众多的外围功能器件集成到片内,除了CPU、ROM、RAM、定时/计数器等以外,还可把D/A和A/D转换器、DMA控制器、声音发生器、监视定时器、液晶驱动电路、多功能串行接口和锁相电路等一并集成在芯片内,

形成片上系统(SOC)。
● 增强 I/O 接口功能：为减少外部驱动芯片，进一步增加单片机并行口驱动能力，有的单片机可直接输出大电流、高电压，可直接驱动显示器，同时设置了高速 I/O 接口，提高内、外数据的处理能力。随着超大规模集成工艺的不断完善与发展，将来单片机的集成度将更高，体积将更小，功能将更强，现正向双核和多核的单片机方向发展。

● 低功耗：有些超低功耗的单片机其工作电压为 0.9～3.6V，在 1 MHz 工作频率下，其工作电流仅为 160μA。

1.2 数字化信息编码与数据表示

所谓编码，就是用少量简单的基本符号，选用一定的组合规则，以表示各种信息。基本符号的种类和这些符号的组合规则是一切信息编码的两大要素。例如，用 10 个阿拉伯数码表示数字，用 26 个英文字母表示英文词汇等，这就是编码的典型例子。

计算机中广泛采用的是仅用"0"和"1"两个基本符号组成的基 2 码，或称为二进制码。2 称为码制的基。

1.2.1 常用的信息编码

信息编码是计算机设计与应用的基本理论之一，要求能熟练掌握并应用自如。本节主要介绍中西文字符编码、逻辑型数据的表示和数值型数据的表示等。

1. 二进制编码的十进制数

二进制数的运算规律十分简单，但二进制数给人的感觉不直观，因此，在计算机的输入与输出部分一般还是采用十进制数来表示。但计算机中的十进制数是用二进制编码表示的。一位十进制数用四位二进制编码来表示，表示的方法有很多，常用的则是 8421BCD(Binary Coded Decimal)码，如表 1-1 所示。

表 1-1 BCD 编码表

十进制数	8421BCD 码	十进制数	8421BCD 码
0	0000	8	1000
1	0001	9	1001
2	0010	10	0001 0000
3	0011	11	0001 0001
4	0100	12	0001 0010
5	0101	13	0001 0011
6	0110	14	0001 0100
7	0111	15	0001 0101

8421BCD 码有十个不同的数字符号，逢"十"进位，但它的每一位都是用四位二进制编码来表示的，所以它是采用二进制编码的十进制数。

我们所用的 BCD 码比较直观。例如，[0100 1001 0111 1000.0001 0100 1001]$_{(BCD)}$，可以很快地认出它为 4978.149。

所以，只要了解 BCD 码的十种编码形式，就可以方便地实现十进制数与 BCD 码之间的转换。

计算机中通常将 8 位二进制信息作为一个存储单位，也称一个字节。如将两个 BCD 码放在一个字节中，就叫压缩的 BCD 码。而一个 BCD 码存放在一个字节的低 4 位中，高 4 位为 0，则叫非压缩的 BCD 码。前者可以节省存储空间，后者方便运算处理。

2．字符编码

字符是计算机中使用最多的信息形式之一。每个字符都要指定一个确定的编码，作为识别与使用这些字符的依据。在微型计算机中使用最多、最普遍的是 ASCII（American Standard Code for Information Interchange）字符编码，如表 1-2 所示。

表 1-2 ASCII 字符编码表

b3	b2	b1	b0	000	001	010	011	100	101	110	111
							b6 b5 b4				
0	0	0	0	NUL	DLE	SP	0	@	P	`	p
0	0	0	1	SOH	DC1	!	1	A	Q	a	q
0	0	1	0	STX	DC2	"	2	B	R	b	r
0	0	1	1	ETX	DC3	#	3	C	S	c	s
0	1	0	0	EOT	DC4	$	4	D	T	d	t
0	1	0	1	ENQ	NAK	%	5	E	U	e	u
0	1	1	0	ACK	SYN	&	6	F	V	f	v
0	1	1	1	BEL	ETB	'	7	G	W	g	w
1	0	0	0	BS	CAN	(	8	H	X	h	x
1	0	0	1	HT	EM	)	9	I	Y	i	y
1	0	1	0	LF	SUB	*	:	J	Z	j	z
1	0	1	1	VT	ESC	+	;	K	[	k	{
1	1	0	0	FF	FS	,	<	L	\	l	|
1	1	0	1	CR	GS	-	=	M	]	m	}
1	1	1	0	SO	RS	.	>	N	^	n	~
1	1	1	1	SI	US	/	?	O	_	o	DEL

3．中文的编码

中文的编码可分为信息交换码、计算机内部码、输入码和字形码等。信息交换码主要用于中文信息在各种领域之间的交换。计算机内部码又称机内码或简称内码，是中文在计算机内部表示的一种二进制代码。输入码主要用于中文的键盘输入，如拼音码、五笔字型码等，输入码又称外部码或简称外码。字形码是表示中文形状的二进制代码，主要用于中文的显示和打印输出。

（1）中文信息交换码

信息交换码是计算机信息处理的重要基础，也是机内码的依据。各国政府和世界标准化组织都制定了一系列信息交换码的标准，我国制定的中文信息交换码的标准有 GB2312、GB13000 和 GB18030 等。

1980年,我国颁布了第一个汉字编码字符集标准,即GB2312—1980《信息交换用汉字编码字符集基本集》。GB2312规定对任意一个图形字符都采用两个字节表示,每个字节均采用七位编码表示。GB2312将代码表分为94个区,对应第一字节;每个区94个位,对应第二字节,两个字节分别表示区号和位号。01~09区为符号、数字区,16~87区为汉字区,10~15区、88~94区是有待进一步标准化的空白区。GB2312将收录的汉字分成两级:第一级是常用汉字,计3755个,置于16~55区,按汉语拼音字母顺序排列;第二级汉字是次常用汉字,计3008个,置于56~87区,按部首顺序排列。

在计算机内部,常用两个8位二进制数分别表示GB2312中规定的区号和位号。为了能与ASCII码区别开来和避开控制码,这两个8位二进制数是在区号值和位号值的基础上再分别加上十六进制数0A0H(即二进制数10100000B)来表示的,这就是俗称的"国标码"。

GB2312—1980奠定了中文信息处理的基础,但其所能表示的字符远不能适应计算机信息处理的要求,1993年我国制定了与国际标准ISO/IEC10646对应的标准——GB13000.1—1993。

ISO/IEC10646是由国际标准化组织(ISO)、国际电工委员会(IEC)联合制定的国际标准。该标准的全称是"Information Technology-Universal Multiple-octet Coded Character Set (UCS)",即《信息技术通用多八位编码字符集(UCS)》。

UCS可用于世界上各种语言的书面形式以及附加符号的表示、传输、交换、处理、存储、输入及显现。UCS标准定义的一个字符用四个字节来表示,整个字符集包括128个组(Group-octet),每组256个平面(Plane-octet),每平面256个行(Row-octet),每行256个字位(Cell-octet)。

目前流行的工业标准Unicode和中日韩统一汉字(CJK Unified Ideographs)就是UCS的子集。由于UCS新的编码体系与现有多数操作系统和外部设备不兼容,所以它的实现仍需要有一个过程。

1995年全国信息技术化技术委员会提出了《汉字内码扩展规范》和相应的GBK字符集。GBK采用双字节表示,编码范围为8140H~0FEFEH,首字节在81H~0FEH之间,尾字节在40H~0FEH之间,共收入21886个汉字和图形符号,包括了GB2312—1980所有汉字,并向下与其兼容。GBK在MS Windows 9x/Me/NT/2000/2010、IBM OS/2等操作系统中得到广泛应用。

2000年我国信息产业部和原国家质量技术监督局联合发布GB18030—2000《信息技术信息交换用汉字编码字符集基本集的扩充》,该标准作为国家强制性标准,自发布之日起实施。

GB18030—2000是国家标准,在技术上是GBK的超集,并与其兼容,因此GBK也将结束其历史使命。GB18030—2000收录了2.7万多个汉字,其中还同时收录了藏文、蒙文、维吾尔文等主要的少数民族文字。

GB18030—2000标准采用单字节、双字节和四字节三种方式对字符编码。单字节部分使用00H~7FH码位(对应于ASCII码的相应码位)。双字节部分,首字节码位从81H~0FEH,尾字节码位分别是40H~07EH和80H~0FEH。四字节编码范围为81308130H~0FE39FE39H。其中第一、第三个字节码位为81H~0FEH,第二、第四个字节码位为30H~39H。

双字节部分收录内容主要包括 GB13000.1 中 CJK 全部中日韩统一汉字、有关标点符号、表意文字描述符、增补的汉字和部首/构件、双字节编码的欧元符号等。

四字节部分收录了上述双字节字符之外的,包括 CJK 统一汉字扩充在内的 GB13000.1 中的全部字符。

表 1-3 是几个字符在不同标准下的编码。

表 1-3　不同标准下的编码

字符	GB2312 对应的区号/位号 （十进制表示）	GB2312 对应的国标码 （十六进制表示）	GBK 编码 GB18030 双字节编码 （十六进制表示）	CJK/Unicode 编码 （十六进制表示）
啊	16/01	B0A1	B0A1	554A
单	21/05	B5A5	B5A5	5355
片	38/12	C6AC	C6AC	7247
机	27/90	BBFA	BBFA	673A
镕	无	无	E946	9555
昊	无	无	9546	65FB

（2）中文输入码

为了通过计算机的西文键盘输入汉字,必须提供汉字的输入码,通过在键盘上键入汉字的输入码,间接实现汉字输入。因此,汉字输入码应具有单义、方便、高速、可靠等性能。较为常见的汉字输入编码主要有：拼音码、五笔字型码、纵横码等。

（3）中文字形码

在计算机汉字信息处理系统中,为了显示或打印输出中文,系统必须提供中文字形码。最简单的字形码是字形点阵代码。

例如,一个汉字可用 $n \times n$ 的点阵来表示,点阵中每一点用一位二进制数表示,有笔画点阵取 1,无笔画点阵取 0。

常用的中国国家点阵汉字库标准有：

15×16 宋体点阵汉字库标准 GB5199—1985。

24×24 宋体、仿宋体、楷体和黑体点阵汉字库标准 GB5007—1985。

48×48 宋体、仿宋体、楷体和黑体点阵汉字库标准 GB12041—1989、GB12042—1989、GB12043—1989 和 GB12044—1989。

15×16 宋体点阵汉字常按 16×16 存储,一个汉字需要用 32 个字节来表示。GB2312 所定义的 7000 多个汉字,其字库所占的存储量为 224KB。

采用较大点阵描画字形（如 24×24、48×48 或 128×128）,汉字字形的质量可以提高,但同时字库的存储容量也大大增加了。如 48×48 字库的容量将是 16×16 字库的 9 倍。

在单片机系统中,一般只使用 16×16 宋体点阵字库。大于 256×256 的汉字库已失去了实用意义,更高质量的汉字字形一般不采用点阵形式,而采用矢量或轮廓字形码。

4. 逻辑数据的表示

逻辑数据是用来表示二值逻辑中的"是"与"否"或"真"与"假"两个状态的数据。很容易想到,用计算机中的基 2 码的两个状态"1"和"0"恰好能表示逻辑数据的两个状态。例如,用"1"表示"真","0"则表示"假"。注意:这里的 1 和 0 没有了数值和大小的概念,只有逻辑上的意义。对逻辑数据只能进行逻辑运算,产生逻辑数据结果,以表达事物内部的逻辑关系。逻辑数据在计算机内可以用一位基 2 码表示,这就是说,8 个逻辑数据可以存放在 1 个字节中,用其中的每一位表示一个逻辑数据。

5. 数值数据的表示与编码

数值数据是表示数量多少、数值大小的数据。它们有多种表示方法。

日常生活中,用得最多的是带正、负符号的十进制数字串的表示方法。例如,3.1416、-234 等。这种形式的数据难以在计算机内直接存储和计算,主要用于计算机的输入/输出操作,是人机间交换数据的媒介。

在计算机中,用二进制数表示数值、数据,包括整数、纯小数和实数(通称浮点数),这有利于减少所用存储单元的数量,又便于实现算术运算。为了更有效、更方便地表示负数,对二进制数又可选用原码、反码、补码等多种编码方案。

数值数据的表示与编码,对计算机的设计与实现,关系十分密切,且涉及一些基础理论与处理技术,下面将进行详细的讨论。

1.2.2 计算机中数值数据的表示、转换与运算

1. 数制与进位计数法

在采用进位计数的数字系统中,如果只用 r 个基本符号(例如,$0,1,2,\cdots,r-1$)表示数值,则称其为基 r 数制,r 为该数制的基。假定数值 N 用 $m+k$ 个自左向右排列的代码 D_i($-k \leq i \leq m-1$)表示,即

$$N = D_{m-1}D_{m-2}\cdots D_1 D_0 D_{-1} D_{-2} \cdots D_{-k} \qquad (1.1)$$

式中,D_i($-k \leq i \leq m-1$)为该数制的基本符号,可取 $0,1,2,\cdots,r-1$,小数点位置隐含在 D_0 与 D_{-1} 位之间,则 $D_{m-1}D_{m-2}\cdots D_1 D_0$ 为 N 的整数部分,$D_{-1}D_{-2}\cdots D_{-k}$ 为 N 的小数部分。

如果每一个 D_i 的单位值都赋以固定的值 W_i,则称 W_i 为 D_i 位的权,此时的数制称为有权的基 r 数制。N 代表的实际值可表示为

$$N = \sum_{i=m-1}^{-k} D_i \times W_i \qquad (1.2)$$

如果该数制的编码还符合"逢 r 进位"的规则,则每一位的权(简称位权)可表示为

$$W_i = r^i \qquad (1.3)$$

式中,r 是数制的基,i 为位序号。式(1.2)又可以写为

$$N = \sum_{i=m-1}^{-k} D_i \times r^i \qquad (1.4)$$

此时该数制称为 r 进位数制,简称 r 进制。

下面是计算机中常用的几种进位数制。

二进制:$r=2$,基本符号 $0,1$。

八进制:$r=8$,基本符号 $0,1,2,3,4,5,6,7$。

十六进制:$r=16$,基本符号 $0,1,2,3,4,5,6,7,8,9,A,B,C,D,E,F$,其中 A~F 分别表示十进制数 $10,11,12,13,14,15$。

十进制:$r=10$,基本符号 $0,1,2,3,4,5,6,7,8,9$。

十进制、十六进制、二进制、八进制数码对照表如表1-4所示。

表1-4　十进制、十六进制、二进制、八进制数码对照表

十进制数	十六进制数	二进制数	八进制数	十进制数	十六进制数	二进制数	八进制数
0	0	0000	0	9	9	1001	11
1	1	0001	1	10	A	1010	12
2	2	0010	2	11	B	1011	13
3	3	0011	3	12	C	1100	14
4	4	0100	4	13	D	1101	15
5	5	0101	5	14	E	1110	16
6	6	0110	6	15	F	1111	17
7	7	0111	7	16	10	10000	20
8	8	1000	10				

如果每一位 D_i 都具有相同的基,即采用同样的基本符号集来表示,则称该数制为固定基数值,这是在计算机内普遍采用的方案。在个别应用中,也允许对不同的 D_i 位或位段选用不同的基,则该数制称为混合基数制,典型的例子是时、分、秒的计时制,时的基为24,分和秒的基为60。

2. 数据的转换

（1）二（八、十六）进制数转换成十进制数

数值 N 和用于表示它的多个二进制位间的关系为

$$N = \sum_{i=m-1}^{-k} D_i \times 2^i \tag{1.5}$$

式中,D_i 可以为1或0。i 为位序号,整数部分的位序号为 $m-1 \sim 0$,小数部分的位序号为 $-1 \sim -k$;N 等于 $m+k$ 位二进制位的数值之和。例如,$(1101.0101)_2 = 1 \times 2^3 + 1 \times 2^2 + 0 \times 2^1 + 1 \times 2^0 + 0 \times 2^{-1} + 1 \times 2^{-2} + 0 \times 2^{-3} + 1 \times 2^{-4} = (13.3125)_{10}$。

用二进制表示一个数值 N,所用的位数 K 为 $\log_2 N$,如表示4096,K 为13,写起来位串很长。为此,计算机中也常常采用八进制和十六进制来表示数值数据,N 和各进制位间的关系分别为

$$N = \sum_{i=m-1}^{-k} D_i \times 8^i \tag{1.6}$$

$$N = \sum_{i=m-1}^{-k} D_i \times 16^i \tag{1.7}$$

上述两式中所用符号的意义与讨论二进制处所用符号的意义类同,但此处 D_i 包含的基本符号分别限于 $0 \sim 7$ 和 $0 \sim 9$ 再加 $A \sim F$,各位的码权分别为 8^i 和 16^i。例如：

$(7.44)_8 = 7 \times 8^0 + 4 \times 8^{-1} + 4 \times 8^{-2} = (7.5625)_{10}$

$(1A.08)_{16} = 1 \times 16^1 + 10 \times 16^0 + 8 \times 16^{-2} = (26.03125)_{10}$

将二进制、八进制、十六进制表示的数转换成十进制数,使人们更能清楚地衡量该数的大小。

（2）二进制数与八进制数、十六进制数的关系

由于 1 位八进制数可以用 3 位二进制数重编码来得到，1 位十六进制数可以用 4 位二进制数重编码得到，故人们通常认为，在计算机这个领域内，八进制数和十六进制数只是二进制数的一种特定的表示形式。

在把二进制数转换成八进制或十六进制表示形式时，对每 3 位或每 4 位二进制位进行分组时，应保证从小数点所在位置分别向左和向右进行划分，若小数点左侧（即整数部分）的位数不是 3 或 4 的整数倍，可以按在数的最左侧补零的方法处理，对小数点右侧（即小数部分），应按在数的最右侧补零的方法处理。对不存在小数部分的二进制数（整数），应从最低位开始向左把每 3 位划分成一组，使其对应一个八进制位，或把每 4 位划分成一组，使其对应一个十六进制位。例如：

$(1100111.10101101)_2 = (001\ 100\ 111.101\ 011\ 010)_2 = (147.532)_8$

$(1100111.10101101)_2 = (0110\ 0111.1010\ 1101)_2 = (67.AD)_{16}$

把八进制数或十六进制数转换成二进制数的规律是把它们每 1 位的二进制值依次写出来。例如，$(2.A)_{16} = (0010.1010)_2 = (10.101)_2$。

八进制和十六进制之间的转换，经过二进制的中间结果是十分方便的。

（3）十进制数转换成二进制数

十进制到二进制的转换，通常要区分数的整数部分和小数部分，分别按除 2 取余数和乘 2 取整数两种不同的方法来完成。

例 1-1　将十进制数 215 转换成二进制数。其过程如下：

```
 2 | 215      余数      低位
 2 | 107  ……1           ↑
 2 |  53  ……1           │
 2 |  26  ……1           │
 2 |  13  ……0           │
 2 |   6  ……1           │
 2 |   3  ……0           │
 2 |   1  ……1           │
       0  ……1          高位
```

所以，$(215)_{10} = (11010111)_2$。

例 1-2　将十进制小数 0.6875 转换成二进制数（假设要求小数点后取 5 位）。其过程如下：

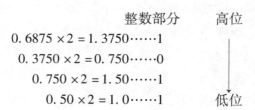

所以，$(0.6875)_{10} = (0.1011)_2$。

需要注意的是,有限长度的十进制小数有可能转换成无限循环的二进制小数。如 $(0.8)_{10} = (0.110011001100\cdots)_2$。反之则不然,即有限长度的二进制小数总能转换成有限长度的十进制小数。

对既有整数又有小数的十进制数,可以先转换其整数部分为二进制数的整数部分,再转换其小数部分为二进制数的小数部分,再把得到的两部分结果合起来,就得到了转换后的最终结果。例如,$(6.375)_{10} = 6 + 0.375 = (110.011)_2$。其过程如下:

```
2 | 6         余数                  整数部分
2 | 3 ………… 0              0.375 × 2 = 0.75 …… 0
2 | 1 ………… 1              0.75 × 2 = 1.50 …… 1
    0 ………… 1              0.5 × 2 = 1.0 …… 1
```

1.2.3　二进制数在计算机内的表示法

1. 二进制数值数据的编码方法

(1) 机器数与真值

前面所提到的二进制数,是一种无符号数的表示,并没有涉及这个数的符号问题。但在实际应用中,数显然会有正有负。这里讲的编码方法,就是指计算机内表示正数、零和负数,以及它们实现算术运算所用到的规则。最常用的编码方法有原码、反码和补码三种表示方法。通常,一个编码的最高位用来表示符号,如字长为 8 位,即 D_7 为符号位,$D_6 \sim D_0$ 为数字位。符号位用"0"表示正,用"1"表示负。例如:

数值 $X = (+91)_{10} = (+1011011)_2$,用 8 位二进制编码可表示为 01011011;而对数值 $X = (-91)_{10} = (-1011011)_2$,可表示为 11011011。

这样连同一个符号位在一起作为一个编码,就称为机器码或机器数,而其数值称为机器数的真值。

(2) 原码、反码和补码

① 原码

上面提到,正数的符号位用"0"表示,负数的符号位用"1"表示,其余各位与真值相同,这种编码就称为原码。例如:

设真值 $X = +105$,则相应的原码为 $[X]_原 = 01101001$。

设真值 $Y = -105$,则 $[Y]_原 = 11101001$。

用原码表示简单易懂,而且与真值的转换很方便。但如果是两个异号数相加(或两个同号数相减),就要做减法。因此,为了使上述运算转换为加法运算,就引入了反码和补码。

② 反码

正数的反码表示与原码相同,最高位为符号位,用"0"表示正,其余位与真值相同。例如:

$$[+31]_反 = 0\quad\underline{0011111}$$
$$\quad\quad\quad\quad\ |\quad\quad\ \ |$$
$$\quad\quad\quad 符号位\ 二进制数值$$

而负数的反码表示,就是由它的正数的按位取反(连符号位)而形成的。例如:

$$\begin{cases} [+31]_{反} = 00011111 \\ [-31]_{反} = 11100000 \end{cases}$$

8位二进制数的反码表示如表1-5所示。它的特点是：
- "0"有两种表示法。
- 8位二进制反码所能表示的数值范围为 -127 ~ +127。
- 当一个带符号数由反码表示时，最高位为符号位。当符号位为"0"（即正数）时，后面的7位为数值部分；当符号位为"1"（即负数）时，这时一定要注意后面几位表示的不是此负数的数值，一定要把它们按位取反，才表示它的数值。

表1-5 计算机中数的表示法

二进制数码	无符号二进制数的值	原码的值	反码的值	补码的值
00000000	0	+0	+0	0
00000001	1	+1	+1	+1
00000010	2	+2	+2	+2
…	…	…	…	…
01111100	124	+124	+124	+124
01111101	125	+125	+125	+125
01111110	126	+126	+126	+126
01111111	127	+127	+127	+127
10000000	128	-0	-127	-128
10000001	129	-1	-126	-127
10000010	130	-2	-125	-126
…	…	…	…	…
11111100	252	-124	-3	-4
11111101	253	-125	-2	-3
11111110	254	-126	-1	-2
11111111	255	-127	-0	-1

③ 补码

正数的补码表示与原码相同，即最高位为符号位，用"0"表示正，其余位为数值位。例如：

$$[+31]_{补} = \underset{\text{符号位}}{0} \quad \underset{\text{数值位}}{0011111}$$

而负数的补码表示是在它的反码基础上，再加1而形成的，例如：

$$\begin{cases} [-31]_{原} = 10011111 \\ [-31]_{反} = 11100000 \\ [-31]_{补} = 11100001 \end{cases}$$

8位带符号的补码表示也列在表1-5中，它有以下特点：

- $[0]_{补} = [+0]_{原} = [+0]_{反} = 00000000$，即零的补码、原码、反码相同。
- 8 位二进制补码所能表示的数值范围为 $-128 \sim +127$，而 8 位二进制原码和反码所能表示的数值范围均为 $-127 \sim +127$。
- 一个用补码表示的二进制数，最高位为符号位，当符号位为"0"（即正数）时，其余 7 位即为此数的二进制值；但当符号位为"1"（即负数）时，将其余几位按位取反，且在最低位加 1，才是它的二进制值。

当负数采用补码表示时，就可以把减法转换为加法，计算公式如下：

$$[X-Y]_{补} = [X]_{补} - [Y]_{补} = [X]_{补} + [-Y]_{补}$$

例如，$[64-10]_{补} = [64]_{补} + [-10]_{补}$，$[64]_{补} = 01000000$，$[-10]_{补} = 11110110$，于是

按减法计算 $\begin{cases} 01000000 \\ -00001010 \\ \hline 00110110 \end{cases}$ 按加法计算 $\begin{cases} 01000000 \\ +11110110 \\ \hline 100110110 \end{cases}$

↑
自然丢失

由于在字长 8 位的机器内，位 7（D_7）的进位自然丢失，故减法计算与按补码相加计算的结果是相同的。例如，$34-68 = 34+(-68)$，$[+34]_{补} = 00100010$，$[+68]_{补} = 01000100$，$[-68]_{补} = 10111100$，则

$$\begin{array}{r} 00100010 \\ +10111100 \\ \hline 11011110 \end{array}$$

和的符号位为 1，表示负数，数值部分后 7 位按位取反再加 1，可恢复为对应的原码，即为 10100010，所对应的真值为 $(-34)_{10}$。

综上所述，正数的原码、反码和补码的表示形式相同，负数的表示形式各不相同。计算机中常采用补码，其目的是可通过用对负数补码的加法运算来代替减法运算，从而在硬件上用加法电路和取补码电路就可以实现减法运算。

2. 定点数与浮点数

二进制数主要分成定点数与浮点数。

（1）定点数

数的定点表示法，就是指数值无论是整数还是小数，都统一用固定小数点位置的办法来表示。

① 定点小数的表示方法

定点小数是指小数点固定在数据某个位置上的小数。计算机运算中，常把小数点固定在最高数据位的左边，小数点前边可设一位符号位。按此规则，任何一个小数都可以被写成

$$N = N_s N_{-1} N_{-2} \cdots N_{-m}$$

如果在计算机中用 $m+1$ 个二进制位表示上述带符号的小数，则可以用最高（最左）一个二进制位表示符号（如用"0"表示正号，用"1"就表示负号），而用后面的 m 个二进制位表示该小数的数值。小数点不用明确表示出来，因为它总是定在符号位与最高数值位之间。定点小数值的范围很小，对用 $m+1$ 个二进制位表示的小数来说，其值的范围为

$$|N| \leq 1 - 2^{-m}$$

即小于 1 的纯小数。因此，用户在计算前，必须通过合适的"比例因子"把参加运算的数先

化成绝对值小于 1 的小数,并保证运算的中间结果和最终结果的绝对值也都小于 1,在输出真正结果时,还要把计算的结果按相应的"比例因子"加以扩大。

② 定点整数的表示方法

定点整数的小数点定在数值最低位右面,其表示数据的最小单位为 1。

整数又被分为带符号整数和不带符号整数两类。对带符号的整数来说,符号位被安排在最高位,任何一个带符号的整数都可以被写成

$$N = N_s N_n N_{n-1} \cdots N_2 N_1 N_0$$

对于 $n+1$ 个二进制位表示的带符号的二进制整数,其值的范围为

$$|N| \leqslant 2^n - 1$$

对不带符号的整数来说,所有的 $n+1$ 个二进制位均被视为数值,此时数值的范围为

$$0 \leqslant N \leqslant 2^{n+1} - 1$$

即原来的符号位被解释为 2^n 的数值。

(2) 浮点数

浮点数的小数点在数据中的位置可以浮动。一个数的浮点表示形式通常可写为

$$N = M \cdot R^E$$

这里 M 称为浮点数的尾数,R 称为阶的基数,E 称为阶的阶码。计算机中一般规定 R 为 2、8 或 16,是一个常数,不需要在浮点数中明确表示出来。因此,要表示浮点数,一是要给出尾数 M,通常用定点小数形式表示,它决定了浮点数的表示精度,即可以给出的有效数字的位数;二是要给出阶码,通常用整数形式表示,它指出的是小数点在数据中的位置,决定了浮点数的表示范围。浮点数也要有符号位。

① 浮点数的表示格式

在计算机中,浮点数通常被表示成如下格式:

M_s	E	M
1 位	m 位	n 位

M_s 是尾数的符号位,安排在最高一位;E 是阶码,紧跟在符号位之后,占用 m 位;M 是尾数,在低位部分,占用 n 位。

合理地选择 m 和 n 的值是十分重要的,以便在总长度为 $1+m+n$ 个二进制位表示的浮点数中,既保证有足够大的数值范围,又保证有所要求的数值精度。

一个浮点数的表示不是唯一的。例如,0.5 可以表示为 0.05×10^1、50×10^{-2} 等。为了提高数据的表示精度,也为了便于浮点数之间的运算与比较,规定计算机内浮点数的尾数部分用纯小数形式给出,而且当尾数的值不为 0 时,其绝对值应大于或等于 0.5,即尾数的最高位为 1,这就是浮点数的规格化表示。通过修改阶码并同时左右移尾数的办法使其变成规格化的浮点数,这种操作称为浮点数的规格化处理。对浮点数的运算结果就经常需要进行规格化处理。例如:

$$\text{非规格化数 } 0.010011 \times 2^{+5} \rightarrow \text{规格化数 } 0.100110 \times 2^{+4}$$

当一个浮点数的尾数为 0,不论其阶码为何值;或阶码的值遇到比它所能表示的最小值还小时,不管其尾数为何值,计算机都把该浮点数看成零值,又称机器零。

按 IEEE 754 浮点数算术标准,常用的浮点数的格式见表 1-6。

表 1-6 常用的浮点数格式

格式	符号位	阶码	尾数	总位数	表示数据范围
4 字节	1	8	23	32	$2^{-128} \sim 2^{+127}$（相当于 $10^{-38} \sim 10^{+38}$）
8 字节	1	11	52	64	$2^{-1024} \sim 2^{+1023}$（相当于 $10^{-308} \sim 10^{+308}$）
16 字节	1	15	112	128	$2^{-16384} \sim 2^{+16383}$（相当于 $10^{-4932} \sim 10^{+4932}$）

浮点数能够表示的数的范围要比定点数大得多。当需要进行大范围的数值运算时,常采用浮点数表示法。

② 浮点数的常用编码方法

前面已经说到,在计算机内浮点数被表示为如下格式:

M_s	E	M
1 位	$m+1$ 位	n 位

通常情况下,数的符号位 M_s 仍采用"0"表示正、"1"表示负的规则。数的尾数部分 M 采用定点小数形式表示,可用原码或补码等编码方式。阶码部分 E 采用整数形式表示,常用补码编码方式。

下面结合实例,介绍单片机中常用的三字节浮点数编码方法。

三字节浮点数格式如下所示:

	D_7	D_6	D_5	D_4	D_3	D_2	D_1	D_0
第 1 字节	数符	阶 码（补码）							
第 2 字节	高位尾数（原码）							
第 3 字节	低位尾数（原码）							

第 1 字节的高位 D_7 为数的符号位,简称数符,"0"表示正,"1"表示负。

第 1 字节的 $D_6 \sim D_0$ 为阶码,以补码形式表示。其中 D_6 为阶码的符号位,"0"表示正,"1"表示负。阶码的表示范围为 $-64 \sim +63$（对应的补码为 1000000B $\sim$ 0111111B,后缀 B 表示是二进制数）。

第 2 字节为尾数的高位字节,第 3 字节为尾数的低位字节,尾数为 16 位二进制数,以原码形式表示,表示的范围为 0.0000000000000000B $\sim$ 0.1111111111111111B。

为保证最高精度,运算前,通过调整阶码使尾数最高位为 1,进行"规格化处理"。规格化的尾数范围为 0.1000000000000000B $\sim$ 0.1111111111111111B。尾数为 0 时,不管其数符和阶码如何,整个浮点数的值为 0。

这个三字节浮点数能表示的非零数范围为 $\pm$（0.1000000000000000B $\times 2^{-1000000B} \sim$ 0.1111111111111111B $\times 2^{+111111B}$）,即 $\pm(1 \times 2^{-65} \sim 65535 \times 2^{+47})$,对应的十进制数范围约为 $\pm(2.7 \times 10^{-20} \sim 9.2 \times 10^{+18})$。

这个三字节浮点数能表示的有效数精度为 $1/2^{15} \approx 0.000030517578125 \approx 0.00003$,相当于 4 位半十进制数的精度。

由三字节内容,可计算出相应的十进制数。

例1-3 已知三字节内容如下:

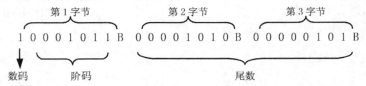

根据上述三字节浮点格式,可知数符 = 1,阶码 = 0001011B,尾数为 0000101000000101B。尾数左移4位,得到规格化尾数 1010000001010000B,阶码减4,调整为 0000111B,如下所示:

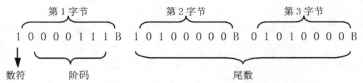

三字节的内容用十六进制表示为 87H、0A0H 和 50H(后缀 H 表示十六进制数,最高位为"A"~"F"字母时,前面需加上数字"0"),所表示的真值为

$-0.1010000001010000B \times 2^{+0000111B} = -1010000.001010000B = -80.15625$

例1-4 已知十进制数321,要用三字节浮点数表示,可先化为二进制数,依次求出尾数和阶码: 321 = 141H = 101000001B,可取尾数为 0141H = 0000000101000001B,取阶码为 16 = 0010000B,数符为0,则三字节内容如下所示:

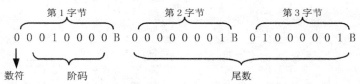

尾数进行规格化:尾数左移7位,阶码减7,得

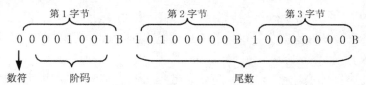

例1-5 已知十进制数26.4,要用三字节浮点数表示,可先化为二进制数,依次求出尾数和阶码。尾数的整数部分为 26 = 1AH = 11010B,尾数的小数部分为 $0.4 \approx 0.6666H = 0.0110011001100110B$,所以 $26.4 \approx 1A.6666H = 11010.0110011001100110B$。规格化后,尾数取为 0.1101001100110011B = 0.D333H,取阶码为 5 = 000101B,数符为0,三字节内容如下所示:

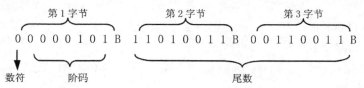

三字节内容用十六进制表示为 05H、0D3H、33H。当然这个三字节浮点数与十进制26.4 之间有一定的误差,这个三字节浮点数的实际值为 26.39990234375。

习 题 一

1. 微型计算机系统由哪些主要部件组成?
2. 什么是微处理器?其基本的部件主要包含哪几个部分?
3. 简述单片微型计算机的结构和特点。它与一般的微型计算机有什么区别?
4. 什么是 BCD 码?什么是压缩 BCD 码?什么是非压缩 BCD 码?
5. 我国制定的中文信息交换码标准有哪些?它们可以表示的中文字符有多少?
6. 定点数与浮点数的表示方法各有什么特点?
7. 原码、补码和反码在表示正数和负数时有什么区别?
8. 设真值 $X=115$,$Y=-117$,写出 X 与 Y 的原码、反码和补码(采用 8 位二进制数表示)。
9. 按本章介绍的一种三字节浮点数格式,三个字节分别为 12H、87H、6AH,它所表示的十进制数为多少?
10. 用本章介绍的一种三字节浮点数格式来表示十进制数 2001.75,则三个字节分别是什么?
11. 将下列二进制数转换成十六进制数。
   (1) 1111001101011100B (2) 1011100110000100B
   (3) 1101011110010010B (4) 1011001101011110B
12. 将下列十进制数转换成二进制数和十六进制数。
   (1) 12   (2) 35   (3) 100   (4) 255
13. 分别用压缩 BCD 码和非压缩 BCD 码表示下列十进制数。
   (1) 15   (2) 8   (3) 39   (4) 76
14. 用 ASCII 码表示下列字符串。
   (1) ab   (2) 6   (3) DEH   (4) $
15. 写出下列数据的原码和补码(取字长为 8 位二进制数)。
   (1) 30   (2) −30   (3) −95   (4) 102
16. 非压缩的 BCD 码数(8 位二进制数)转换为 ASCII 码的规律是怎样的?
17. 8 位无符号二进制数的数据表示范围是多少?
18. 8 位有符号二进制数以补码形式表示的范围是多少?
19. 分别写出 16 位有符号二进制数的原码、反码和补码所能表示的数据范围。
20. 简述单片机的发展趋势。

第 2 章 MCS-51 单片机的硬件结构

2.1 MCS-51 单片机的组成及工作原理

2.1.1 MCS-51 单片机的结构与特点

MCS-51 单片机是由 Intel 公司研制开发的系列产品,是目前国内广泛应用的单片机,属于这一系列的单片机型号有许多种,它们的基本组成和指令系统都是相同的。

1. MCS-51 单片机的基本组成

MCS-51 单片机是在一块芯片中集成了 CPU、ROM、RAM、定时器/计数器和多种功能的 I/O 端口等一台微型计算机所需要的基本功能部件。MCS-51 单片机有两个子系列,一个是 51 子系列,另一个是 52 子系列。图 2-1 所示为 51 子系列单片机的基本结构框图。

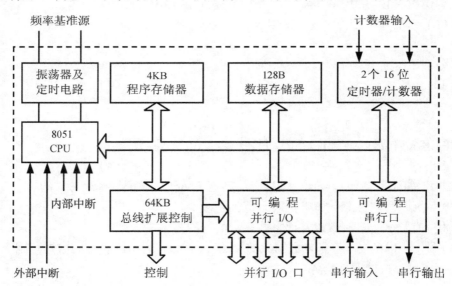

图 2-1 8051 单片机功能框图

单片机内部包含了下列几个部件:
- 一个 8 位 CPU;
- 一个片内振荡器及定时电路;
- 4KB 程序存储器;
- 128B 数据存储器;

- 两个 16 位可编程定时器/计数器;
- 一个可编程全双工串行口;
- 四个 8 位可编程并行 I/O 端口;
- 64KB 外部数据存储器和 64KB 程序存储器扩展控制电路;
- 五个中断源,两个优先级嵌套中断结构。

以上各部分通过总线相连接。

2. MCS-51 单片机处理器及内部结构

MCS-51 单片机处理器及内部结构如图 2-2 所示。和一般微处理器相比,除了增加接口部分外,基本结构是相似的,有的只是部件名称不同。如图中的程序状态字 PSW(Program Status Word)就相当于一般微处理器中的标志寄存器 FR(Flag Register)。但也有明显不同的地方,如图中的数据指针 DPTR(Data Pointer)是专门为指示存储器地址而设置的寄存器。

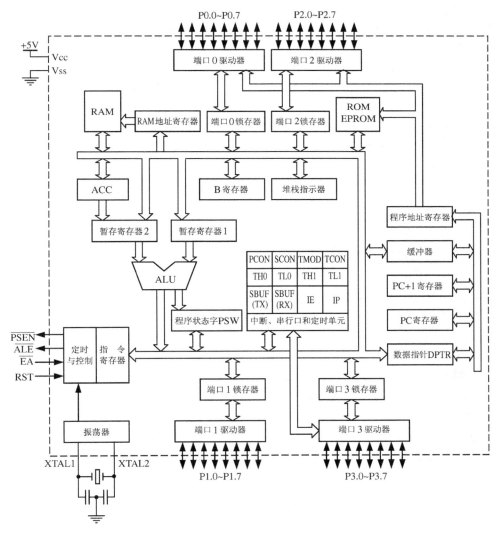

图 2-2 MCS-51 单片机处理器及内部结构框图

(1) 运算器

运算器的功能是进行算术运算和逻辑运算,可以实现对半字节(4位)、字节等数据进行操作。它能完成加、减、乘、除、加1、减1、BCD码十进制调整等算术运算及与、或、异或、非、移位等逻辑操作。MCS-51单片机的运算器还包括一个布尔处理器,专门用来进行位操作。它是以进位标志C为位累加器的,可执行置位、清"0"、取反、等于1转移、等于0转移以及进位标志位与其他可寻址位之间进行数据传送等位操作,也可使进位标志位与其他可寻址位之间进行逻辑与、或操作。

(2) 程序计数器 PC(Program Counter)

MCS-51单片机的程序计数器PC用来存放下一条将要执行的指令的地址,共16位。可对64K字节的程序存储器直接寻址。若系统的程序存储器在片外,执行指令时,PC的低8位经P0口送出,PC的高8位由P2口送出。一般情况下程序总是按顺序执行的,因此当PC中的内容(地址)被送到地址总线后,程序计数器的内容便自动增加,从而又指向下一条要执行的指令的地址。所以PC是决定程序执行顺序的关键性寄存器,是任何一个微处理器都不可缺少的。PC中的内容除了通过增量操作自动改变之外,也可通过指令或其他硬件来接收地址信息,从而使程序做大范围的跳变。这时程序就不再按顺序操作了,而是发生了转移。

(3) 指令寄存器

指令寄存器用于存放指令代码。CPU执行指令时,从程序存储器中读取的指令代码送入指令寄存器,经译码后由定时和控制电路发出相应的控制信号,完成指令的功能。

(4) 工作寄存器区

通用工作寄存器相当于CPU内部的小容量存储器,用来存放参加运算的数据、中间结果或地址。由于工作寄存器就在CPU内部,因此数据通过寄存器和运算器之间的传递比存储器和运算器之间的传递要快得多。MCS-51的内部RAM中开辟了4个通用工作寄存器区,每个区有8个工作寄存器,共32个通用寄存器,以适应多种中断或子程序嵌套的情况。

(5) 专用寄存器区

专用寄存器区也可称为特殊功能寄存器区。MCS-51的CPU根据程序的需要访问有关的专用寄存器,从而正确地发出各种控制命令,完成指令规定的操作。这些专用寄存器控制的对象为中断、定时器/计数器、串行通信口、并行I/O口等。

(6) 堆栈

MCS-51的堆栈安排在内部RAM中,它的位置通过堆栈指针SP(Stack Pointer)来设置,其深度可达128B,并受可用的内部RAM空间的限制。

(7) 标志寄存器

标志寄存器是用来存放ALU运算结果的各种特征。例如,可以用这些标志来表示运算结果是否溢出,是否有进位或借位等。程序在执行过程中经常需要根据这些标志来决定下一步应当如何操作。MCS-51的专用寄存器PSW用来存放各种标志。

2.1.2 MCS-51单片机的引脚功能

MCS-51系列单片机中许多型号芯片的引脚是相互兼容的,而大多数采用40引脚的双列直插封装方式。图2-3(a)为引脚排列图,图2-3(b)为逻辑符号图。

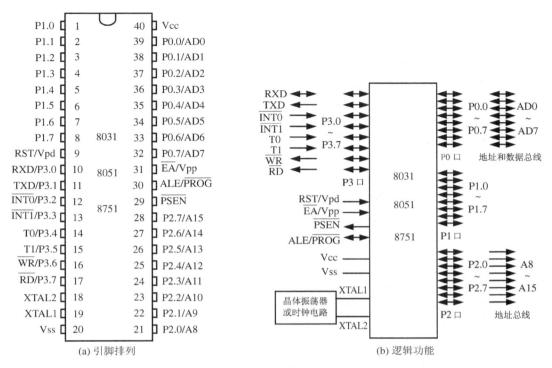

图 2-3 MCS-51 单片机引脚、功能图

40 条引脚的功能简要说明如下：

1. 主电源引脚 Vcc 和 Vss

（1） Vcc(40)

Vcc(40) 正常操作时接 +5V 电源。

（2） Vss(20)

Vss(20) 接地。

2. 外接晶体引脚 XTAL1 和 XTAL2

（1） XTAL1(19)

接外部晶体和微调电容的一个引脚。在单片机内部，它是一个反相放大器的输入端，这个放大器构成了片内振荡器。当采用外部振荡器时，对 HMOS 单片机(如 8051)，此引脚应接地。对 CMOS 单片机(如 80C51)，此引脚作为振荡信号的输入端。

（2） XTAL2(18)

接外部晶体和微调电容的另一个引脚。在单片机内部，它是反相放大器的输出端。当采用外部振荡器时，对 HMOS 单片机，此引脚接收振荡器信号，即把振荡器信号直接送入内部时钟发生器的输入端。对 CMOS 单片机，此引脚应浮空。

3. 控制或其他电源复用引脚 RST/Vpd、ALE/PSEN 和 EA/Vpp

（1） RST/Vpd(9)

当振荡器工作时，在此引脚上出现两个机器周期以上的高电平，使单片机复位。

当 Vcc 掉电期间，此引脚可接上备用电源，由 Vpd 向内部 RAM 提供备用电源，以保持内部 RAM 中的数据。

(2) $\overline{\text{ALE}}/\overline{\text{PROG}}$(30)

当访问外部存储器时,地址锁存允许 ALE(Address Latch Enable)信号的输出用于锁存低 8 位地址信息。即使不访问外部存储器,ALE 端仍以不变的频率周期性地发出正脉冲信号。此信号的频率为振荡器的 1/6。但要注意的是,每当访问外部数据存储器时,将少发出一个 ALE 信号。因此,假若要将 ALE 信号直接作为时钟信号,那么程序中必须不出现访问外部数据存储器的指令,否则就不能将 ALE 作为时钟信号。ALE 端可以驱动(吸收或输出电流)8 个 LSTTL 电路。对于 EPROM 型单片机(如 8751),在 EPROM 编程期间,此引脚用于输入编程脉冲信号($\overline{\text{PROG}}$)。

(3) $\overline{\text{PSEN}}$(29)

该端输出外部程序存储器读选通信号。当 CPU 从外部程序存储器取指令(或数据)期间,在 12 个振荡周期内将会出现 2 次 $\overline{\text{PSEN}}$ 信号(低电平)。但是如果 CPU 执行的是一条访问外部数据存储器指令,那么在执行这条指令所需的 24 个振荡周期内将会少发出 2 个 $\overline{\text{PSEN}}$ 信号,即原来在 24 个振荡周期内应该发出 4 个 $\overline{\text{PSEN}}$ 信号,而它仅发出 2 个 $\overline{\text{PSEN}}$ 信号。CPU 在访问内部程序存储器时,$\overline{\text{PSEN}}$ 端不会产生有效的 $\overline{\text{PSEN}}$ 信号。$\overline{\text{PSEN}}$ 端同样可以驱动(吸收或输出电流)8 个 LSTTL 电路。

(4) $\overline{\text{EA}}$/Vpp(31)

访问外部程序存储器控制端。当 $\overline{\text{EA}}$ 端保持高电平时,单片机复位后访问内部程序存储器,当 PC 值超过 4KB(对 8051/8751)或 8KB(对 8052/8752)时,将自动转向执行外部程序存储器程序。当 $\overline{\text{EA}}$ 端保持低电平时,则只访问外部程序存储器,而不管内部是否有程序存储器。

对于 EPROM 型单片机,在 EPROM 编程期间,该引脚用于施加 EPROM 编程电压。

4. 输入/输出引脚

(1) P0.0~P0.7(39~32)

P0 是一个 8 位漏极开路型双向 I/O 口。在访问外部存储器时可作为地址(低 8 位)/数据分时复用总线使用。当 P0 作为地址/数据分时复用总线使用时,在访问存储器期间它能激活内部的上拉电阻。在 EPROM 型单片机编程时,P0 接收指令,而在验证程序时,则输出指令。验证时,要求外接上拉电阻。P0 能以吸收电流的方式驱动 8 个 LSTTL 电路。

(2) P1.0~P1.7(1~8)

P1 是一个内部带上拉电阻的 8 位准双向 I/O 口。在对 EPROM 型单片机编程和验证程序时,它接收低 8 位地址。P1 能驱动(吸收或输出电流)4 个 LSTTL 电路。

在 52 子系列中(如 8052、8032),P1.0 还被用作定时器/计数器 2 的外部计数输入端,即专用功能端 T2。P1.1 被用作专用功能端 T2EX,即定时器 T2 的外部控制端。

(3) P2.0~P2.7(21~28)

P2 是一个内部带上拉电阻的 8 位准双向 I/O 口。在访问外部存储器时,它送出高 8 位地址。在对 EPROM 型单片机编程和验证程序期间,它接收高 8 位地址。P2 可以驱动(吸收或输出电流)4 个 LSTTL 电路。

(4) P3.0~P3.7(10~17)

P3 是一个内部带上拉电阻的 8 位准双向 I/O 口。P3 能驱动(吸收或输出电流)4 个 LSTTL 电路。P3 每个引脚分别具有第二功能,如表 2-1 所示。

表 2-1 P3 引脚的第二功能

口线	第 二 功 能
P3.0	RXD(串行口输入)
P3.1	TXD(串行口输出)
P3.2	$\overline{\text{INT0}}$(外部中断 0 外部输入)
P3.3	$\overline{\text{INT1}}$(外部中断 1 外部输入)
P3.4	T0(定时器/计数器 0 外部输入)
P3.5	T1(定时器/计数器 1 外部输入)
P3.6	$\overline{\text{WR}}$(外部数据存储器写选通)
P3.7	$\overline{\text{RD}}$(外部数据存储器读选通)

2.1.3 振荡器、时钟电路与 CPU 时序

1. 振荡器、时钟电路

MCS-51 单片机内部有一个用于构成振荡器的高增益反相放大器,引脚 XTAL1 和 XTAL2 分别是该放大器的输入端和输出端。这个放大器与作为反馈元件的片外石英晶体及电容一起构成一个自激振荡器。

如图 2-4 所示的是 HMOS 型 MCS-51 单片机片内振荡器的等效电路。外接石英晶体以及电容 C_1 和 C_2 构成并联谐振电路,接在放大器的反馈回路中。

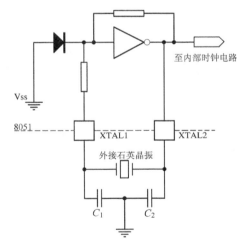

图 2-4 HMOS 型 MCS-51 单片机片内振荡器的等效电路

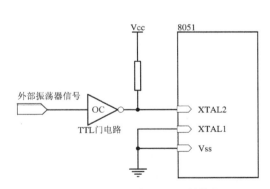

图 2-5 HMOS 型 MCS-51 单片机外部振荡器产生时钟电路

石英晶体可以在 1.2~12MHz 之间选择,外接电容的值虽然没有严格的要求,但电容的大小多少会影响振荡器频率的高低、振荡器的稳定性、起振的速度和温度特性。C_1、C_2 通常选择为 30pF 左右。在设计印刷电路板时晶体和电容应尽量与单片机 XTAL1 和 XTAL2 引脚靠近,以减少寄生电容,更好地保证振荡器的稳定性。

根据需要也可以采用外部振荡器产生时钟,如图 2-5 所示的是 HMOS 型 MCS-51 单片机

采用外部振荡器产生时钟的电路。由于 XTAL2 端的逻辑电平不是 TTL 电平,建议外接一个上拉电阻。

如图 2-6 所示的是 CMOS 型 MCS-51 单片机内部振荡器的等效电路,该电路与 HMOS 型电路有两点重要的区别:一是内部时钟发生器的输入信号取自反相放大器的输入端,而不是像 HMOS 型电路那样取自输出端;二是此振荡器的工作靠软件控制,当电源控制寄存器 PCON 的 PD 位置 1 时,可切断振荡器的工作,使系统进入低功耗工作状态。

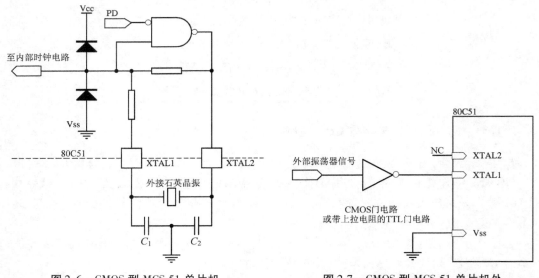

图 2-6 CMOS 型 MCS-51 单片机片内振荡器的等效电路

图 2-7 CMOS 型 MCS-51 单片机外部振荡器产生时钟电路

CMOS 型 MCS-51 单片机片内振荡电路外接的晶振和 C_1、C_2 的取值同 HMOS 型单片机。

在 CMOS 型电路中,因内部时钟发生器的信号取自反相放大器的输入端(即与非门的一个输入端),故采用外部振荡器产生时钟时,接线方式与 HMOS 型有所不同,如图 2-7 所示。

外部振荡器信号通过一个 2 分频的触发器而成为内部时钟信号,它向系统提供了一个 2 节拍的时钟信号,一个时钟信号的宽度称为一个状态周期 S。在每个状态的前半周期,节拍 1 有效;在每个状态的后半周期,节拍 2 有效。

2. CPU 时序

微型计算机的 CPU 实质上就是一个复杂的同步时序电路,所有工作都是在时钟信号控制下进行的。每执行一条指令,CPU 的控制器都要发出一系列特定的控制信号,这些控制信号在时间上的相互关系问题就是 CPU 的时序。

一般将 CPU 发生的控制信号分成两类。一类是用于计算机内部的,这类信号非常多,用户并不直接接触这些信号;另一类信号是通过控制总线送到片外的。由于在使用计算机时,用户必须接触这类控制信号,因此这部分信号的时序,用户必须掌握它。

对于一般微处理器来说,由于存储器以及接口电路都不在同一块芯片上,因此需要较多的控制信号与外界联系,时序也就较为复杂。而对单片机来说,时序就要简单得多。

单片机的指令由字节组成,而在讨论单片机执行指令的时序时,则以机器周期作为单位。在一个机器周期中,单片机可以完成某种规定的操作。例如,取指令,读存储器,写存储器等。

MCS-51 单片机的每个机器周期包含 6 个状态周期。由于每个状态周期包含 2 个节拍(2 个振荡周期),因此一个机器周期包含 12 个振荡周期,由 S1P1(状态 1 节拍 1)一直到 S6P2(状态 6 节拍 2),若采用 12MHz 的晶体振荡器,则每个机器周期恰为 1μs。

每条指令都由一个或几个机器周期组成,执行一条指令的时间称为指令周期。在 MCS-51 系统中,有单周期指令、双周期指令和四周期指令。四周期指令只有乘、除两条指令,其余都是单周期或双周期指令。

指令的执行速度和它的机器周期直接有关,机器周期较少则执行速度快。因此,在编程时要选用同样功能而机器周期少的指令。

每一条指令的执行都可以包括取指和执行两个阶段。在取指阶段,CPU 从内部和外部 ROM 中取出指令操作码及操作数,然后再执行这条指令。对于绝大部分指令在整个指令的取指和执行过程中,ALE 信号是周期性的信号。图 2-8 列举了几种典型指令的取指和执行时序。在每个机器周期中,ALE 信号出现两次,出现的时刻为 S1P2 和 S4P2,信号的有效宽度为两个振荡周期。每出现一次 ALE 信号,CPU 就进行一次取指操作。不同的指令,由于其字节数和机器周期数不同,所以具体的取指和执行时序有所不同。

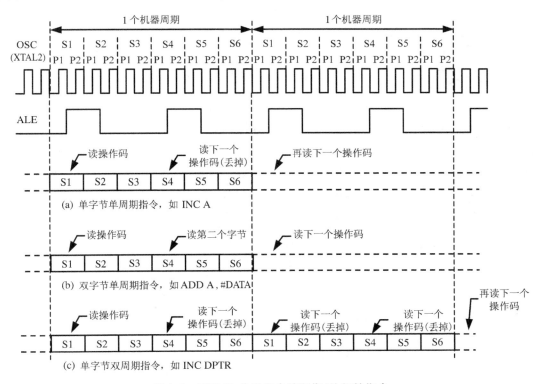

图 2-8 MCS-51 典型指令的取指/执行的指令

对于 MCS-51 系统来说,有单字节单周期指令、双字节单周期指令、单字节双周期指令、双字节双周期指令、三字节双周期指令以及单字节四周期指令。一般情况下每个机器周期将会出现两次 ALE 信号。但并不意味着每出现一次 ALE 信号 CPU 都会有效地读取指令码。例如，单字节单周期指令，在 S1P2 第一个 ALE 信号出现时 CPU 读取操作码并被锁存到指令寄存器。当在 S4P2 第二个 ALE 信号出现时，CPU 仍有读操作，但被读进去的字节（应为下一个操作码）是不予考虑的，且程序计数器 PC 并不加 1，所以这是一次无效的读取，如图 2-8(a)所示。如果是双字节单周期指令，则在第二个 ALE 出现时，将读入这条指令的第二个字节，如图 2-8(b)所示。如图 2-8(c)所示的是单字节双周期指令的取指和执行时序，在 2 个机器周期内发生 4 次读操作码的操作，但由于是单字节指令，所以后 3 次读操作都是无效的。

但是当指令执行的是对外部 RAM 进行读写操作时，ALE 信号和 $\overline{PSEN}$ 信号不是周期性的。执行对外部 RAM 进行读写操作的指令时，CPU 需要运行 2 个机器周期，在这 2 个机器周期间 CPU 将少发 1 个 ALE 信号和 2 个 $\overline{PSEN}$ 信号。

2.1.4 并行 I/O 端口

MCS-51 单片机有四个 8 位并行 I/O 口(P0、P1、P2、P3)，共 32 根 I/O 线，四个端口都是双向通道。每一条 I/O 口线都可独立地用作输入或输出。作输出时数据可以锁存，作输入时数据可以缓冲，但这四个端口的功能不完全相同。

1. P0 口

如图 2-9 所示的是 P0 口的位结构逻辑图，它包含 1 个输出锁存器、2 个三态缓冲器、1 个输出驱动电路和 1 个输出控制电路。输出驱动电路由一对 FET(场效应管)组成，其工作状态受输出控制电路的控制。控制电路由一个与门、一个反相器和模拟开关 MUX 组成。模拟开关的位置由 CPU 发出的控制信号决定，当控制信号为低电平时，模拟开关接通输出锁存器的 $\overline{Q}$ 端。同时由于控制信号送入与门的一个输入端，所以与门输出为 0，这样输出级中的 T1 处于截止状态，从而使 T2 处于开漏状态，此时 P0 口的输出级是漏极开路的电路。

当控制信号为低电平时，P0 口可作为一般的 I/O 口用，其输出和输入操作如下：CPU 向端口输出数据时，写脉冲加在触发器的时钟端 CL 上，此时与内部总线相连的 D 端数据经反相后由 $\overline{Q}$ 端输出后送输出级的 T2，再经 T2 反相后送出，因此在 P0 引脚上出现的数据正好是内部总线的数据。P0 的输出级可以灌电流的方式驱动 8 个 LSTTL 输入。因为 P0 作为输出口使用时处于漏极开路状态，所以必需外接上拉电阻。

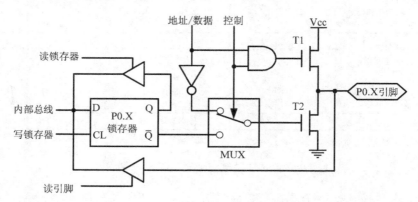

图 2-9 P0 口的位结构逻辑图

当进行输入操作时,端口中的两个三态缓冲器用于读操作。下面一个三态缓冲器用于直接读端口引脚的数据,当执行通用的端口输入指令时,读引脚脉冲信号将缓冲器打开,这样引脚上的数据经三态缓冲器直接送入内部总线。上面一个三态缓冲器的输入端连接至输出锁存器的 Q 端,在读锁存器脉冲信号的作用下,缓冲器打开,这样 Q 端的数据被读入内部总线,而 Q 端的数据实际上是与从内部总线输出至引脚的数据一致。结构上做这样的安排是为了适应所谓"读—修改—写"这类指令的需要。这类指令的操作过程是:先读端口,随之可以对读入的数据进行修改,然后将修改后的数据写到端口。例如,逻辑"或"指令"ORL P0,A"就属于这类指令。该指令的功能是先把 P0 口的数据读入 CPU,随后同累加器 A 中的数据按位进行逻辑"或"操作,最后将逻辑"或"的结果送回 P0 口。

对于"读—修改—写"这类指令,不直接读引脚上的数据而读取锁存器 Q 端的数据,是为了避免错误地读取引脚上的电平信号。例如,若用一根口线去驱动一个晶体管的基极,当向该口写 1 时,晶体管 be 结导通,并把引脚的电平箝为 0.6~0.7V。这时若从引脚上读取数据,会把此数据错误地读为 0(实际应为 1)。而从锁存器 Q 端读取数据,则能得到正确的数据。

从图 2-9 中还可以看出,从引脚上输入的外部信号既加在三态缓冲器的输入端上,又加在输出级 T2 的漏极上,若此场效应管 T2 是导通的(相当于输出的是数据 0),则引脚上的电位始终被箝在低电平上,因此数据不可能被正确地读入。为了能从引脚上正确地输入数据,在 P0 口作输入口前,必须向端口先写 1,这样使输出级的两只场效应管 T1、T2 均处于截止状态,引脚处于浮空状态,作高阻抗输入。P0 口输出级的结构有别于 P1 口、P2 口、P3 口输出级的结构。只有 P0 口才能真正实现高阻抗输入。从这个意义上理解,可以认为 P0 口是一个双向口。

当 P0 口作为地址/数据分时复用总线使用时,控制信号为 1,模拟开关接向地址/数据输出端,同时与门开锁。这样从地址/数据输出端送出的信号既可通过与门去驱动输出级场效应管 T1,又可以通过反相器经模拟开关去驱动输出级场效应管 T2,此时,P0 口为推挽输出口。如果从外部输入数据,则仍应从下面一个输入缓冲器进入内部总线。

2. P1 口

P1 口是一个准双向口,作通用 I/O 口使用,P1 口的位结构逻辑图如图 2-10 所示。在输出级的驱动部分,P1 口有别于 P0 口,P1 口接有内部上拉电阻。

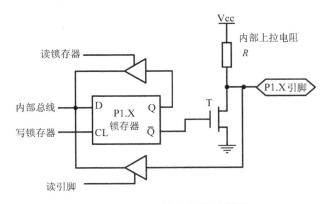

图 2-10　P1 口的位结构逻辑图

P1 口作输出口时,数据通过内部总线,在写锁存器信号的作用下,将数据写入锁存器,然后由输出锁存器的 Q̄ 端去驱动输出级场效应管 T。从内部总线输出的数据经两次反相后,出现在引脚上的数据与内部总线送出的数据应该相同。P1 口作输入口时,必须先向引脚写 1,使场效应管 T 截止,该引脚由内部上拉电阻拉成高电平。于是,当外部输入信号为高电平时,该口线为 1;当外部输入信号为低电平时,该口线为 0,从而使输入端的电平随着输入信号而变,这样便能正确地读入出现在引脚上的信息。P1 口作为输入口时,可以被任何 TTL 电路和 MOS 电路所驱动。由于内部具有上拉电阻,所以也可以直接被集电极开路或漏极开路的电路驱动而不必外加上拉电阻。同时由于 P1 口内部具有上拉电阻,所以不可能实现高阻抗输入,从这个意义上理解,P1 口被认为是一个准双向口。

与 P0 口一样,CPU 读 P1 口也有两种读取情况:读引脚和读锁存器。读引脚时,打开下面一个三态缓冲器,读入引脚上的数据(如执行指令"MOV A,P1");读锁存器时,打开上面一个三态缓冲器,读入输出锁存器 Q 端的数据,这与前面分析的 P0 口情况相同。因此,P1 口同样可以执行"读—修改—写"操作。

在 52 子系列中,P1.0 可以作为定时器/计数器 2 的外部输入端,此引脚以标识符 T2 表示。P1.1 可以作为定时器/计数器 2 的外部控制输入,以标识符 T2EX 表示。

3. P2 口

P2 口的位结构逻辑图如图 2-11 所示,它同 P1 口一样内部有上拉电阻。P2 口可作为通用的 I/O 口使用,也可以作为外扩存储器时的地址总线(输出高 8 位地址),其功能转换由内部控制信号对模拟开关(MUX)进行切换实现。当 P2 口作通用的 I/O 口使用时,模拟开关(MUX)倒向输出锁存器,接通输出锁存器的 Q 端。P2 口作为通用的 I/O 口使用时,其功能与 P1 口相同,它也是一个准双向口。当系统需在外部扩展存储器时,模拟开关(MUX)在控制信号的作用下倒向地址输出端,这样高 8 位的地址信息可以通过 P2 口送出。在外部扩展程序存储器的系统中,由于访问外部存储器的操作连续不断,P2 口不断地送出高 8 位地址,因而这时 P2 口不能再作通用的 I/O 口使用了。对于内部没有程序存储器的单片机(如 8031、8032)来说,P2 口通常只作为地址总线使用,即使 P2 口的 8 根地址总线没有全部与外部程序存储器的地址总线连接,P2 口中剩余的端口也不能作为通用的 I/O 口使用。

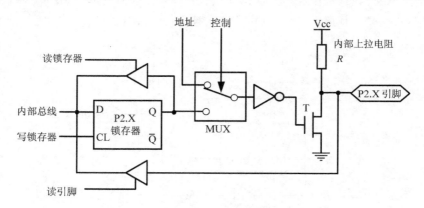

图 2-11 P2 口的位结构逻辑图

在不接外部程序存储器而接有外部数据存储器的系统中,情况有所不同。若外接数据存储器的容量为 256 字节,则可使用外部数据存储器页内访问的指令(如"MOVX @ Ri"类),这时可由 P0 口送出 8 位地址,P2 口引脚上的状态在整个访问外部数据存储器期间不会改变,故 P2 口仍可作通用的 I/O 口。若外接数据存储器的容量较大时,需用"MOVX@ DPTR"类指令,这时由 P0 口和 P2 口送出 16 位地址,在读/写周期内 P2 口将保持地址信息。但从图 2-11 所示的结构可知,输出地址时锁存器的内容不会在送地址的过程中改变,故在访问外部数据存储器周期结束后,P2 口锁存器的内容又会重现在引脚上。这样,根据访问外部数据存储器的频繁程度,P2 口仍可在一定程度内作通用的 I/O 口使用。在外扩数据存储器容量不太大的情况下,也可从软件上设法实现,利用 P1 口或 P2 口的某几根口线先送出高位地址,然后用"MOVX@ Ri"类指令送出低 8 位地址,这样就可以保留 P2 口中的部分或全部口线作通用的 I/O 口。

4. P3 口

P3 口是一个双功能口,其每一位的结构如图 2-12 所示。当它作为通用 I/O 口使用时,其工作原理与 P1 口和 P2 口类似,因此,P3 口也是一个准双向口。此时第二功能输出端为高电平,使与非门对输出锁存器的 Q 端保持畅通。

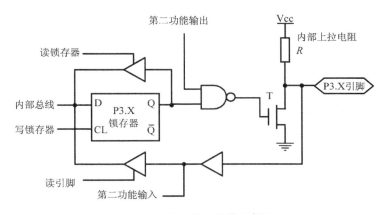

图 2-12 P3 口的位结构逻辑图

P3 口除了可以作为通用 I/O 口使用外,它的各位还分别具有第二功能,P3 口各位的第二功能见表 2-1。关于这些口的第二功能介绍见后续章节。当某一位作为第二功能使用时,相应的某一位输出锁存器 Q 端必须为 1,这时与非门对第二功能输出端是畅通的。当某一位作为输入口输入数据时,不管是作为通用输入口还是作为第二功能输入口,相应的输出锁存器 Q 端和第二功能输出端都应置 1。

在 P3 口的引脚信号输入通道中有两个缓冲器,第二功能输入口的输入信号取自第一个缓冲器的输出端,通用输入口的输入信号仍取自三态缓冲器的输出端。

2.1.5 复位与低功耗操作

1. 复位

RST 引脚是复位信号的输入端。在 RST 引脚出现高电平时实现复位和内部初始化。在振荡器运行的情况下,要实现复位操作必须使 RST 引脚至少保持两个机器周期(24 个振荡周期)的高电平。在 RST 端出现高电平的第 2 个机器周期执行内部复位。以后每个周期重复一次,直至 RST 端变低。

MCS-51 单片机的内部复位结构分为 HMOS 单片机和 CMOS 单片机两种形式。图 2-13

表示的是 HMOS 单片机的内部复位结构。

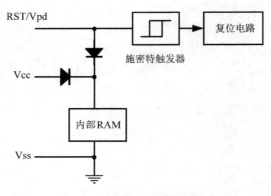

图 2-13 HMOS 单片机复位结构

复位引脚 RST/Vpd(在掉电方式下该引脚向内部 RAM 供电)通过一个施密特触发器与复位电路相连。施密特触发器用于抑制噪声,复位电路在每个机器周期的 S5P2 采样施密特触发器的输出,必须连续两次采样为高才形成一次完整的复位和初始化。

CMOS 型的内部复位结构如图 2-14 所示。CMOS 的复位引脚仅起复位功能,而不是 RST/Vpd,因为 CMOS 单片机的备用电源是由 Vcc 引脚提供的。

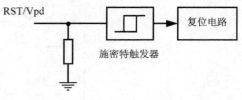

图 2-14 CMOS 单片机复位结构

复位后,各内部寄存器的状态如下:

寄存器	内容
PC	0000H
ACC	00H
B	00H
PSW	00H
SP	07H
DPTR	0000H
P0 ~ P3	0FFH
IP	××000000B
IE	0×000000B
TMOD	00H
TCON	00H
T2CON	00H
TH0	00H
TL0	00H
TH1	00H
TL1	00H
TH2	00H

TL2	00H
RCAP2H	00H
RCAP2L	00H
SCON	00H
SBUF	不确定
PCON	0×××0000B

复位时把 ALE 和 $\overline{\text{PSEN}}$ 端设置为输入状态,即 ALE=1 和 $\overline{\text{PSEN}}$=1,内部 RAM 中的数据将不受复位的影响。

复位的实现通常可以采用开机上电复位和外部手动复位两种方式。图 2-15(a)为开机上电复位电路,加电瞬间 RST 端的电位与 Vcc 相同,随着 RC 电路充电电流的减小,RST 端的电位逐渐下降。只要 RST 端保持 10ms 以上的高电平就能使 MCS-51 单片机有效地复位。复位电路中的 RC 参数通常由实验调整,若 C 采用 10μF,R 采用 8.2kΩ,时间常数为 $10\times10^{-6}\times8.2\times10^{3}$s = 82ms,只要 Vcc 的上升时间不超过 1ms,振荡器建立时间不超过 10ms,这个时间常数足以保证完成复位操作。上电复位所需的最短时间是振荡器建立时间加上两个机器周期。

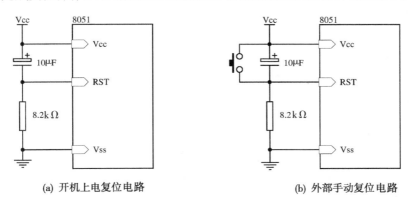

图 2-15 复位电路

2. 低功耗操作

在功耗成为关键因素的应用场合,可以采用低功耗操作方式,对于 HMOS 和 CMOS 工艺的 51 系列单片机各有自己的低功耗操作方式。但是目前低功耗单片机品种和型号众多,因此在设计低功耗单片机应用系统时往往会优先选择性能优越的低功耗单片机,因而 51 系列单片机的低功耗操作功能就不再被采用。

另外,由于存储器技术的快速发展,片内自带性能优越的 Flash Memory 和 EEPROM 单片机大量推出,所以单片机的备用电源输入功能也基本不再使用。有关 Flash Memory 和 EEPROM 内容将在 2.2 节介绍。

2.2 存 储 器

*2.2.1 半导体存储器

在微型计算机中,存储器是用来存放指令和数据的重要部件,冯·诺依曼计算机程序存储原理就是利用存储器的记忆功能把程序和数据存放起来,使计算机可以脱离人的干预自动地工作。它的存取时间和存储容量直接影响计算机的性能。

从使用功能角度看,半导体存储器可以分成两大类:断电后数据会丢失的易失性存储器和断电后数据不会丢失的非易失性存储器。过去曾把可以随机读写信息的易失性存储器称为 RAM。根据工作原理和使用条件不同,RAM 又分为静态读写存储器 SRAM(Static RAM)和动态读写存储器 DRAM(Dynamic RAM)。而过去的非易失性存储器指的是只读存储器 ROM,这种存储器只能脱机写入信息,在使用中只能读出信息而不能写入信息。传统的非易失性存储器根据写入方法和可写入次数的不同,又可分为掩膜只读存储器 MROM(Mask ROM,简称 ROM)、一次性编程的 OTP ROM(One Time Programmable ROM)和可用紫外线擦除可多次编程的 UV-EPROM(Ultraviolet-Erasable Programmable ROM)。

存储器的容量现在一般是以字节(Byte)作单位,但有时也以位(bit)作单位。由于存储器的容量一般都比较大,现在习惯上常以 $2^{10} = 1024 = 1K$ 来作为计算单位。例如,EPROM 2764 存储器的容量是 8KB。

1. 只读存储器 ROM(Read Only Memory)

只读存储器 ROM 中的信息,一旦写入以后,就不能随意改变,特别是不能在程序的运行过程中再写入新的内容,而只能在程序执行过程中读出其中的内容,故称为只读存储器。

将数据写入 ROM 通常是在脱机状态下或是在计算机非正常工作情况下进行的。只读存储器的特点之一是它所存储的内容在掉电后不会消失,即所谓的非易失性。因此,通常采用 ROM 来存放程序,计算机在接通电源后,就可以执行 ROM 中的程序。

(1)只读存储器的基本结构和分类

① 只读存储器的基本结构

ROM 的结构框图如图 2-16 所示,它由地址译码器、存储矩阵和输出缓冲器组成。地址译码器根据地址总线送来的地址信号,选中相应的地址单元。存储矩阵由许多存储单元组成,每个存储单元为 m 位。每一位可以是一个二极管,也可以是一个三极管,或是一个 MOS 管。输出缓冲器是一个三态门,用 $\overline{OE}$ 端进行控制。

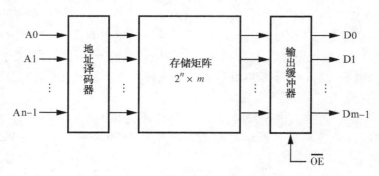

图 2-16 ROM 的基本结构框图

如图 2-17 所示的是 4×4 ROM 存储矩阵。由图可见,存储矩阵的每一位对应一个 MOS 管,ROM 中存储的信息就反映在各个 MOS 管栅极的连接方式上。W0~W3 是地址译码器的输出,一般称为字线。当某条字线为 1 时,就选中了存储单元。MOS 管的栅极若接到字线上时,该位所存储的信息为 0。MOS 管的栅极断开时,则该位所存储的信息为 1。当某条字线为 1 时,相应单元的信息就从 D3 ~ D0 上读到输出缓冲器。一般将 D3 ~ D0 称为位线。例如,当 W1 = 1 时,读出的信息为 1010。从图 2-17 可以看出为什么 ROM 的内容一旦写入(即确定各 MOS 管栅极的连接状态),就不能更改,也不会被破坏。

如图 2-17 所示的 ROM 结构,只在地址输出线数目较少时使用。当地址线数 n 较多时,译码器的输出线数 2^n 将变得很大,所需译码器中器件的数目及连线数目也将很大,在这种情况下,往往采用 X、Y 两个方向译码的结构,如图 2-18 所示。图中 10 条地址线分为 2 组:A0 ~ A4,加到 X 译码器,共有 $2^5 = 32$ 条译码输出线;而 A5 ~ A9 加到 Y 译码器,其输出数为 $2^5 = 32$ 条,总计输出为 $2^5 + 2^5 = 64$ 条。这比只用一级译码器时需 $2^{10} = 1024$ 条译码输出线要少得多。

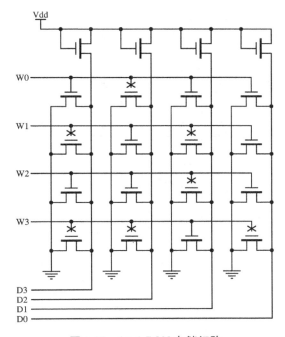

图 2-17 4×4 ROM 存储矩阵

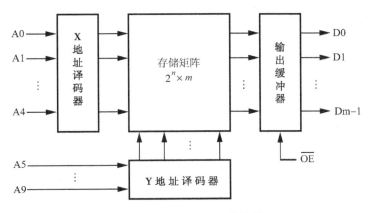

图 2-18 双译码 ROM 结构图

如图 2-19 所示的是一个 16×1 位的 ROM 存储矩阵。四条地址线分成两组,分别加到行、列译码器。行译码器用以选择存储单元,列译码器产生的信号用以控制各列的位线信号输出。矩阵中每个单元的选中与否,应由行地址译码信号和列地址译码信号组合决定。当地址信号 A3~A0 为 0101 时,行译码信号选中了 1、5、9、13 四个单元,但这些单元能否被读出,还取决于列译码信号,由于 A3、A2 分别为 0、1,所以列译码信号打开了左边的第二列读出放大器,故只有 5 号单元的内容可以读出到数据输出线。

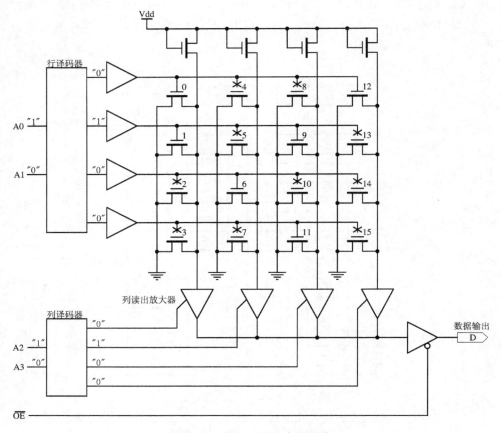

图 2-19　16×1 ROM 存储矩阵

② 只读存储器的分类

从以上的分析可以看出,ROM 存储矩阵的各基本单元中信息的存储是用 MOS 管栅极的接通或断开来实现的。由 ROM 的使用者根据需要来确定 ROM 中各个管子状态的过程称为对 ROM 编程。根据编程方式的不同,ROM 常分为以下三种:

● 掩膜编程的 ROM。

掩膜编程的 ROM 简称 ROM,它的编程是由半导体制造厂家完成的,生产厂家根据用户提供的存储内容制造一块决定 MOS 管连接方式的掩膜,然后把存储内容制作在芯片上,因而制造完毕后,用户不能更改所存入的信息。

掩膜型 ROM 适合大批量生产。这种 ROM 结构简单、集成度高,但掩膜成本也较高,只有在大量生产某种定型的 ROM 产品时,经济上才是合算的。

- 一次性现场编程 ROM(OTP ROM)。

一次性现场编程 ROM 也称可编程 ROM,简称 PROM。其含义是这种 ROM 的编程可以在工作现场一次完成。OTP ROM 在出厂前并未存储任何信息。用户要用专用的 OTP ROM 编程器根据自己的需要把信息写入到 OTP ROM 中去。但这种 ROM 一旦写入信息,就不能更改,即用户只能写入一次。

- 可擦写的现场编程 ROM(EPROM)。

可擦写的现场编程 ROM,简称 EPROM。这种只读存储器用户既可以采取某种方法自行写入信息,也可以采用某种方法将信息全部擦除,而且擦去以后还可以重新写入新的信息。

根据擦除信息所用的方法不同,EPROM 又可分为两种,即用紫外线擦除的 EPROM,简称 UV-EPROM;另一种为电擦除的 EPROM,简称 EEPROM(Electrically Erasable Programmable ROM)。

(2) 只读存储器典型产品举例

① 2764/27C64(UV-EPROM)

2764/27C64 均为用紫外线擦除、用电进行编程的只读存储器,不同点是前者采用 NMOS 工艺制成,而后者采用 CMOS 工艺制成。2764/27C64 的存储量为 8K×8bit,即 64Kbit,这个系列的产品还有 2716、2732、27128、27256、27512 等。

2764/27C64 的引脚排列及引脚功能如图 2-20 所示,一共是 28 条引脚。

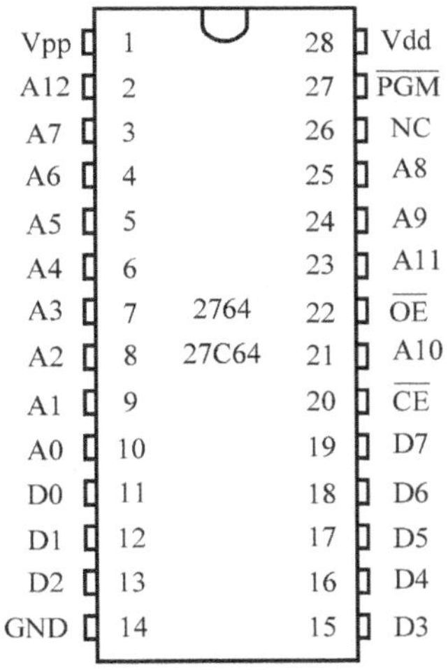

符号	说明
A0~A12	地址线
D0~D7	数据线
$\overline{CE}$	片选线
$\overline{OE}$	输出允许
$\overline{PGM}$	编程脉冲输入
Vdd	+5V 电源输入
Vpp	编程电压输入
GND	接地端
NC	空引脚

(a) 引脚排列   (b) 引脚功能

图 2-20 2764/27C64 引脚排列及引脚功能

2764/27C64 的工作方式如表 2-2 所示。

表 2-2 2764/27C64 工作方式

方式	引脚					
	$\overline{CE}$	$\overline{OE}$	$\overline{PGM}$	Vpp	Vdd	D0 ~ D7
读	L	L	H	+5V	+5V	数据输出
维持	H	×	×	+5V	+5V	高阻
编程	L	H	L	+12.5V	+6V	数据输入
编程校验	L	L	H	+12.5V	+6V	数据输出
编程禁止	H	×	×	+12.5V	+6V	高阻
输出禁止	L	H	H	+5V	+5V	高阻

② 2864/28C64(EEPROM)

2864/28C64 是一种采用 NMOS/CMOS 工艺制成的 8K×8bit 的 28 引脚的可用电擦除的可编程只读存储器。采用单一电源 +5V 供电,低功耗工作电流为 30mA,备用状态时只有 100μA,三态输出,与 TTL 电平兼容。

如图 2-21 所示的是 2864/28C64 的引脚排列及引脚功能。2864/28C64 的工作方式如表 2-3 所示。

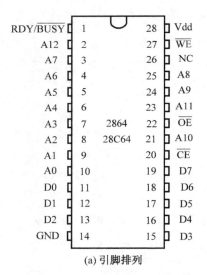

(a) 引脚排列   (b) 引脚功能

图 2-21 2864/28C64 引脚排列及引脚功能

表 2-3 2864/28C64 工作方式

工作方式	引脚			
	$\overline{CE}$	$\overline{OE}$	$\overline{WE}$	D0 ~ D7
维持	H	×	×	高阻
读	L	L	H	数据输出
写	L	H	L	数据输入
数据查询	L	L	H	数据输出

- 维持和读出方式。

2864/28C64 的维持方式和读出方式与普通的 EPROM 完全相同。读访问时间约为 45~450ns。

- 写入方式。
- 2864/28C64 提供了两种数据写入操作方式,即字节写入和页面写入。

字节写入：当向 2864/28C64 发出字节写入命令后,2864/28C64 便锁存地址、数据及控制信号,从而启动一次写操作。每写入一个字节的时间大约为 10ms,在此期间引脚 $\overline{\text{RDY}}$/BUSY 呈低电平,表示 2864/28C64 正在进行写操作,此时它的数据总线呈高阻状态,因而允许微处理器在此期间执行其他任务。一旦一个字节写入操作完毕,引脚 $\overline{\text{RDY}}$/BUSY 又呈高电平。2864/28C64 的字节擦除是在字节写入之前自动完成的。

页面写入：为了提高写入速度,2864/28C64 将整个 8KB 存储器阵列划分为 512 页,每页 16B,并且在内部设置了 1 个 16B 的"页缓冲器"。页的区分可由地址线的高 9 位(A4~A12)来确定,地址线的低四位(A0~A3)用以选择页缓冲器中的 16 个地址单元中的某一个。将数据写入需分两步来完成：第一步,在软件控制下把数据写入页缓冲器,此过程称为"页加载"周期；第二步,2864/28C64 在内部定时电路控制下,把页缓冲器中的内容送到指定的存储器单元,即为"页存储"周期。

图 2-22 给出了向 2864/28C64 的页缓冲器中加载一页数据的时序图。2864/28C64 在 $\overline{\text{WE}}$ 信号的下降沿锁存地址线上的地址,上升沿锁存数据总线上的数据。从 $\overline{\text{WE}}$ 脉冲的下降沿算起,用户的写入程序应在 t_{BLW} 时间内完成一个字节数据的写入操作,并按此时序顺序写入 16B 的数据。

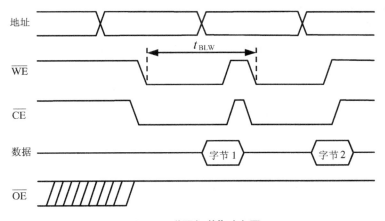

图 2-22 "页加载"时序图

由于 2864/28C64 内部时序要求 $3\mu s < t_{\text{BLW}} < 20\mu s$,所以用户程序按此要求进行操作,这是正确完成对 2864/28C64 页面写入操作的关键。

如果在 $20\mu s$ 的窗口时间内(t_{BLW} 上限)不对芯片写入数据,2864/28C64 将从"页加载"周期自动转入"页存储"周期。首先,它将所选中的内容擦除,然后将页缓冲器的数据转储到相应的 EEPROM 阵列中去。在此期间,控制芯片完成写入操作的 $\overline{\text{WE}}$ 信号无效,芯片不再接收外部数据,2864/28C64 的数据总线呈高阻状态。

● 数据查询方式。

数据查询是指用软件来检测写操作中的"页存储"周期是否完成。在"页存储"期间,如对 2864/28C64 执行读操作,那么读出的是最后写入的字节,若芯片的转储工作未完成,则读出数据的最高位是原来写入数据最高位的反码。据此,CPU 可以判断芯片的编程是否结束。如果 CPU 读出的数据与写入的数据相同,表示芯片已完成编程,CPU 可继续向芯片加载下一页数据。

2. 随机存取存储器 RAM(Random Access Memory)

随机存取存储器简称 RAM。它和 ROM 的区别在于这种存储器不但能随时读取已存放在其各个单元中的数据,而且能根据需要随时写入新的信息。在写入信息时,不需要像 EEPROM 那样,分页先将原有的内容擦除,而是可以直接写入。它和 ROM 的另一个重要的区别是 RAM 通常是易失性存储器,切断电源甚至暂时的掉电都可能会使所存储的信息全部丢失。

(1) RAM 的基本结构

随机存取存储器的结构除了地址译码器、存储矩阵、三态输出缓冲器之外,还包括有读写控制逻辑,其结构如图 2-23 所示。

由图 2-23 可以看出,RAM 和 ROM 在结构上很相似,只是 RAM 的数据线 Di,既可读出又可写入,故缓冲器也应该是双向的。图中的 R/$\overline{W}$ 为读写控制线,用来决定被选中的随机存储器是要进行读操作,还是进行写操作。

CPU 和随机存储器之间要进行交换信息时,应先把地址码通过地址总线送到存储器的地址线,地址信息由 CPU 通过地址锁存器来维持。然后 CPU 通过控制总线向 RAM 发出选通信息和读写控制信号,当选通信号 $\overline{CE}$ 端为 0 时,芯片被选中,同时根据需要发出相应的读写控制信号,完成读操作或写操作。若不对 RAM 进行操作,$\overline{CE}$ 和 $\overline{OE}$ 都无效,三态输出缓冲器对系统的数据总线呈高阻状态,这样可以使该存储器与系统的数据总线完全隔离。

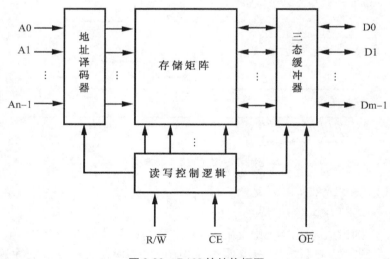

图 2-23　RAM 的结构框图

（2）静态基本存储电路

静态 RAM 可用 MOS 触发器作为基本记忆元件。触发器的工作必须要有电源，故只有在有电源的条件下数据才可能进行读出和写入，掉电之后存入的信息通常会消失。

如图 2-24 所示的是一个 NMOS 六管静态基本存储电路。其中 T1～T4 组成静态触发器。触发器有两个稳态：T1 截止、T3 导通时，Q = 1 的状态称为"1"状态；T1 导通、T3 截止时，Q = 0 的状态称为"0"状态。这两种状态反映了存入存储器的信息是"0"还是"1"。T5、T6 在地址译码器的输出字线 W 为高电平时有效，这时这个基本存储电路才被选中。该存储电路有两个数据输出端，称为位线或数据线。

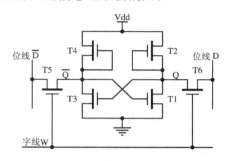

图 2-24　六管静态基本存储电路

当字线 W 为高电平时，T5、T6 导通，该电路进入工作状态，这时可实现数据的写入或读出。其过程如下：

① 写入数据

将写入的数据分别从位线 D 和 $\overline{D}$ 端送入，此时字线 W 已经有效，T5 和 T6 是两个导通的 MOS 传输门，因此位线上的信号就通过传输门送入静态触发器。若要写入的信号为"1"，即 D = 1，$\overline{D}$ = 0，则 D 端上的低电平通过 T5 传送到 T1 的栅极，使 T1 截止。不论这个存储电路原来是什么状态，T1 截止后，都使 Q = 1。同样，D 端上的高电平通过 T6 送至 T3 的栅极，使 T3 导通，$\overline{Q}$ = 0。这样就使"1"信号写入存储电路。并且写入的"1"能够依靠静态触发器内部反馈保持下去。若要写入"0"，则送入 D = 0，$\overline{D}$ = 1，结果能使 T3 截止，T1 导通，达到写"0"的目的。

② 读出数据

在收到地址信号时，使字线 W 处于高电平，T5、T6 导通，亦即传输门导通，触发器的状态通过传输门传送给位线 D 和 $\overline{D}$。若原存储的数据为"1"，则使 D = Q = 1，$\overline{D}$ = $\overline{Q}$ = 0；若原存储的数据为"0"，则 D = Q = 0，$\overline{D}$ = $\overline{Q}$ = 1。信息读出后并不影响触发器中 Q 存储的信息。

当字线 W 处于低电平时，T5、T6 截止，触发器与位线 D、$\overline{D}$ 端隔离。这时，基本存储电路内的信息既不能读出，也不能写入，只能保持原存储的信息不变，故称此时为维持状态。

一个基本存储电路只能存放一位二进制数。实际上一条位线要接若干个存储电路的传输门，从而构成一个存储单元。再由许多个存储单元按阵列的形式排列成存储体，才能够存放所需存储的信息。

（3）动态基本存储电路

静态基本存储电路在没有新的写入信号到来时，触发器的状态不会改变，只要不掉电，所写入的信息一直保持不变。但静态存储电路的元件较多，并且一个基本电路中至少有一组 MOS 管导通，因而功耗较大。而动态存储单元具有元件少、功耗低的优点，在大容量存储器中得到广泛应用。

如图 2-25 所示的是单管动态存储电路，其中 C_g 上的信息可以保留一段时间，然而不能长时间地保留，经过电容的放电，C_g 上的电荷会逐渐泄放掉，这样存入的信息就会丢失。为了使动态存储器也能长期保存信息,必须在信息消失之前,使信息能够再生。这种操作称为动态存储器的刷新。刷新要周期性地进行,一般应在几毫秒到几十毫秒之内进行一次。

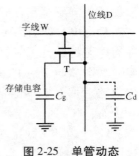

图 2-25 单管动态存储电路

信息写入时,字线 W 处于高电平,使 T 导通,此时可将位线 D 上的信息经过 T 写入 C_g 存储。若数据线(位线)上为"1", C_g 被充电为高电平;若数据线为"0", C_g 被放电为低电平。为了节省芯片面积,存储单元的电容 C_g 不能做得很大,而位线上连接的元件较多,杂散电容 C_d 远大于 C_g。当读出时,电容 C_g 上的电荷向 C_d 转移,因而位线上的电压远小于读出操作前 C_g 上的电压。因此,需经读出放大器对输出信号进行放大。同时,由于 C_g 上的电荷减少,存储的信息被破坏,故每次读出后,必须及时对读出单元进行刷新。

从以上分析可以看出,与静态 RAM 相比,动态 RAM 具有成本低、功耗小的优点,适用于需要大容量数据存储器空间的场合。但动态 RAM 需要刷新逻辑电路,以保持数据信息不丢失,故在单片机系统中的应用受到一定限制。随着存储器技术的不断发展,近年来出现了一种新型的动态随机存储器 IRAM。它将一个完整的动态 RAM 系统(包括动态刷新硬件逻辑)集成到一块芯片之内,从而兼有静态 RAM、动态 RAM 的优点:价廉、功耗低、接口简单。

(4) 典型 RAM 芯片举例

① 静态 RAM 6264

6264 是一种采用 CMOS 工艺制成的 8K×8bit 的 28 引脚的静态读写存储器。其读写访问时间根据不同的型号可以从 20ns 到 200ns 不等,数据输入和输出引脚共用,三态输出,其引脚排列及引脚功能如图 2-26 所示。

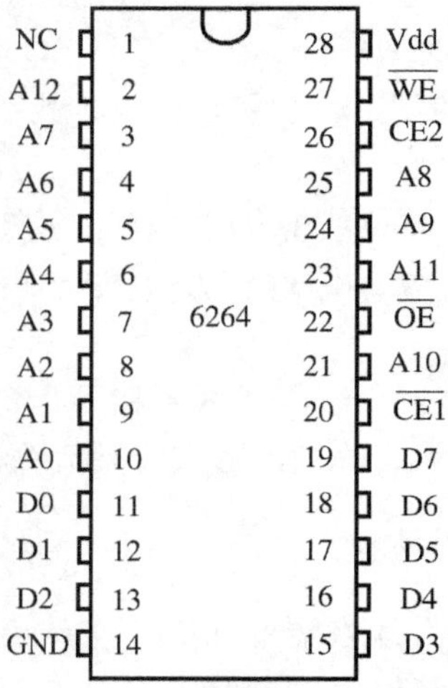

符号	说明
A0~A12	地址线
D0~D7	数据线
$\overline{CE1}$	片选线 1
CE2	片选线 2
$\overline{OE}$	输出允许
$\overline{WE}$	写允许
Vdd	+5V电源输入
GND	接地端
NC	空引脚

(a) 引脚排列　　(b) 引脚功能

图 2-26　6264 引脚排列及引脚功能

6264 的工作方式如表 2-4 所示。

表 2-4 6264 工作方式

工作方式	引脚				
	$\overline{WE}$	$\overline{OE}$	$\overline{CE1}$	CE2	D0~D7
未选中	×	×	H	×	高阻
未选中	×	×	×	L	高阻
禁止输出	H	H	L	H	高阻
读操作	H	L	L	H	数据输出
写操作	L	H	L	H	数据输入
写操作	L	L	L	H	数据输入

② 2186/2187 iRAM

2186/2187 由 Intel 公司生产,片内具有 8K×8bit 集成动态随机存储器,内部包含动态刷新电路,从而兼有静态 RAM 和动态 RAM 的优点,它使用单一电源 +5V 供电,工作电流为 70mA,存取时间为 250ns,管脚与 6264 兼容。如图 2-27 所示的是 2186/2187 的引脚排列及引脚功能。

2186 与 2187 的不同点仅在于 2186 的引脚 1 是和 CPU 握手的信号 RDY,而 2187 的引脚 1 则是刷新检测输入端 $\overline{REFEN}$。

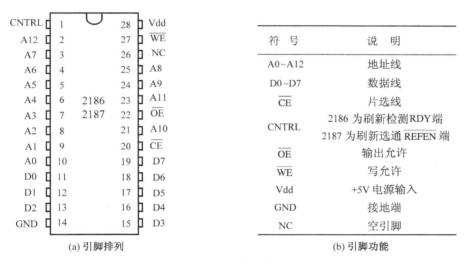

图 2-27 2186/2187 引脚排列及引脚功能

3. 非易失性存储器的介绍

随着新型半导体存储器技术的发明,近年来,各种不同的非 ROM 型可现场改写的非易失性存储器被推向了市场,这些芯片技术正在迅速改变着存储器世界的面貌。除了前面介绍的可用电擦除的可编程 EEPROM 外,近年来出现了用锂电池作为数据保护后备电源的一体化非易失性静态读写存储器 NVSRAM,在 EPROM 和 EEPROM 芯片技术基础上发展起来的快擦写存储器 Flash Memory,利用铁电材料的极化方向来存储数据的铁电读写存储器 FRAM。这些存储器既可作为 ROM 使用,又可以作为 RAM 使用,所以传统的 ROM 与 RAM 的定义和划分已逐渐失去意义。微处理器技术的高速发展,使存储器发展的速度远不能满足 CPU 的发展要求。目前世界各大半导体厂商,正致力于成熟存储器的大容量化、高速化、低电压化、低功耗化。

(1) 快擦写可编程存储器(Flash Memory)

Flash Memory 这种存储器可以用电气的方法快速地擦写。根据其制造时采用的工艺不同而具有不同的体系结构。从使用角度看,无论采用何种结构形式,其供电电压可以分为两大类:一类是从用紫外线擦除的 EPROM 发展而来的需要用高电压(12V)编程的器件,这类 Flash Memory 通常需要双电源(芯片工作电源和擦除/编程电源)供电,型号序列为 28F×××;另一类是用 5V 编程的以 EEPROM 为基础发展起来的器件,它只需要单一电源供电,其型号序列通常为 29C(/N)×××。近年来 Atmel 公司提供了只需单一电源低电压 3.3V(还有 2.7V)就能工作的快擦写存储器。日本 Oki 正致力于研究用单一电源低电压为 1.5V 工作的存储器。由此可知,需要用双电源供电的快擦写存储器很快会被淘汰。

Flash Memory 尽管优点很多,但与 RAM 相比较,其写入速度要慢得多,写入速度一般为 7~10μs/B。经过改进后的 Flash Memory 目前最快的写入速度为 3μs/B。

Flash Memory 广泛应用于办公设备、通信设备、医疗设备、工业控制等领域,利用其信息非易失性和可以在线更新数据的特性,可把它作为具有一定灵活性的只读存储器使用。另外,它还被广泛应用于台式计算机、便携式计算机中,用来存放 BIOS 和其他参数并能进行更新数据的只读存储器。

(2) 非易失性静态读写存储器(NVSRAM)

1984 年美国 Dallas 半导体公司用高容量、长寿命的锂电池作为数据保护的后备电源,在低功耗的 SRAM 芯片上加上可靠的数据保护电路,推出了非易失性静态读写存储器 NVSRAM(Non-Volatile SRAM),即封装一体化的电池后备供电的静态读写存储器 IBBSRAM(Integrated Battery Backed SRAM),其性能和用法都与静态读写存储器一样,但在掉电情况下其中的信息可以保存 10 年。非易失性静态读写存储器 NVSRAM 的典型型号有 DS13××、DS16××、DS17×× 等。

(3) 掉电自保护 SRAM 插座

掉电自保护 SRAM 插座是一种有源电子插座,内部带有 CMOS 控制电路和锂电池电源,可以在不增加原印刷板面积、不改变原来系统设计的情况下,完全解决静态 RAM 掉电数据丢失的难题。这种插座可以自动对电源电压进行检测,当低于某一容限值时,可以自动启用内部锂电池供电,同时对芯片进行写保护。使用这种插座的 SRAM 芯片在断电情况下可以保护其中的信息达 10 年以上。掉电自保护 SRAM 插座的典型型号有 DS1213B、DS1213C、DS1213D 等。

(4) 铁电介质读写存储器(FRAM)

FRAM 是 Ferroelectric Random Access Memory 的缩写,这是一种新发明的非易失性存储器技术,它克服了现有非易失性存储器的缺陷和限制。FRAM 存储器使用标准 CMOS 技术并利用铁电材料作为介质,存储单元不同的数据状态是通过加到铁电材料上的电场使之极化实现的。到目前为止,这是一种最好的非易失性存储器的解决方案,并有可能成为一种理想的存储器。

FRAM 系列存储器是利用铁电材料使之极化而不是利用电荷来进行存储的,因而它们有非常快的写入速度,可以把写入时间从毫秒级缩短到微秒级。FRAM 采用 CMOS 工艺与高效的极化存储技术,所以这种存储器有极好的低功耗特性,采用 +5V 供电时其工作电流只有其他非易失性存储器的 1/2～1/12,在休眠期低功耗状态时其功耗更低。与其他非易失性存储器的写入次数相比,FRAM 的写入次数已达 1 亿次以上,远远高于其他非易失性存储器。非易失性铁电存储器的典型型号并行读写的有 1208S/1408S/1608S,串行读写的有 F24C04/24C16 等。

2.2.2 MCS-51 单片机存储器的配置和组织

MCS-51 单片机的存储器结构和配置与常见的微型计算机的配置方式不同,它把程序存储器和数据存储器分开,各有自己的寻址系统和控制信号。程序存储器用来存放程序、常数和表格等。数据存储器通常用来存放程序运行中所需要的数据和需暂时存放的数据,以及存放采集的数据等。

从物理地址空间分析,MCS-51 有 4 个存储器空间:片内程序存储器和片外程序存储器以及片内数据存储器和片外数据存储器。从逻辑地址空间分析,MCS-51 有 3 个存储器空间:片内外统一的 64KB 的程序存储器地址空间、256B(对 51 子系列)或 384B(对 52 子系列)的内部数据存储器地址空间(其中 128B 的专用寄存器地址空间)以及 64KB 的外部数据存储器地址空间。MCS-51 存储器的配置如图 2-28 所示。

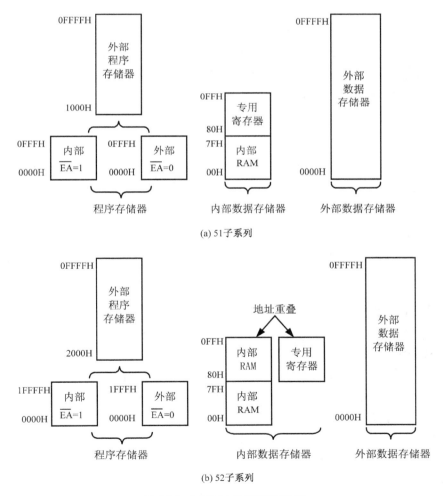

图 2-28 MCS-51 存储器的配置

1. 程序存储器

程序存储器用于存放编制好的程序、表格等。程序存储器以程序计数器 PC 作为地址指针,通过 16 位地址总线可寻址的地址空间为 64KB。

在 8051/8751 片内,分别驻留最低地址空间的 4KB ROM/EPROM,在 8052/8752 片内,分别驻留最低地址空间 8KB ROM/EPROM,在 8031/8032 片内则无程序存储器,需外部扩展。

在 MCS-51 系统中,64KB 程序存储器的地址空间是统一的。对于有内部程序存储器的单片机,应把 $\overline{EA}$ 引脚接高电平,使程序从内部程序存储器开始执行,当 PC 值超过内部程序存储器的容量时,会自动转向外部程序存储器地址空间。对于这类单片机型,若把 $\overline{EA}$ 接低电平,可用于调试程序,把要调试的程序置于与内部 ROM 地址空间重叠的外部程序存储器内进行调试和修改。而无内部程序存储器的芯片,$\overline{EA}$ 引脚应始终接低电平,迫使系统从外部程序存储器中取指令。64KB 程序存储器中有 7 个单元具有特殊功能。0000H 单元,MCS-51 系统复位后程序计数器 PC 中的内容为 0000H,故系统是从 0000H 单元开始取指,执行程序。它是系统的起始地址,一般在该单元中存放一条绝对跳转指令,而用户设计的主程序从跳转地址开始安放。

除了 0000H 单元外,0003H、000BH、0013H、001BH、0023H 和 002BH 这 6 个单元分别对应于 6 种中断服务子程序的入口地址,见表 2-5。通常在这些入口地址单元中都安放一条绝对跳转指令,而真正的中断服务子程序则是从转移地址开始安放的。这 6 个单元又被称为 6 个中断矢量单元地址,因此 0003H ~ 002BH 单元应被保留专用于中断服务处理。

表 2-5　各中断源的中断入口地址

中　　断　　源	入　口　地　址
外部中断 0	0003H
定时器/计数器 0 溢出中断	000BH
外部中断 1	0013H
定时器/计数器 1 溢出中断	001BH
串行口	0023H
*定时器/计数器 2 溢出或 T2EX(P1.1)端负跳变时	002BH

*52 子系列所特有

2. 内部数据存储器

MCS-51 的数据存储器无论从物理上还是从逻辑上都分为两个地址空间,一个是内部数据存储器,访问内部数据存储器用 MOV 等指令;另一个是外部数据存储器,对外部数据存储器的访问只能用 MOVX 指令。

内部数据存储器在物理上又可以分为 3 个不同的块:00H ~ 7FH(0 ~ 127)单元组成的低 128B 的 RAM 块、80H ~ 0FFH(128 ~ 255)单元组成的高 128B 的 RAM 块(仅为 52 子系列所有),以及 80H ~ 0FFH(128 ~ 255)单元组成的高 128B 的专用寄存器块(SFR)。

在 51 子系列中,只有低 128B 的 RAM 块和高 128B 的专用寄存器块,两块地址空间是相连的。

在 52 子系列中，高 128B 的 RAM 块与专用寄存器块的地址是重合的。究竟访问哪一块是通过不同的寻址方式加以区分的。访问高 128B RAM 时采用寄存器间接寻址方式，访问 SFR 块时则只能采用直接寻址方式。访问低 128B RAM 时，两种寻址方式都可以采用。

注意：高 128B 的 SFR 块中仅有部分字节是有定义的，若访问的是这一块中没有定义的单元，则将得到一个随机数。

（1）内部 RAM

MCS-51 的内部 RAM 结构如图 2-29 所示。其中 00H～1FH（0～31）单元共 32B 是四个通用工作寄存器区，每个区含有 8 个工作寄存器，编号为 R0～R7。这样在发生中断处理或子程序调用时，很容易实现现场保护，这给软件设计带来了极大的方便。专用寄存器 PSW（程序状态字）中有两位（RS1、RS0）专门用来确定使用哪一个工作寄存器区。

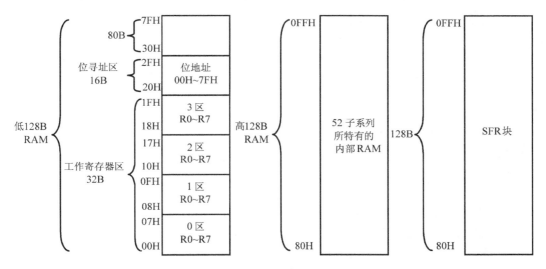

图 2-29　MCS-51 的内部 RAM 结构

内部 RAM 的 20H～2FH 为位寻址区，见表 2-6。这 16 个字节的每一位都有一个位地址，位地址的范围为 00H～7FH。除了内部 RAM 中 16 个字节具有位地址外，在专用寄存器区中还有 12 个专用寄存器同样也具有位寻址、位操作功能。这 28 个字节构成了布尔处理机的存储器空间。20H～2FH 这 16 个字节既可以进行字节操作，又可以对其某一位进行位操作，给编程带来了极大的方便。

在程序设计中，往往需要一个先进后出的 RAM，以保存程序处理的现场，这种先进后出的数据缓冲区称为堆栈（堆栈的用途详见指令系统和中断系统的分析）。对堆栈的访问是通过专用寄存器堆栈指针 SP 来完成的。MCS-51 的堆栈深度小于 128B，一般以不超出内部 RAM 空间为限。对 51 子系列的芯片而言，堆栈的实际空间比 128B 要小得多，堆栈一般设在 30H～7FH 的范围内；对 52 子系列的芯片，堆栈也可以安放在 80H～0FFH 的范围内。堆栈的顶部可以由堆栈指针 SP 确定。

表 2-6　内部 RAM 位寻址区位地址

位　地　址								字节地址
D7	D6	D5	D4	D3	D2	D1	D0	
7F	7E	7D	7C	7B	7A	79	78	2FH
77	76	75	74	73	72	71	70	2EH
6F	6E	6D	6C	6B	6A	69	68	2DH
67	66	65	64	63	62	61	60	2CH
5F	5E	5D	5C	5B	5A	59	58	2BH
57	56	55	54	53	52	51	50	2AH
4F	4E	4D	4C	4B	4A	49	48	29H
47	46	45	44	43	42	41	40	28H
3F	3E	3D	3C	3B	3A	39	38	27H
37	36	35	34	33	32	31	30	26H
2F	2E	2D	2C	2B	2A	29	28	25H
27	26	25	24	23	22	21	20	24H
1F	1E	1D	1C	1B	1A	19	18	23H
17	16	15	14	13	12	11	10	22H
0F	0E	0D	0C	0B	0A	09	08	21H
07	06	05	04	03	02	01	00	20H

（2）专用寄存器

MCS-51 内部锁存器、定时器/计数器、串行口、数据缓冲器以及各种控制寄存器和状态寄存器都是以专用寄存器的形式出现的，它们分散地分布在内部数据存储器的高 128B（80H～0FFH）内。表 2-7 列出了这些专用寄存器的助记标识符、名称及地址。表 2-8 介绍了专用寄存器的详细地址。

表 2-7　专用寄存器(除 PC 外)

标　识　符	说　　明	地　址
*ACC	累加器	0E0H
*B	B 寄存器	0F0H
*PSW	程序状态字	0D0H
SP	堆栈指针	81H
DPTR	数据指针(包括 DPH 和 DPL)	83H 和 82H
*P0	口 0	80H
*P1	口 1	90H
*P2	口 2	0A0H
*P3	口 3	0B0H

续表

标识符	说 明	地 址
∗IP	中断优先级控制	0B8H
∗IE	允许中断控制	0A8H
TMOD	定时器/计数器方式控制	89H
∗TCON	控制寄存器	88H
+∗T2CON	定时器/计数器2控制	0C8H
TH0	定时器/计数器0(高位字节)	8CH
TL0	定时器/计数器0(低位字节)	8AH
TH1	定时器/计数器1(高位字节)	8DH
TL1	定时器/计数器1(低位字节)	8BH
+TH2	定时器/计数器2(高位字节)	0CDH
+TL2	定时器/计数器2(低位字节)	0CCH
+RCAP2H	定时器/计数器2自动再装载(高位字节)	0CBH
+RCAP2L	定时器/计数器2自动再装载(低位字节)	0CAH
∗SCON	串行控制	98H
SBUF	串行数据缓冲器	99H
PCON	电源控制	87H

注：带"∗"号寄存器可按字节和按位寻址。带"+"号的寄存器是与定时器/计数器2有关的寄存器，仅在52子系列中存在。

表2-8 专用寄存器地址表

位　地　址								字节地址	标识符
P0.7 87	P0.6 86	P0.5 85	P0.4 84	P0.3 83	P0.2 82	P0.1 81	P0.0 80	80H	P0
								81H	SP
								82H	DPL
								83H	DPH
								87H	PCON
TF1 8F	TR1 8E	TF0 8D	TR0 8C	IE1 8B	IT1 8A	IE0 89	IT0 88	88H	TCON
								89H	TMOD
								8AH	TL0
								8BH	TL1
								8CH	TH0
								8DH	TH1

续表

位地址								字节地址	标识符
P1.7 97	P1.6 96	P1.5 95	P1.4 94	P1.3 93	P1.2 92	P1.1 91	P1.0 90	90H	P1
SM0 9F	SM1 9E	SM2 9D	REN 9C	TB8 9B	RB8 9A	TI 99	RI 98	98H	SCON
								99H	SBUF
P2.7 A7	P2.6 A6	P2.5 A5	P2.4 A4	P2.3 A3	P2.2 A2	P2.1 A1	P2.0 A0	0A0H	P2
EA AF	 AE	ET2 AD	ES AC	ET1 AB	EX1 AA	ET0 A9	EX0 A8	0A8H	IE
P3.7 B7	P3.6 B6	P3.5 B5	P3.4 B4	P3.3 B3	P3.2 B2	P3.1 B1	P3.0 B0	0B0H	P3
 BF	 BE	PT2 BD	PS BC	PT1 BB	PX1 BA	PT0 B9	PX0 B8	0B8H	IP
CY D7	AC D6	F0 D5	RS1 D4	RS0 D3	OV D2	 D1	P D0	0D0H	PSW
ACC.7 E7	ACC.6 E6	ACC.5 E5	ACC.4 E4	ACC.3 E3	ACC.2 E2	ACC.1 E1	ACC.0 E0	0E0H	ACC
F7	F6	F5	F4	F3	F2	F1	F0	0F0H	B

下面将介绍部分专用寄存器的功能,另一部分专用寄存器将在相关的章节中介绍。

① 程序计数器 PC

程序计数器 PC 用于安放下一条将要执行的指令的地址(程序存储器地址),是一个 16 位专用寄存器,可以满足程序存储器 64KB 的寻址要求。PC 在物理上是独立的,它不属于内部数据存储器 SFR 块。

② 累加器 ACC

累加器是一个最常用的专用寄存器,大部分单操作数指令的操作数取自累加器。许多双操作数指令的一个操作数也取自累加器。加、减、乘、除算术运算指令的运算结果都存放在累加器 A 或 AB 寄存器对中。对外部数据存储器的访问均通过累加器进行。指令系统中堆栈操作指令采用 ACC 作为累加器的助记符。

③ B 寄存器

在乘除指令中,用到了 B 寄存器。乘法指令的两个操作数分别取自 A 和 B,其运算结果存放在 AB 寄存器对中。除法指令中被除数取自 A,除数取自 B,运算结束后商存放在 A 中,而余数存放在 B 中。在其他指令中,B 寄存器也可作为一个通用寄存器来使用。

④ 程序状态字 PSW

程序状态字是一个 8 位寄存器,它反映了程序状态信息,其各位的功能说明如下:

寄存器名:PSW	位名称	CY	AC	F0	RS1	RS0	OV		P
地址:0D0H	位地址	D7	D6	D5	D4	D3	D2	D1	D0

- CY(PSW.7)进位标志。在执行某些算术运算和逻辑操作指令时,可以被硬件置位或清除。在布尔处理机中它被认为是位累加器,用助记符"C"表示,它的重要性相当于普通中央处理机中的累加器 A。
- AC(PSW.6)辅助进位标志。当进行加法和减法操作而产生由低四位向高四位进位或借位时,AC 将被硬件置位,否则就被清除。AC 被用于 BCD 码运算时进行十进制调整。详见"DA A"指令。
- F0(PSW.5)标志 0。可以由用户定义的一个状态标志。用软件来置位或清除,也可以用软件来测试 F0 以控制程序的流向。
- RS1、RS0(PSW.4、PSW.3)寄存器区选择控制位。可以用软件来置位或清除以确定工作寄存器区。RS1、RS0 与寄存器区的对应关系如下:

RS1	RS0	工作寄存器区
0	0	0 区(00H ~ 07H)
0	1	1 区(08H ~ 0FH)
1	0	2 区(10H ~ 17H)
1	1	3 区(18H ~ 1FH)

- OV(PSW.2)溢出标志。当执行算术运算指令时,由硬件置位或清除,指示运算结果溢出与否。

当执行加法指令时,若用 C_6' 表示 D6 位向 D7 位有进位,用 C_7' 表示 D7 位向进位标志位 CY 有进位,则有

$$OV = C_6' \oplus C_7'$$

即当位 6 向位 7 有进位,而位 7 不向 CY 进位时,或位 6 不向位 7 进位而位 7 向 CY 进位时,溢出标志 OV 置位,否则清除。

同样,在执行减法指令时,C6 和 C7 表示有借位,同样存在如下关系:

$$OV = C_6' \oplus C_7'$$

因此,溢出标志在硬件上可以用一个异或门获得。

溢出标志 OV 常用于加法和减法指令,对有符号数运算时,判别其结果有无超出目的寄存器 A 所能表示的带符号数(2 的补码)的范围(- 128 ~ + 127)。当 OV = 1 时,表示已发生溢出,即表示已超出了 A 所能表示的带符号数的范围,有关情况详见加法和减法指令的说明。在 MCS-51 系统中,无符号数乘法指令 MUL 的执行结果也会影响溢出标志,若置于累加器 A 和寄存器 B 的两个数的乘积超过 255 时,OV = 1,否则 OV = 0。此积的高 8 位存放在寄存器 B 中,低 8 位存放在寄存器 A 中,因此 OV = 0 意味着只需从寄存器 A 中取得乘积,否则要从 AB 寄存器对中获得乘积。

除法指令也会影响溢出标志。当除数为 0 时,OV = 1,否则 OV = 0。
- PSW.1 是保留位,未用。
- P(PSW.0)奇偶标志。每个指令周期都由硬件置位或清除,以表示累加器 A 中为 1 的位数究竟是奇数还是偶数。若为 1 的位数是奇数,则 P = 1,否则 P = 0。

奇偶标志位在串行通信中的数据传输有重要意义。在串行通信中常用奇偶校验的方法来校验数据传输的可靠性,在发送端可根据 P 的值对奇偶位置位或清除,接收端通过奇偶

标志位 P 来进行校验。

⑤ 堆栈指针 SP

堆栈指针 SP 是一个 8 位专用寄存器。它指示出堆栈顶部在内部 RAM 中的位置。系统复位后，SP 初始化为 07H，使得堆栈实际上从 08H 单元开始，考虑到 08H~1FH 单元分属于工作寄存器区 1~3，若程序设计中要使用到这些区的寄存器，则最好把 SP 中的数据改置为 1FH 或更大的值。SP 的初始值越小，堆栈的深度就可以越深，堆栈指针的数值可以由软件进行修改，因此，堆栈在内部 RAM 中的位置比较灵活。

除了用软件来改变 SP 中的数值外，在执行 PUSH、POP 指令，各种子程序调用，中断响应，子程序返回和中断返回等操作时，SP 中的值都将会自动增量或减量。

⑥ 数据指针 DPTR

数据指针 DPTR 是一个 16 位专用寄存器，其高位字节寄存器用 DPH 表示，低位字节寄存器用 DPL 表示。它既可以作为一个 16 位寄存器 DPTR 来处理，也可以作为两个独立的 8 位寄存器 DPH、DPL 来处理。

DPTR 主要用来保存 16 位地址，当对 64KB 外部数据存储器空间寻址时，可作为间址寄存器用。这时可用两条数据传送指令对外部数据存储器进行访问："MOVX A,@DPTR" "MOVX@DPTR,A"。在访问程序存储器时，DPTR 可用作基址寄存器，这时可用一条采用基址+变址寻址方式的指令"MOVC A,@A+DPTR"对程序存储器进行访问，常用于读取存放在程序存储器内的表格、常数。

⑦ 端口 P0~P3

专用寄存器 P0、P1、P2、P3 分别是 I/O 端口 P0~P3 的锁存器。

⑧ 串行数据缓冲器 SBUF

串行数据缓冲器 SBUF 用于存放待发送或已接收的数据，它实际上由两个独立的寄存器组成，一个是发送缓冲器，一个是接收缓冲器。当把发送的数据送 SBUF 时，数据进入的是发送缓冲器；当要从 SBUF 取数据时，则取自接收缓冲器。

⑨ 定时器/计数器

51 子系列单片机中有两个 16 位定时器/计数器 T0 和 T1，52 子系列则增加了一个 16 位定时器/计数器 T2。它们各由两个独立的 8 位寄存器组成，共六个独立的寄存器，即 TH0、TL0、TH1、TL1、TH2、TL2。可以用指令对这六个寄存器进行访问，但不能把 T0、T1 和 T2 当作一个 16 位寄存器来处理。

⑩ 其他控制寄存器

IP、IE、TMOD、TCON、T2CON、SCON 和 PCON 等寄存器分别包含有中断系统、定时器/计数器、串行口和供电方式的控制和状态位，这些寄存器将在以后的章节中加以介绍。

3．外部数据存储器

MCS-51 的外部数据存储器寻址空间为 64KB，这对很多应用场合已足够使用。外部数据存储器均采用间接寻址方式，运用 MOVX 指令。R0、R1 和 DPTR 都可以作为间址寄存器使用。有关外部数据存储器的扩展和信息传送将在本章的后续节中叙述。

2.2.3 程序存储器的扩展

MCS-51 系统中，除了 8051/8751 内部驻留 4KB 的 ROM/EPROM，8052/8752 内部驻留

8KB 的 ROM/EPROM 外,其余型号的芯片内部均无程序存储器。即使内部具有程序存储器的芯片,其容量也很小,因此,实际应用中就可以利用其对外部 64KB 的程序存储器寻址的能力进行外部扩展程序存储器。

如图 2-30 所示的是外扩 8KB 程序存储器的硬件连接图。图中采用无内部程序存储器的 8031,将 P0 口作为地址/数据分时复用总线使用,外部程序存储器选用 EPROM 型 2764。CPU 的取指过程如下:首先从 P0 口(低 8 位)、P2 口(高 8 位)送出 16 位地址信息,与此同时从 ALE 引脚送出地址锁存允许信号,该信号送至 74LS373 的使能端,在 ALE 信号消失时,将 P0 口送出的低 8 位地址信息锁存到 74LS373 的输出端。由于 74LS373 的输出允许 $\overline{OE}$ 接地,因此低 8 位地址一直被允许输出,这样,由 74LS373 输出的低 8 位地址和 P2 口送出的高 8 位地址,确定了对外部程序存储器的寻址单元。当 ALE 信号消失后,P0 口就由输出方式变为输入方式即浮空状态,等待从程序存储器读出指令。紧接着 CPU 送出外部程序存储器读选通信号 $\overline{PSEN}$,该信号送到了 2764 的 $\overline{OE}$ 和 $\overline{CE}$ 端,即输出允许和片选端。这样 CPU 就从 2764 被选中的单元中读取了相应的指令,从而完成了取指。

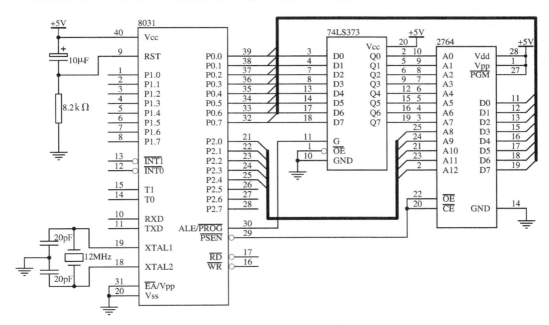

图 2-30 外扩 8KB 程序存储器 2764(EPROM)硬件连接图

2.2.4 数据存储器的扩展

MCS-51 系统内部具有 128/256 个字节 RAM,它们可以作为工作寄存器、堆栈、软件标志和数据缓冲器,CPU 对内部 RAM 有丰富的操作指令,因此内部 RAM 是十分有用的资源,在进行系统设计时,应合理地分配片内 RAM,充分发挥它们的作用。但在诸如数据采集处理的应用系统中,仅仅利用片内 RAM 往往是不够的,在这种情况下,可以运用 MCS-51 的扩展技术,外部扩展数据存储器。

6264 是 8K×8bit 的静态 RAM,如图 2-31 所示的是 8031 外扩 8KB 静态 RAM(6264)的硬件连接图。8031 的 P0 口作为地址/数据分时复用总线使用,当 CPU 执行一条访问外部数据存储器的指令时,先从 P0 口和 P2 口送出 16 位地址,与此同时送出 ALE 信号,ALE 信号连接到 74LS373 的 G 端,在 ALE 信号的下降沿,把从 P0 口送出的低 8 位地址信息锁存到 74LS373。然后根据指令通过 P0 口对 6264 进行读/写操作。

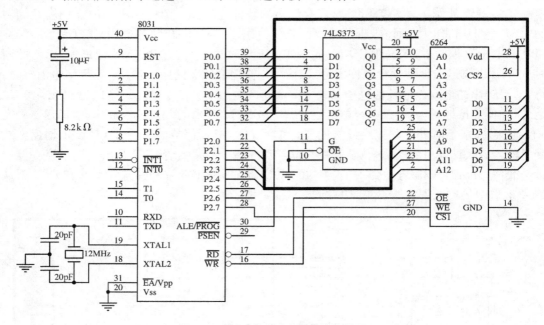

图 2-31 8031 与 6264 的硬件连接图

习　题　二

1. ALU 是什么功能部件？它能完成什么运算功能？

2. 单片微型计算机内部含有哪些功能部件？它和一般微型计算机相比有什么特点？为什么会在微型计算机中形成单片微型计算机这一重要分支？

3. 简述标志 CY 和 OV 的意义。为什么会发生溢出？溢出的本质是什么？

4. MCS-51 系列单片机内部包含哪些主要功能部件？

5. MCS-51 单片机中决定程序执行顺序的寄存器是哪个？它是几位寄存器？

6. 可以分成两个 8 位寄存器的 16 位寄存器是什么？

7. 什么是 MCS-51 单片机的振荡周期、状态周期、机器周期、指令周期。当采用 6MHz 晶振时,每个机器周期是多少？在这样的工作频率下其执行一条 MCS-51 单片机最长的指令需多少时间？

8. 假设 MCS-51 单片机有四个 8 位并行 I/O 口,在使用时各有哪些特点和分工？简述各并行 I/O 口的结构。

9. MCS-51 单片机的并行 I/O 端口信息有哪两种读取方法？读—修改—写操作是针对并行 I/O 端口的哪一部分进行的？为什么要作这样的安排？

10. 什么是准双向口？它有何特点？

11. P0 口在作为 I/O 口使用时要注意什么问题？

12. 如何对 8051 单片机进行复位？
13. 8051 复位之后，其内部各个寄存器的状态如何？
14. CMOS 型的 51 系列单片机有哪两种低功耗方式？
15. 如何设置低功耗方式？如何退出低功耗方式？
16. 从物理地址空间和逻辑地址空间分析，MCS-51 系统分别有哪几个存储空间？
17. MCS-51 单片机的内部数据存储器可以分为哪几个不同的区域？各有什么特点？
18. 工作寄存器区一共占多少字节？分为几个区？如何选择不同的工作寄存器区？
19. 位寻址区占几个字节？一共有多少位？
20. 8031 和 8051 单片机主要有什么区别？
21. 堆栈的主要功能是什么？堆栈指示器 SP 的功能是什么？数据进栈、出栈有何种规律？MCS-51 单片机堆栈的最大容量不能超过多少字节？
22. 试解释 EPROM、PROM 和 ROM 之间的主要区别。
23. EPROM、EEPROM 和 Flash Memory 都是可以改写内容的芯片，试说明在使用上它们有什么不同。
24. 并行连接的存储器芯片容量与该芯片的地址线数量和数据线数量有什么关系？
25. 存储器芯片 6116、6264 的地址线和数据线分别有几根？
26. 某存储器芯片有 12 根地址线和 4 根数据 I/O 线，该芯片的存储容量是多少位？
27. MCS-51 单片机在执行 MOVX 类指令和其他指令时，CPU 时序有什么不同？
28. ALE、$\overline{PSEN}$、$\overline{EA}$、$\overline{RD}$、$\overline{WR}$ 这些信号分别有什么功能？
29. MCS-51 单片机外扩存储器时，为什么 P0 口要外接地址锁存器，而 P2 口却不需要？
30. 74LS373 能作为 MCS-51 外扩存储器时的地址锁存器，能否用 74LS273 直接替代？
31. 画出 8051 单片机外扩一片 2764（8KB EPROM）和两片 6264（8KB + 8KB SRAM）的硬件连接图。
32. 8751 单片机系统需要外扩 8KB（用 2764）程序存储器，要求地址范围为 1000H～2FFFH，以便和内部程序存储器地址相衔接，画出系统扩展的硬件连接图。

第 3 章
MCS-51 单片机的指令系统

MCS-51 指令系统专用于 MCS-51 系列的单片机,是一个具有 255 种操作代码的集合。42 种指令功能助记符与 7 种寻址方式相结合,一共构造出 111 种指令。111 种指令中单字节指令 49 种,双字节指令 46 种,三字节指令 16 种。指令系统的功能强弱在很大程度上决定了计算机性能的高低。MCS-51 指令系统功能简捷,例如,它有四则运算指令、逻辑运算指令、丰富的条件转移指令和位操作指令等,使用灵活方便。

3.1 指令系统概述

3.1.1 基本概念

指令是 CPU 执行某种操作的命令。一台计算机所能执行的全部指令的集合称为这个 CPU 的指令系统。

MCS-51 汇编语言指令由操作码字段和操作数字段两部分组成。

操作码字段指示了计算机所要执行的操作,由 2~5 个英文字母表示,如 JZ、MOV、ADDC、LCALL 等。

操作数字段指出了参与操作的数据来源和操作结果存放的目的单元。操作数字段又分为目的操作数和源操作数两部分。操作数可以是一个常数(立即数),或者是一个数据所在的空间地址,即在执行指令时可以从指定的地址空间取出操作数。

注意,立即数只能作为源操作数,不可作为目的操作数。

操作码和操作数都有对应的二进制代码,指令代码由若干字节组成。对于不同的指令,指令的字节数可能不同。

3.1.2 常用符号的意义

● Rn:当前选中的通用工作寄存器区的 8 个工作寄存器 R0~R7(n=0~7)。当前选中的通用工作寄存器区由程序状态字 PSW 中的 D3、D4 位(即 RS0、RS1)确定,通用工作寄存器区在片内数据存储器中的地址为 00H~1FH。

● Ri:当前选中的通用工作寄存器区中可作地址寄存器的 2 个工作寄存器 R0、R1(i=0,1)。

● direct:8 位内部数据存储器单元地址。可以是一个内部 RAM 单元的地址(0~127)或一个专用寄存器的地址(128~255),如 I/O 端口、控制寄存器、状态寄存器等。

● #data:8 位立即数,即包含在指令中的 8 位常数。

● #data16:16 位立即数,即包含在指令中的 16 位常数。

● addr11:11 位的目的地址。用于 ACALL 和 AJMP 指令中,目的地址必须存放在与下一条指令第一字节同一个 2KB 程序存储器地址空间之内。
- addr16：16 位的目的地址。用于 LCALL 和 LJMP 指令中，目的地址的范围是 0～64KB 的程序存储器地址空间。
- rel：补码形式的 8 位地址偏移量。用于 SJMP 和所有的条件转移指令中。偏移量相对于下一条指令的第一个字节计算，在 -128B～+127B 范围内取值。
- DPTR：数据指针，可用作 16 位的地址寄存器。
- bit：内部 RAM 或专用寄存器中的直接寻址位。
- A：累加器 ACC。
- B：专用寄存器，用于 MUL 和 DIV 指令。
- C：进位标志或进位位，或布尔处理机中的累加器。
- @：间址寄存器或基址寄存器的前缀，如@Ri、@DPTR。
- /：位操作数的前缀，表示对该位操作数先取反再参与操作，但不影响该操作数。
- (X)：X 中的内容。
- ((X))：由 X 寻址所得单元中的内容。
- ←：箭头左边的内容被箭头右边的内容所代替。

3.1.3 指令分类

按指令的功能，可以把 MCS-51 的 111 种指令分成下面 5 类：
- 数据传送类(28 条)。
- 算术操作类(24 条)。
- 逻辑操作类(25 条)。
- 控制转移类(17 条)。
- 布尔变量操作类(17 条)。

3.2 寻址方式

所谓指令的寻址方式，狭义的理解就是该指令如何获得操作数的方式。MCS-51 系列单片机共有七种寻址方式：寄存器寻址、立即寻址、直接寻址、寄存器间接寻址、相对寻址、变址寻址及位寻址。

1. 寄存器寻址

寄存器寻址就是由指令指出寄存器 R0～R7 中某一个或其他寄存器(A、B、DPTR 等)的内容作为操作数。例如：

  MOV A,R0　　　　;将寄存器 R0 的内容送累加器 A

注：半角符号";"分号后为注释，起到说明指令功能的作用。

2. 立即寻址

立即寻址方式是指源操作数包含在指令字节中，其数值由程序员在编制程序时指定，以指令字节的形式存放在程序存储器中。例如：

  MOV A,#12H

指令功能是将立即数 12H 送入累加器 A 中，操作数 12H 跟在操作码后面，以指令形式存放在程序存储器中。其中后缀"H"表示十六进制数,12H 对应的二进制数和十进制数分别为 00010010B 和 18。

3. 直接寻址

在指令中直接给出操作数所在存储单元的地址,称为直接寻址方式。此时指令中操作数部分就是操作数所在地址。在 MCS-51 系统中,使用直接寻址方式可访问片内 RAM 的低 128 个单元以及所有的特殊功能寄存器(SFR)。对于特殊功能寄存器,既可以使用它们的地址,也可以使用它们的符号。特殊功能寄存器空间只能使用直接寻址方式进行访问。例如:

　　　　MOV　31H,30H　　　　;将 30H 单元的内容送 31H 单元

一条直接寻址方式的指令至少占用两个字节存储单元。

4. 寄存器间接寻址

由指令指出某一个寄存器中的内容作为操作数的地址,这种寻址方式称为寄存器间接寻址。

寄存器间接寻址使用寄存器 R0 或 R1 作为地址指针来寻址内部 RAM(00H~0FFH)中的数据;寄存器间接寻址也适用于访问外部 RAM,可使用 R0、R1 或 DPTR 作为地址指针。对堆栈的访问也采用寄存器间接寻址,用堆栈指针 SP 作间址寄存器。例如:

　　　　MOV　A,@R0

指令功能是将 R0 所指向的内部 RAM 单元中的内容送累加器 A。若 R0 的内容为 20H,20H 单元的内容为 00H,则执行指令后累加器 A 的内容被赋值为 00H。

5. 相对寻址

相对寻址只出现在相对转移指令中。相对转移指令执行时,是以当前的 PC 值加上指令中规定的偏移量 rel 而形成实际的转移地址。这里所说的 PC 的当前值是执行完相对转移指令后的 PC 值。一般将相对转移指令操作码所在地址称为源地址,转移后的地址称为目的地址。于是有:

$$目的地址 = 源地址 + 2 \text{ 或 } 3(相对转移指令字节数) + \text{rel}$$

例如,执行指令"JC rel"。

这是一条以 CY 为条件的转移指令。若源地址为 3021H,rel = 20H,CY = 1,则该指令执行结束后目的地址即 PC 的值为 3043H。

在实际使用中,需要根据已知的源地址和目的地址计算偏移量 rel,或利用标号由汇编程序自动计算。

6. 变址寻址(基址寄存器+变址寄存器间接寻址)

变址寻址是以某个寄存器的内容为基地址,然后在这个基地址的基础上加上地址偏移量形成真正的操作数地址。这种寻址方式只能访问程序存储器,访问的范围为 64KB。当然这种访问只能从 ROM 中读取数据而不能写入。在 MCS-51 系统中使用 DPTR 或 PC 作为基址寄存器,累加器 A 为变址寄存器。例如:

　　　　MOVC　A,@A+DPTR

若 DPTR 的内容为 3000H,A 的内容为 05H,则该指令是将程序存储器 3005H 单元中的内容读入累加器 A 中。即若(DPTR) = 3000H,(A) = 05H,(3005H) = 35H,则执行完这条指令后累加器 A 中的内容为 35H。

这种寻址方式多用于查表操作。

7. 位寻址

位寻址方式的指令中的操作数是 8 位二进制数中的某一位。指令中给出的是位地址，位地址在指令中用 bit 表示。例如：

  CLR bit

MCS-51 系统单片机片内 RAM 有两个区域可以位寻址：一个是 20H～2FH 共 16 个单元中的 128 位；另一个是字节地址能被 8 整除的特殊功能寄存器。

在 51 系统中，位地址常用下列两种方式表示：

- 直接使用位地址。对于 20H～2FH 的 16 个单元共 128 位的位地址分布是 00H～7FH。如 20H 单元 0～7 位的位地址是 00H～07H，而 21H 的 0～7 位的位地址是 08H～0FH，依次类推。位地址的具体定义见表 2-6。
- 对于特殊功能寄存器可以用位名称寻址，如 P1.0、TR0、PSW.0 等。

3.3 指　令

3.3.1 数据传送指令

CPU 在进行算术和逻辑运算时，需要有操作数。所以，数据的传送是一种最基本、最主要的操作。所谓"传送"，是把源操作数传送到目的操作数中去，而源操作数不变；或源、目的地址单元中的内容互换。

数据传送类指令用到的助记符有 MOV、MOVX、MOVC、XCH、XCHD、PUSH、POP 共七种。此外，MCS-51 指令系统还有一条 16 位的数据传送指令，专用于设定数据指针 DPTR。

1. 内部存储器间的传送指令

（1）以累加器为目的操作数的指令

汇编指令格式	机器码格式	操　作
MOV A, Rn	1110　1rrr	(A)←(Rn)
MOV A, direct	1110　0101 direct	(A)←(direct)
MOV A, @Ri	1110　011i	(A)←((Ri))
MOV A, #data	0111　0100 data	(A)←data

上述指令是将源操作数所指定的工作寄存器 Rn、直接寻址单元、间接寻址单元中的内容或立即数传送到目的操作数累加器 A 中。

其中，rrr 为工作寄存器地址，rrr = 000～111 对应当前工作寄存器区中的寄存器 R0～R7。Ri 为间接寻址寄存器，i = 0 或 1，即 R0 或 R1。

上述操作不影响源操作数，只影响 PSW 中的标志位 P。

(2) 以寄存器 Rn 为目的操作数的指令

汇编指令格式	机器码格式	操 作
MOV Rn, A	1111 1rrr	(Rn)←(A)
MOV Rn, direct	1010 1rrr direct	(Rn)←(direct)
MOV Rn, #data	0111 1rrr data	(Rn)←data

这组指令的功能是把源操作数所指定的内容送到当前工作寄存器组 R0~R7 中的某个寄存器中。源操作数有寄存器寻址、直接寻址和立即数寻址三种方式。

例如,(A) = 23H,(50H) = 45H,(R2) = 67H,则执行下列指令：

  MOV R2, A   ;(R2)←(A)

指令执行后,(R2) = 23H。

  MOV R2, 50H   ;(R2)←(50H)

指令执行后,(R2) = 45H。

  MOV R2, #00H   ;(R2)←00H

指令执行后,(R2) = 00H。

注意：MCS-51 指令系统中没有"MOV Rn, Rn"这类传送指令。

(3) 以直接地址为目的操作数的指令

汇编指令格式	机器码格式	操 作
MOV direct, A	1111 0101 direct	(direct)←(A)
MOV direct, Rn	1000 1rrr direct	(direct)←(Rn)
MOV direct1, direct2	1000 0101 direct2 direct1	(direct1)←(direct2)
MOV direct, @Ri	1000 011i direct	(direct)←((Ri))
MOV direct, #data	0111 0101 direct data	(direct)←data

这组指令的功能是把源操作数所指定的内容送入由直接地址 direct 所指定的片内存储单元中。源操作数有寄存器寻址、直接寻址、寄存器间接寻址和立即数寻址等方式。

注意:"MOV direct1,direct2"指令在译成机器码时,源地址在前,目的地址在后。

(4) 以间接地址为目的操作数的指令

注意:Ri 中的内容为指定的内部 RAM 单元的地址。

这组指令的功能是把源操作数所指定的内容送入由 Ri 间接寻址所指定的片内数据存储器中。源操作数有寄存器寻址、直接寻址和立即数寻址等方式。

2. 16 位数据传送指令

这是唯一的 16 位数据传送指令。其功能是把 16 位常数送入 DPTR。DPTR 由 DPH 和 DPL 组成。这条指令的执行结果是将高 8 位立即数 dataH 送入 DPH,低 8 位立即数 dataL 送入 DPL。在译成机器码时,亦是高位字节在前,低位字节在后。

例如,"MOV DPTR,#3000H"的机器码是"90H 30H 00H"。

3. 栈操作指令

(1) 入栈指令

汇编指令格式	机器码格式	操 作
PUSH direct	1100 0000 / direct	(SP)←(SP)+1 ((SP))←(direct)

进行入栈操作时,先将栈指针 SP 调整加 1 移向上一个单元,然后将直接地址 direct 寻址的单元中的内容压入当前 SP 所指向的堆栈单元中。本操作不影响标志位。

(2) 出栈指令

汇编指令格式	机器码格式	操 作
POP direct	1101 0000 / direct	(direct)←((SP)) (SP)←(SP)−1

进行出栈操作时,先将栈指针 SP 所指向的内部 RAM(堆栈)单元中的内容送入由直接地址 direct 寻址的单元中,然后将栈指针 SP 的内容调整减 1 移向下一单元。本操作不影响标志位,除非地址 direct 恰好是 PSW(0D0H)。

4. 交换指令

(1) 字节交换指令

汇编指令格式	机器码格式	操作
XCH A,Rn	1100 1rrr	(A)↔(Rn)
XCH A,direct	1100 0101 direct	(A)↔(direct)
XCH A,@Ri	1100 011i	(A)↔((Ri))

字节交换指令将累加器 A 中内容与第二操作数所指定的工作寄存器 Rn 的内容、直接寻址或间接寻址单元中内容互换。

(2) 半字节交换指令

汇编指令格式	机器码格式	操作
XCHD A,@Ri	1101 011i	$(A)_{0\sim3}↔((Ri))_{0\sim3}$

该指令将累加器 A 中内容的低 4 位与 Ri 间接寻址单元中内容的低 4 位互换,高 4 位内容保持不变。该操作只影响标志位 P。

5. 查表指令与查表程序举例

在 MCS-51 指令系统中,有两条极为有用的查表指令,其数据表格存放在程序存储器中。

(1) 远程查表指令

汇编指令格式	机器码格式	操作
MOVC A,@A+DPTR	1001 0011	(A)←((A)+(DPTR))

这条指令以 DPTR 为基址寄存器,A 的内容作为无符号数和 DPTR 的内容相加得到一个 16 位的地址,把该地址指出的程序存储器单元中的内容送到累加器 A 中。CPU 在执行指令时,以 DPTR 为基址寄存器进行查表。通常将表格首址赋值给 DPTR,而累加器 A 则存放所要读取的数据单元相对表格首址的偏移量。

这条指令的执行结果只与数据指针 DPTR 和累加器 A 的内容有关,与该指令的存放地址无关。因此,表格的位置可在 64KB 程序存储器中任意安排,所以称之为远程查表指令。

(2) 近程查表指令

汇编指令格式	机器码格式	操作
MOVC A,@A+PC	1000 0011	(PC)←(PC)+1 (A)←((A)+(PC))

CPU 在 PC 的内容自动加 1 后,将新的 PC 内容与累加器 A 中的偏移量(8 位无符号数)相加形成地址,取出该地址指出的程序存储器单元的内容,送到累加器 A 中。这种查表操作的数据表格只能存放在该指令以后的 256B 范围内,故称为近程查表指令。

例 3-1   试编写程序段分别用远程查表指令和近程查表指令将累加器 A 中的 BCD 码转换成 7 段 LED 显示代码(LED 显示代码相关知识请参阅本书第 9 章有关内容)。

方法一:使用近程查表指令。

```
DTOSEC1:    INC     A
            MOVC    A,@A+PC
            RET                 ;下面紧接的是 TAB1 的内容
TAB1:       DB      3FH         ;0 的显示代码,对应的二进制数为 00111111B
            DB      06H         ;1 的显示代码,对应的二进制数为 00000110B
            DB      5BH         ;2 的显示代码,对应的二进制数为 01011011B
            DB      4FH         ;3 的显示代码,对应的二进制数为 01001111B
            DB      66H         ;4 的显示代码,对应的二进制数为 01100110B
            DB      6DH         ;5 的显示代码,对应的二进制数为 01101101B
            DB      7DH         ;6 的显示代码,对应的二进制数为 01111101B
            DB      07H         ;7 的显示代码,对应的二进制数为 00000111B
            DB      7FH         ;8 的显示代码,对应的二进制数为 01111111B
            DB      6FH         ;9 的显示代码,对应的二进制数为 01101111B
```

方法二:使用远程查表指令。

```
DTOSEC2:    MOV     DPTR,#TAB1
                                ;表格 TAB1 可以存放在 64KB 的任意空间
            MOVC    A,@A+DPTR
            RET
            ⋮
```

6. 累加器 A 与外部数据存储器传送数据指令

在 51 指令系统中,CPU 对外部 RAM 的访问只能使用寄存器间接寻址方式,并且只有以 MOVX 为助记符的 4 条指令。

(1) 外部数据存储器内容送累加器(即读外部数据存储器)

汇编指令格式	机器码格式	操 作
MOVX A,@Ri	1110　001i	(A)←((P2)、(Ri))
MOVX A,@DPTR	1110　0000	(A)←((DPTR))

在执行这两条指令时,P3.7 引脚上输出有效的 $\overline{RD}$ 信号,用作外部数据存储器的读选通信号。

第一条指令中,Ri 所包含的低 8 位地址信息由 P0 口输出,而高 8 位地址信息(SFR P2 中的内容)由 P2 口输出,该 16 位地址所寻址的外部 RAM 单元中的数据经 P0 口输入累加器,P0 口作地址数据分时复用总线。

第二条指令中,DPTR 所包含的 16 位地址信息由 P0 口(低 8 位地址信息)和 P2 口(高 8 位地址信息)输出,该 16 位地址所寻址的外部 RAM 单元的数据经 P0 口输入到累加器,P0 口作地址数据分时复用的总线。

例如,设外部数据存储器 2345H 单元的内容为 55H,则执行下列两条指令后,累加器 A 中的内容为 55H。

  MOV DPTR,#2345H
  MOVX A,@DPTR

等价于
  MOV P2,#23H
  MOV R0,#45H
  MOVX A,@R0

(2) 累加器内容送外部数据存储器(即写外部数据存储器)

汇编指令格式	机器码格式	操作
MOVX @Ri,A	1111 001i	((P2)、(Ri))←(A)
MOVX @DPTR,A	1111 0000	((DPTR))←(A)

在执行这两条指令时,P3.6 引脚上输出有效的 $\overline{WR}$ 信号,用作外部数据存储器的写选通信号。

第一条指令中,Ri 所包含的低 8 位地址信息由 P0 口输出,而高 8 位地址信息(SFR P2 中的内容)由 P2 口输出,累加器 A 的内容经 P0 口输出到该 16 位地址所寻址的外部 RAM 单元,P0 口作地址数据分时复用的总线。

第二条指令中,DPTR 所包含的 16 位地址信息由 P0 口(低 8 位地址信息)和 P2 口(高 8 位地址信息)输出,累加器 A 的内容经 P0 口输出到该 16 位地址所寻址的外部 RAM 单元,P0 口作地址数据分时复用的总线。

例如,设累加器 A 中的内容为 00H,则执行下列两条指令后,外部数据存储器 2345H 单元的内容为 00H。

  MOV DPTR,#2345H
  MOVX @DPTR,A

等价于
  MOV P2,#23H
  MOV R0,#45H
  MOVX @R0,A

3.3.2 算术运算指令

在 MCS-51 指令系统中,有加法、减法、乘法及除法等算术运算类指令,其运算功能比较强。

算术运算指令执行的结果将影响进位标志(CY)、辅助进位标志(AC)及溢出标志(OV)。但是加 1 和减 1 指令不影响这些标志。

1. 加法指令(ADD、ADDC、DA)与加法运算举例(含 BCD 码)

(1) 加法指令

汇编指令格式	机器码格式	操 作
ADD A,Rn	0010 1rrr	(A)←(A)+(Rn)
ADD A,direct	0010 0101 / direct	(A)←(A)+(direct)
ADD A,@Ri	0010 011i	(A)←(A)+((Ri))
ADD A,#data	0010 0100 / data	(A)←(A)+data

这组加法指令的功能是,将工作寄存器的内容、内部 RAM 单元的内容或立即数和累加器 A 中的内容相加,其结果放在累加器 A 中。相加过程中,如果位 7 有进位,则进位标志 CY 置"1",否则清"0";如果位 3 有进位,则辅助进位标志 AC 置"1",否则清"0";如果位 6 有进位而位 7 没有进位或者位 7 有进位而位 6 没有进位,则溢出标志 OV 置"1",否则清"0"。源操作数有寄存器寻址、直接寻址、寄存器间接寻址和立即寻址等寻址方式。

对于加法指令,溢出只能发生在两个加数符号相同的情况。在进行带符号数的加法运算时,溢出标志 OV 是一个重要的编程标志,利用它可以判断两个带符号数相加,和是否溢出(即大于 127 或小于 −128)。

例如,(A) = 65H,(20H) = 0AFH,执行指令"ADD A,20H"后,结果为(A) = 14H,CY = 1,(AC) = 1,(OV) = 0。

如果这是一次无符号数相加,则表示:
$$(A) = 101D, (20H) = 175D$$
$$101 + 175 = 276$$
和为 276D,所以用十六进制数表示和为 114H。

如果这是一次有符号数相加,则表示:
$$(A) = 101D, (20H) = -81D$$
$$101 + (-81) = 101 - 81 = 20$$
和为 20D,所以用十六进制数表示和为 14H。这次加法中位 6、位 7 均有进位,所以 OV = 0,表示和并无溢出。

(2) 带进位加法指令

汇编指令格式	机器码格式	操 作
ADDC A,Rn	0011 1rrr	(A)←(A)+(Rn)+(CY)
ADDC A,direct	0011 0101 / direct	(A)←(A)+(direct)+(CY)

| ADDC A,@Ri | `0011 011i` | $(A) \leftarrow (A) + ((Ri)) + (CY)$ |

| ADDC A,#data | `0011 0100`
`data` | $(A) \leftarrow (A) + data + (CY)$ |

这组带进位加法指令的功能是,把所指出的字节变量、进位标志与累加器 A 中的内容相加,结果放在累加器 A 中。如果位 7 有进位,则进位标志 CY 置"1",否则清"0"。如果位 3 有进位,则辅助进位标志 AC 置"1",否则清"0"。如果位 6 有进位而位 7 没有进位或位 7 有进位而位 6 没有进位,则溢出标志 OV 置位,否则清"0"。源操作数的寻址方式和 ADD 指令相同。

例如,(A) = 85H,(20H) = 0A9H,(CY) = 1,执行指令"ADDC A,20H"后,结果为(A) = 2FH,(CY) = 1,AC = 0,OV = 1。

如果这是一次无符号数相加,则表示:

$$(A) = 133D, (20H) = 169D, (CY) = 1$$
$$133 + 169 + 1 = 303$$

和为 303D,所以用十六进制数表示和为 12FH。

如果这是一次有符号数相加,则表示:

$$(A) = -123D, (20H) = -87D, (CY) = 1$$
$$-123 + (-87) + 1 = -209$$

和为 -209D。这次加法中,位 6 无进位,位 7 有进位。所以 OV 置位,表示和已发生溢出(小于 -128),符号位已进入进位标志 CY,A 中表示的是该和的绝对值。

(3) 十进制调整指令

汇编指令格式　　　　机器码格式　　　　　　操　作

DA　A　　　　　　`1101 0100`　　　调整累加器 A 中的内容为 BCD 码

这条指令跟在 ADD 或 ADDC 指令后,将存放在累加器 A 中参与 BCD 码加法运算所获得的 8 位结果进行十进制调整,将累加器中的内容调整为二位 BCD 码数,完成十进制加法运算功能。

若 $(A)_{3 \sim 0} > 9$ 或 $(AC) = 1$,则 $(A) \leftarrow (A) + 06H$。

同时,若 $(A)_{7 \sim 4} > 9$ 或 $(CY) = 1$,则 $(A) \leftarrow (A) + 60H$。

本指令是对累加器 A 中的 BCD 码加法结果进行调整。两个压缩型 BCD 码按二进制加法相加后,必须经本指令调整后才能得到压缩型 BCD 码的和。

例如,(A) = 56H,(30H) = 67H,执行下列指令:

　　ADD　A,30H
　　DA　A

结果为(A) = 23H,(CY) = 1,运算结果为 123D。

例 3-2　三字节 BCD 码加法运算举例。

加数 1 和加数 2 分别放在内部 RAM 30H(高位)和 31H(低位)、32H(高位)和 33H(低位)单元,和存放于 34H(高位)、35H(低位)和 36H(36H 用来存放最高位的进位)单元。

```
DADD:   MOV    A,31H
        ADD    A,33H
        DA     A
        MOV    35H,A
        MOV    A,30H
        ADDC   A,32H
        DA     A
        MOV    34H,A
        CLR    A
        ADDC   A,#00H
        MOV    36H,A
        RET
```

2. 减法指令(SUBB)与减法运算举例

汇编指令格式	机器码格式	操作
SUBB A,Rn	1001 1rrr	(A)←(A)-(Rn)-(CY)
SUBB A,direct	1001 0101 / direct	(A)←(A)-(direct)-(CY)
SUBB A,@Ri	1001 011i	(A)←(A)-((Ri))-(CY)
SUBB A,#data	1001 0100 / data	(A)←(A)-data-(CY)

这组带进位减法指令的功能是,从累加器 A 中减去指定的变量和进位标志,结果存放在累加器中。在进行减法操作过程中如果位 7 需借位,则 CY 置位,否则 CY 清"0";如果位 3 需借位,则 AC 置位,否则 AC 清"0";如果位 6 需借位而位 7 不需借位或者位 7 需借位而位 6 不需借位,则溢出标志 OV 置位,否则 OV 清"0"。在带符号数运算时,只有当符号不相同的两数相减时才会发生溢出。

注意:由于 MCS-51 指令系统中没有不带借位的减法指令,如需要,可以在执行"SUBB"指令之前用"CLR C"指令将 CY 清"0"。

例如,(A)=56H,(23H)=67H,(CY)=1,执行下列指令:

    SUBB   A,23H

结果为(A)=0EEH,(CY)=1,AC=1,(OV)=0。

如果在进行减法运算前不知道进位标志 CY 的值,则应在减法指令前先将 CY 清"0"。

例 3-3 双字节减法程序。

被减数和减数分别放在内部 RAM 30H(高位)和 31H(低位)、32H(高位)和 33H(低位)单元,差存放于 34H(高位)、35H(低位)和 36H(36H 用来存放最高位的借位)单元。

```
DSUBB:      CLR       C
            MOV       A,31H
            SUBB      A,33H
            MOV       35H,A
            MOV       A,30H
            SUBB      A,32H
            MOV       34H,A
            MOV       A,#00H
            SUBB      A,#00H
            MOV       36H,A
            RET
```

3. 递增/递减指令(INC、DEC)

(1) 递增指令

汇编指令格式	机器码格式	操作
INC A	0000 0100	(A)←(A)+1
INC Rn	0000 1rrr	(Rn)←(Rn)+1
INC direct	0000 0101 direct	(direct)←(direct)+1
INC @Ri	0000 011i	((Ri))←((Ri))+1
INC DPTR	1010 0011	(DPTR)←(DPTR)+1

这组增量指令的功能是,把指令所指出的变量加1,若原来为0FFH将溢出为00H,不影响任何标志。操作数有寄存器寻址、直接寻址和寄存器间接寻址方式。注意:当用指令INC direct 修改端口 Pi(即指令中的 direct 为端口 P0~P3,地址分别为 80H、90H、0A0H、0B0H)时,该指令是一条具有"读—修改—写"功能的指令,其功能是修改输出口的内容。指令执行过程中,读入端口的内容来自端口的锁存器而不是端口的引脚。

例如,(A)=0FFH,(R3)=0FH,(30H)=0F0H,(R0)=40H,(40H)=00H,执行下列指令:

```
INC A,          ;(A)←(A)+1
INC R3,         ;(R3)←(R3)+1
INC 30H,        ;(30H)←(30H)+1
INC @R0,        ;((R0))←((R0))+1
```

结果为(A)=00H,(R3)=10H,(30H)=0F1H,(40H)=01H,R0 的内容为40H 保持不变。不改变 PSW 状态。

（2）递减指令

汇编指令格式	机器码格式	操作
DEC A	0001 0100	(A)←(A)−1
DEC Rn	0001 1rrr	(Rn)←(Rn)−1
DEC direct	0001 0101 direct	(direct)←(direct)−1
DEC @Ri	0001 011i	((Ri))←((Ri))−1

这组指令的功能是,将指令所指出的变量减 1。若原来为 00H,减 1 后溢出为 0FFH,不影响标志位。需注意的是,这组指令中没有"DEC DPTR"指令。

当指令 DEC direct 中的直接地址 direct 为 P0～P3 端口(即 80H、90H、0A0H、0B0H)时,指令可用来修改一个输出口的内容,这是一条具有"读—修改—写"功能的指令。指令执行时,首先读入端口的原始数据,由 CPU 执行减 1 操作,然后再送到端口。注意:此时读入的数据是来自端口的锁存器而不是从引脚读入。

例如,(A)=0FH,(R7)=19H,(30H)=00H,(R1)=40H,(40H)=0FFH,执行下列指令:
  DEC A ;(A)←(A)−1
  DEC R7 ;(R7)←(R7)−1
  DEC 30H ;(30H)←(30H)−1
  DEC @R1 ;((R1))←((R1))−1
结果为(A)=0EH,(R7)=18H,(30H)=0FFH,(40H)=0FEH;不影响标志位。

另外,虽然"INC A"和"ADD A,#01H"这两条指令都是将累加器 A 的内容加 1,但后者将影响进位标志。

例如,执行以下两条指令:
  MOV A,#0FFH
  ADD A,#01H
则(A)=00H,(CY)=1,(AC)=1,(OV)=0。

若将以上两条指令改为
  MOV A,#0FFH
  INC A
则(A)=00H,不影响标志位 CY、AC、OV。

4. 乘法指令(MUL)

汇编指令格式	机器码格式	操作
MUL AB	1010 0100	(B)(A)←(A)×(B)

这条指令的功能是,把累加器 A 和寄存器 B 中的无符号 8 位整数相乘,其 16 位积的低位字节在累加器 A 中,高位字节在寄存器 B 中。如果积大于 255(0FFH),则溢出标志 OV

置位,否则 OV 清"0"。进位标志总是清"0"。

例如,(A) = 50H,(B) = 0A0H,执行指令"MUL AB",结果为(B) = 32H,(A) = 00H(即积为 3200H),(CY) = 0,(OV) = 1。

5. 除法指令(DIV)

汇编指令格式	机器码格式	操作
DIV AB	1000 0100	(A)←(A)/(B)的商 (B)←(A)/(B)的余数

这条指令的功能是,把累加器 A 中的 8 位无符号整数除以寄存器 B 中的 8 位无符号整数,商存放在累加器 A 中,余数在寄存器 B 中。进位标志 CY 和溢出标志 OV 清"0"。如果原来寄存器 B 中的内容为 0(即除数为 0),则结果 A 和 B 中内容不定,且溢出标志 OV 置位。在任何情况下,CY 都清"0"。

例如,(A) = 0FBH,(B) = 12H,执行下列指令:
  DIV AB
结果为(A) = 0DH,(B) = 11H,(CY) = 0,(OV) = 0。

3.3.3 逻辑运算指令

逻辑运算类指令包括与、或、异或、清除、求反、移位等操作。这类指令的操作数都是 8 位。

1. 累加器专用指令(CLR、CPL、RL、RR、RLC、RRC、SWAP)

(1) 累加器清零指令

汇编指令格式	机器码格式	操作
CLR A	1110 0100	(A)←0

累加器 A 清"0"不影响 CY、AC、OV 等标志。相当于"MOV A,#00H",但"CLR A"是单字节指令。

(2) 累加器内容按位取反指令

汇编指令格式	机器码格式	操作
CPL A	1111 0100	(A)←$\overline{(A)}$

对累加器 A 内容按位取反,原来为"1"的位变为"0",原来为"0"的位变为"1"。不影响 CY、AC、OV 等标志。

例如,(A) = 10101010B,执行下列指令:
  CPL A
结果为(A) = 01010101B。

(3) 累加器内容循环左移指令

汇编指令格式	机器码格式	操作
RL A	0010 0011	A7←A0

这条指令的功能是,把累加器 A 的内容左循环移 1 位,位 7 循环移入位 0。

（4）累加器带进位左循环移位指令

这条指令的功能是,将累加器 A 的内容和进位标志一起向左循环移 1 位,ACC 的位 7 移入进位标志 CY,CY 移入 ACC 的 0 位,不影响其他标志。

（5）累加器内容循环右移指令

这条指令的功能是,将累加器 A 的内容向右循环移 1 位,ACC 的位 0 循环移入 ACC 的位 7,不影响标志位。

（6）累加器带进位右循环移位指令

这条指令的功能是,将累加器 A 的内容和进位标志 CY 一起向右循环移一位,ACC 的位 0 移入 CY,CY 移入 ACC 的位 7。

（7）累加器半字节交换指令

这条指令的功能是,将累加器 A 的高半字节(ACC.7～ACC.4)和低半字节(ACC.3～ACC.0)互换。

例如,(A) = 0C5H,执行下列指令:

    SWAP A

结果为(A) = 5CH。

2．与(ANL)、或(ORL)、异或(XRL)指令

（1）逻辑"与"指令

| 汇编指令格式 | 机器码格式 | 操作 |

ANL　A,direct

```
0101  0101
   direct
```

(A)←(A)∧(direct)

ANL　A,@Ri

```
0101  011i
```

(A)←(A)∧((Ri))

ANL　A,#data

```
0101  0100
    data
```

(A)←(A)∧data

ANL　direct,A

```
0101  0010
   direct
```

(direct)←(direct)∧(A)

ANL　direct,#data

```
0101  0011
   direct
    data
```

(direct)←(direct)∧data

这组指令的功能是,在指出的变量之间进行以位为基础的逻辑"与"操作,将结果存放在目的变量中。操作数有寄存器寻址、直接寻址、寄存器间接寻址和立即寻址等寻址方式。当指令"ANL direct,A"和"ANL direct,#data"用于修改一个输出口时,即直接地址 direct 为端口 P0~P3 时,作为原始端口的数据将从输出口数据锁存器(P0~P3)读入,而不是读引脚状态。

例如,设(A)=07H,(R0)=0FDH,执行下列指令:
　　　ANL　A,R0
结果为(A)=05H。

(2) 逻辑"或"指令

　　汇编指令格式　　　　　机器码格式　　　　　操　作

ORL　A,Rn

```
0100  1rrr
```

(A)←(A)∨(Rn)

ORL　A,direct

```
0100  0101
   direct
```

(A)←(A)∨(direct)

ORL　A,@Ri

```
0100  011i
```

(A)←(A)∨((Ri))

ORL　A,#data

```
0100  0100
    data
```

(A)←(A)∨data

ORL　direct,A

```
0100  0010
   direct
```

(direct)←(direct)∨(A)

ORL direct,#data	0100 0011	(direct)←(direct)∨data
	direct	
	data	

这组指令的功能是,在所指出的变量之间执行以位为基础的逻辑"或"操作,结果存放到目的变量中去。操作数有寄存器寻址、直接寻址、寄存器间接寻址和立即寻址方式。当指令"ORL direct,A"和"ORL direct,#data"用于修改一个输出口时,即直接地址 direct 为端口 P0~P3 时,作为原始端口的数据将从输出口数据锁存器(P0~P3)读入,而不是读引脚状态。

例如,设(P1)=05H,(A)=33H,执行下列指令:
　　ORL　P1,A
结果为(P1)=37H。

(3) 逻辑"异或"指令

汇编指令格式	机器码格式	操　作
XRL　A,Rn	0110 1rrr	(A)←(A)⊕(Rn)
XRL　A,direct	0110 0101	(A)←(A)⊕(direct)
	direct	
XRL　A,@Ri	0110 011i	(A)←(A)⊕((Ri))
XRL　A,#data	0110 0100	(A)←(A)⊕data
	data	
XRL　direct,A	0110 0010	(direct)←(direct)⊕(A)
	direct	
XRL　direct,#data	0110 0011	(direct)←(direct)⊕data
	direct	
	data	

这组指令的功能是,在所指出的变量之间执行以位为基础的逻辑"异或"操作,结果存放到目的变量中去。操作数有寄存器寻址、直接寻址、寄存器间接寻址和立即寻址等寻址方式。当指令"XRL direct,A"和"XRL direct,#data"用于修改一个输出口时,即直接地址 direct 为端口 P0~P3 时,作为原始端口的数据将从输出口数据锁存器(P0~P3)读入,而不是读引脚状态。

例如,设(P1)=05H,(A)=33H,执行下列指令:
　　XRL　P1,A
结果为(P1)=36H。

3.3.4 控制转移指令

MCS-51 系列单片机有丰富的转移类指令,包括无条件转移指令、条件转移指令、调用指令及返回指令等。所有这些指令的目的地址都是在 64KB 程序存储器地址空间。

1. 无条件转移指令(LJMP、AJMP、SJMP、JMP)

(1) 绝对转移指令

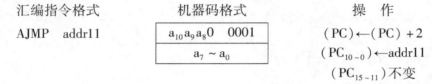

汇编指令格式　　　　机器码格式　　　　　　　操　作

AJMP　addr11　　| $a_{10}a_9a_8 0$ 0001 |　　(PC)←(PC)+2
　　　　　　　　| $a_7 \sim a_0$ |　　$(PC_{10\sim 0})$←addr11
　　　　　　　　　　　　　　　　　　　　　　　　$(PC_{15\sim 11})$ 不变

这是 2KB 范围内的无条件跳转指令,把程序的执行转移到 $a_{10}\sim a_0$ 指定的地址。该指令在运行时先将 PC 加 2,然后将指令中的 $(PC_{10\sim 0})$←$a_{10}\sim a_0$,得到跳转目的地址(即把 $PC_{15}PC_{14}PC_{13}PC_{12}PC_{11}a_{10}a_9a_8a_7a_6a_5a_4a_3a_2a_1a_0$ 送入 PC)。因为指令只提供低 11 位地址,因此目标地址必须与 AMP 后面一条指令的第一个字节在同一个 2KB 区域的存储器区内。指令的操作码与转移目标地址所在的页号有关,见表 3-1。如果 AJMP 指令正好落在区底的两个单元内,程序就转移到下一个区中去了。因为在执行转移操作之前 PC 先加了 2。

例如,执行指令"KWR: AJMP addr11",如果设 addr11=00100000000B,标号 KWR 的地址为 1030,则执行该条指令后,程序将转移到 1100H。此时该指令的机器码为"21H,00H"($a_{10}a_9a_8$=001,故指令第一个字节为 21H)。

表 3-1　AJMP、ACALL 指令操作码与页面的关系

子程序入口转移地址页面号													操作码	
													AJMP	ACALL
00	08	10	18	20	28	30	38	40	48	50	58	60	68	70	78	01	11
80	88	90	98	A0	A8	B0	B8	C0	C8	D0	D8	E0	E8	F0	F8		
01	09	11	19	21	29	31	39	41	49	51	59	61	69	71	79	21	31
81	89	91	99	A1	A9	B1	B9	C1	C9	D1	D9	E1	E9	F1	F9		
02	0A	12	1A	22	2A	32	3A	42	4A	52	5A	62	6A	72	7A	41	51
82	8A	92	9A	A2	AA	B2	BA	C2	CA	D2	DA	E2	EA	F2	FA		
03	0B	13	1B	23	2B	33	3B	43	4B	53	5B	63	6B	73	7B	61	71
83	8B	93	9B	A3	AB	B3	BB	C3	CB	D3	DB	E3	EB	F3	FB		
04	0C	14	1C	24	2C	34	3C	44	4C	54	5C	64	6C	74	7C	81	91
84	8C	94	9C	A4	AC	B4	BC	C4	CC	D4	DC	E4	EC	F4	FC		
05	0D	15	1D	25	2D	35	3D	45	4D	55	5D	65	6D	75	7D	A1	B1
85	8D	95	9D	A5	AD	B5	BD	C5	CD	D5	DD	E5	ED	F5	FD		
06	0E	16	1E	26	2E	36	3E	46	4E	56	5E	66	6E	76	7E	C1	D1
86	8E	96	9E	A6	AE	B6	BE	C6	CE	D6	DE	E6	EE	F6	FE		
07	0F	17	1F	27	2F	37	3F	47	4F	57	5F	67	6F	77	7F	E1	F1
87	8F	97	9F	A7	AF	B7	BF	C7	CF	D7	DF	E7	EF	F7	FF		

(2) 长跳转指令

  汇编指令格式   机器码格式   操 作

  LJMP addr16

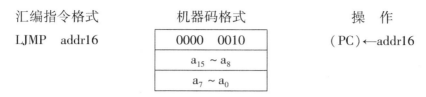

                         (PC)←addr16

  该指令提供了 16 位目标地址,执行这条指令时把指令的第二和第三字节分别装入 PC 的高位和低位字节中,无条件地转向指定地址。转移的目标地址可以在 64KB 程序存储器地址空间的任何地方,不影响任何标志位。

  例如,执行指令"LJMP 3000H",不管这条长跳转指令存放在什么地方,执行时将使程序转移到 3000H。这和 AJMP 指令是有差别的。

(3) 相对转移(短跳转)指令

  汇编指令格式   机器码格式   操 作

  SJMP rel | 1000 0000 | (PC)←(PC)+2

           | 相对地址(rel) | (PC)←(PC)+rel

  指令的操作数是相对地址,rel 是一个带符号的偏移字节数(2 的补码),因此转向的目标地址可以在这条指令的 $-128B \sim +127B$ 范围内。在用汇编语言编写程序时,rel 是目的地址的标号,由汇编程序在汇编过程中自动计算偏移地址,并填入指令代码中。

  例如,执行指令"KRD:SJMP PKRD",如果 KRD 标号值为 0100H(即 SJMP 这条指令的机器码存放于 0100H 和 0101H 这两处单元中);标号 PKRD 值为 0123H,即跳转的目标地址为 0123H,则指令的第二个字节(相对偏移量)应为 rel = 0123H − 0102H = 21H。

(4) 间接长转移指令

  汇编指令格式   机器码格式   操 作

  JMP @A+DPTR | 0111 0011 | (PC)←(A)+(DPTR)

  这条指令的转移地址由数据指针 DPTR 中的 16 位数据和累加器 A 中的 8 位无符号数相加形成,并将结果直接送入 PC,不改变累加器和数据指针内容,也不影响标志位。利用这条指令可以实现程序的散转。

  例 3-4 如果累加器 A 中存放待处理命令编号(0~7),程序存储器中存放着首地址标号为 TAB 的转移指令表,则执行下面的程序,将根据 A 中命令编号转向相应的命令处理程序。

```
EX1:    MOV     R1,A
        RL      A
        ADD     A,R1            ;(A)×3
        MOV     DPTR,#TAB       ;转移表首址→DPTR
        JMP     @A+DPTR         ;跳转到((A)+(DPTR))间址单元
```

```
TAB:    LJMP    PROG0               ;转向命令 0 处理入口
        LJMP    PROG1               ;转向命令 1 处理入口
        LJMP    PROG2               ;转向命令 2 处理入口
        LJMP    PROG3               ;转向命令 3 处理入口
        LJMP    PROG4               ;转向命令 4 处理入口
        LJMP    PROG5               ;转向命令 5 处理入口
        LJMP    PROG6               ;转向命令 6 处理入口
        LJMP    PROG7               ;转向命令 7 处理入口
```

2．调用子程序及返回指令（LCALL、ACALL、RET、RETI）

在程序设计中，常常把具有一定功能的公用程序段编制成子程序。当主程序转至子程序时使用调用指令，而在子程序的最后安排一条返回指令，使执行完子程序后再返回主程序。为保证正确返回，每次调用子程序时自动将下一条指令地址保存到堆栈，返回时按先进后出的原则再把地址弹出至 PC 中。

（1）绝对调用指令

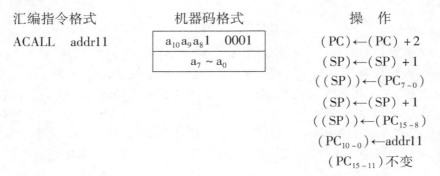

这条指令无条件地调用位于指令所指出地址的程序。指令执行时 PC 加 2，获得下一条指令的地址，并把这 16 位地址压入堆栈，堆栈指针加 2。然后把指令中的 $a_{10} \sim a_0$ 值送入 PC 中的 $PC_{10\sim0}$ 位，PC 的 $P_{15\sim11}$ 不变，获得子程序的起始地址（即 $PC_{15}PC_{14}PC_{13}PC_{12}PC_{11}a_{10}a_9a_8a_7a_6a_5a_4a_3a_2a_1a_0$），从而转向执行子程序。子程序的起始地址必须与 ACALL 后面一条指令的第一个字节在同一个 2KB 区域的程序存储器内。指令的操作码与被调用的子程序的起始地址的页号有关，见表 3-1。如果 ACALL 指令正好落在区底的两个单元，如 07FEH 和 07FFH 单元，程序就转移到下一个区中去了。因为在执行操作之前 PC 先加了 2。

例如，设(SP)=60H，标号地址 HERE 为 1234H，子程序 SUB 的入口地址为 1345H，执行下列指令：

```
        HERE:   ACALL   SUB
```

结果为(SP)=62H，堆栈区内(61H)=36H，(62H)=12H，(PC)=1345H。指令的机器码为"71H,45H"。

（2）长调用指令

  汇编指令格式　　　　机器码格式　　　　　　操　作
  LCALL addr16

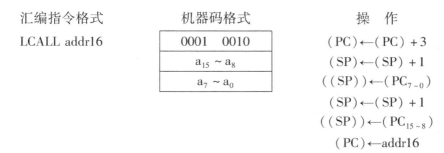

$(PC) \leftarrow (PC) + 3$
$(SP) \leftarrow (SP) + 1$
$((SP)) \leftarrow (PC_{7\sim0})$
$(SP) \leftarrow (SP) + 1$
$((SP)) \leftarrow (PC_{15\sim8})$
$(PC) \leftarrow addr16$

  LCALL addr16 是一条三字节指令，它提供 16 位目标地址，以调用 64KB 范围内所指定的子程序。执行这条指令时先把 PC 内容加 3 以获得下一条指令的首地址，并将该地址作为返回地址压入堆栈（先压入低位地址 $PC_{7\sim0}$，后压入高位地址 $PC_{15\sim8}$），然后将指令中的 16 位目的地址 addr16 送入程序计数器 PC，从而使程序去执行被调用的子程序。指令执行后不影响任何标志位。

  例如，设 (SP) = 2FH，标号 BEGIN 的地址为 1000H，标号 FUNC 的地址为 2300H，执行下列指令：

    BEGIN：LCALL FUNC

结果为 (SP) = 31H，(30H) = 03H，(31H) = 10H，(PC) = 2300H。

（3）返回指令

① 子程序返回指令

  汇编指令格式　　　　机器码格式　　　　　　操　作
  RET

$(PC_{15\sim8}) \leftarrow ((SP))$
$(SP) \leftarrow (SP) - 1$
$(PC_{7\sim0}) \leftarrow ((SP))$
$(SP) \leftarrow (SP) - 1$

  RET 是子程序返回指令，RET 指令通常安排在子程序的末尾。当程序执行到本指令时表示子程序执行结束，使程序能从子程序返回到主程序，继续下面指令的执行。因此，它的主要功能是把栈顶相邻两个单元的内容（断点地址）弹出送到 PC，SP 的内容减去 2，程序返回到 PC 值所指向的指令处执行。

  例如，设 (SP) = 62H，(62H) = 07H，(61H) = 30H，执行指令"RET"后，结果为 (SP) = 60H，(PC) = 0730H，CPU 从 0730H 处开始执行程序。

② 中断返回指令

  汇编指令格式　　　　机器码格式　　　　　　操　作
  RETI

$(PC_{15\sim8}) \leftarrow ((SP))$
$(SP) \leftarrow (SP) - 1$
$(PC_{7\sim0}) \leftarrow ((SP))$
$(SP) \leftarrow (SP) - 1$

这条指令的功能与 RET 指令相类似,但还复位了内部与中断相关的标志,通常安排在中断服务程序的最后。它的应用将在中断一章中讨论。

3. 条件转移指令

条件转移指令是根据某种特定条件发生转移的指令。条件满足时转移(相当于一条相对转移指令),条件不满足时则顺序执行下面的指令。目的地址在下一条指令的起始地址为中心的 256B 范围内(−128B ~ +127B)。当条件满足时,先把 PC 加到指向下一条指令的第一个字节地址,再把相对目的地址的偏移量加到 PC 中,计算出转向地址。

(1) 判零转移指令

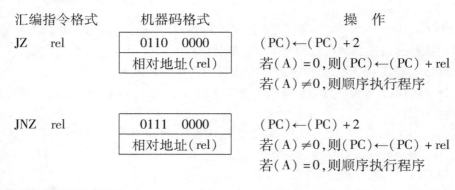

上述两条指令的功能是:

  JZ rel   ;如果累加器 ACC 的内容为零,则执行转移
  JNZ rel   ;如果累加器 ACC 的内容不为零,则执行
                  ;转移

(2) 比较不相等转移指令

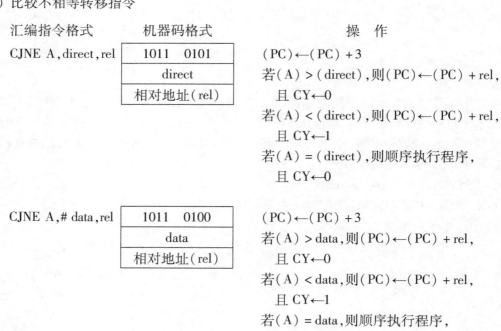

汇编指令格式	机器码格式	操作

CJNE Rn,#data,rel

1011 1rrr
data
相对地址(rel)

(PC)←(PC)+3
若(Rn)>data,则(PC)←(PC)+rel,
且 CY←0
若(Rn)<data,则(PC)←(PC)+rel,
且 CY←1
若(Rn)=data,则顺序执行程序,
且 CY←0

CJNE @Ri,#data,rel

1011 011i
data
相对地址(rel)

(PC)←(PC)+3
若((Ri))>data,则(PC)←(PC)+rel,
且 CY←0
若((Ri))<data,则(PC)←(PC)+rel,
且 CY←1
若((Ri))=data,则顺序执行程序,
且 CY←0

这组指令的功能是,比较两个操作数的大小,如果它们的值不相等,则转移。先把 PC 值修正到下一条指令的起始地址后,然后把指令最后一个字节有符号的相对偏移量加到 PC 中,并计算出转移地址。如果第一个操作数(无符号整数)小于第二个操作数(无符号整数),则进位标志 CY 置位,否则 CY 清"0",不影响任何一个操作数的内容。

例 3-5 根据 A 的内容大于 80H、等于 80H、小于 80H 三种情况作不同的处理程序。

```
        CJNE  A,#80H,NEQ   ;(A)不等于 80H 转移
EQ:     …                  ;(A)等于 80H 处理程序
NEQ:    JC    LOW          ;(A)<80H 转移
        …                  ;(A)>80H 处理程序
LOW:    …                  ;(A)<80H 处理程序
```

(3) 减1不为0转移指令

汇编指令格式　　　机器码格式　　　　　　　　操　作

DJNZ Rn,rel

1101 1rrr
相对地址(rel)

(PC)←(PC)+2,(Rn)←(Rn)-1
若(Rn)≠0,则(PC)←(PC)+rel
若(Rn)=0,则结束循环,程序向下执行

DJNZ direct,rel

1101 0101
direct
相对地址(rel)

(PC)←(PC)+3,(direct)←(direct)-1
若(direct)≠0,则(PC)←(PC)+rel
若(direct)=0,则结束循环,程序向下执行

这组指令把源操作数减1,结果回送到源操作数中去,如果结果不为0则转移。源操作数有寄存器寻址、直接寻址方式。通常程序员把内部 RAM 单元用作程序循环计数器。

例 3-6 延时程序。

```
START：  SETB   P1.1              ;P1.1←1
DL：     MOV    30H,#03H          ;(30H)←03H(置初值)
DL0：    MOV    31H,#0F0H         ;(31H)←0F0H(置初值)
DL1：    DJNZ   31H,DL1           ;(31H)←(31H)-1,(31H)不为0重复执行
         DJNZ   30H,DL0           ;(30H)←(30H)-1,(30H)不为0转DL0
         CPL    P1.1              ;P1.1求反
         SJMP   DL                ;转DL
```

这段程序的功能是,通过延时,在P1.1输出一个方波。可以用改变30H和31H的初值来改变延时时间,实现改变方波的频率。

4. 空操作指令

汇编指令格式	机器码格式	操 作
NOP	0000 0000	(PC)←(PC)+1

空操作也是一条单字节指令,它没有使程序转移的功能。通常,NOP指令用来产生一个机器周期的延时。

3.3.5 位处理指令

MCS-51单片机内部有一个布尔处理机,它具有一套处理位变量的指令集,包括位变量传送、逻辑运算、控制程序转移等指令。在进行位操作时,进位标志CY作为位累加器。位地址是片内RAM字节地址20H~2FH单元中连续的128个位(位地址00H~7FH)和具有位操作功能的特殊功能寄存器。

1. 数据位传送指令

汇编指令格式	机器码格式	操 作
MOV C,bit	1010 0010 位地址(bit)	(C)←(bit)
MOV bit,C	1001 0010 位地址(bit)	(bit)←(C)

这组指令的功能是,把由源操作数指出的布尔变量送到目的操作数指定的位中去。其中一个操作数必须为进位标志,另一个操作数可以是任何直接寻址位,不影响其他寄存器和标志。例如:

```
MOV    C,06H             ;(C)←(20H.6)
MOV    P1.0,C            ;(P1.0)←(C)
```

2. 位变量修改指令

汇编指令格式	机器码格式	操　作
CLR　C	1100　0011	(C)←0
CLR　bit	1100　0010 位地址(bit)	(bit)←0
SETB　C	1101　0011	(C)←1
SETB　bit	1101　0010 位地址(bit)	(bit)←1
CPL　C	1011　0011	(C)←$\overline{(C)}$
CPL　bit	1011　0010 位地址(bit)	(bit)←$\overline{(bit)}$

这组指令将操作数指出的位清"0"、取反、置"1",不影响其他标志。例如：

```
CLR   C              ;(CY)←0
CLR   27H            ;(24H.7)←0
CPL   08H            ;(21H.0)←(21H.0)取反后
SETB  P1.7           ;(P1.7)←1
```

3. 位变量逻辑运算指令

(1) 位变量逻辑"与"运算指令

汇编指令格式	机器码格式	操　作
ANL　C,bit	1000　0010 位地址(bit)	(C)←(C)∧(bit)
ANL　C,/bit	1011　0000 位地址(bit)	(C)←(C)∧$\overline{(bit)}$

这组指令的功能是,把进位标志位 C 的内容与直接位地址的内容进行逻辑"与"操作,结果再送回 C 中。直接寻址位前的斜线"/"表示对该位取反后再参与运算,但不改变直接寻址位原来的内容,不影响别的标志。

例如,设 P1 作为输入口,P3.0 作为输出线,执行下列指令：

```
MOV  C,P1.0          ;(C)←(P1.0)
ANL  C,P1.1          ;(C)←(C)∧(P1.1)
ANL  C,/P1.2         ;(C)←(C)∧(P1.2)取反
MOV  P3.0,C          ;(P3.0)←(C)
```

结果为$(P3.0)=(P1.0) \wedge (P1.1) \wedge (\overline{P1.2})$。

(2) 位变量逻辑"或"指令

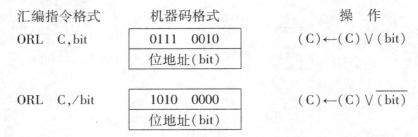

汇编指令格式	机器码格式	操作
ORL C,bit	0111 0010 / 位地址(bit)	$(C) \leftarrow (C) \vee (bit)$
ORL C,/bit	1010 0000 / 位地址(bit)	$(C) \leftarrow (C) \vee \overline{(bit)}$

这组指令的功能是,把位累加器 C 的内容与直接位地址的内容进行逻辑"或"操作,结果再送回 C 中。直接寻址位前的斜线"/"表示对该位取反后再参与运算,但不改变直接寻址位原来的内容,不影响别的标志。

例如,P1 口作为输出口,执行下列指令:

```
MOV   C,00H          ;(C)←(20H.0)
ORL   C,01H          ;(C)←(C)∨(20H.1)
ORL   C,02H          ;(C)←(C)∨(20H.2)
ORL   C,03H          ;(C)←(C)∨(20H.3)
MOV   P1.0,C         ;(P1.0)←(C)
```

结果为内部 RAM 的 20H 单元低 4 位中只要有一位为 1,则 P1.0 输出就为 1。

4. 位变量条件转移指令

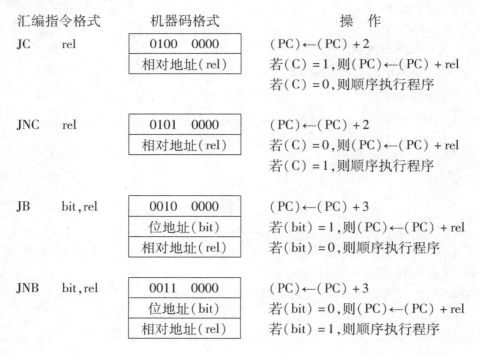

汇编指令格式	机器码格式	操作
JC rel	0100 0000 / 相对地址(rel)	$(PC) \leftarrow (PC)+2$ 若$(C)=1$,则$(PC) \leftarrow (PC)+rel$ 若$(C)=0$,则顺序执行程序
JNC rel	0101 0000 / 相对地址(rel)	$(PC) \leftarrow (PC)+2$ 若$(C)=0$,则$(PC) \leftarrow (PC)+rel$ 若$(C)=1$,则顺序执行程序
JB bit,rel	0010 0000 / 位地址(bit) / 相对地址(rel)	$(PC) \leftarrow (PC)+3$ 若$(bit)=1$,则$(PC) \leftarrow (PC)+rel$ 若$(bit)=0$,则顺序执行程序
JNB bit,rel	0011 0000 / 位地址(bit) / 相对地址(rel)	$(PC) \leftarrow (PC)+3$ 若$(bit)=0$,则$(PC) \leftarrow (PC)+rel$ 若$(bit)=1$,则顺序执行程序

JBC	bit,rel	0001 0000
		位地址(bit)
		相对地址(rel)

(PC)←(PC)+3
若(bit)=1,则(PC)←(PC)+rel,(bit)←0
若(bit)=0,则顺序执行程序

这一组指令的功能如下：
JC：如果进位标志 CY 为 1,则执行转移。
JNC：如果进位标志 CY 为 0,则执行转移。
JB：如果直接寻址位的值为 1,则执行转移。
JNB：如果直接寻址位的值为 0,则执行转移。
JBC：如果直接寻址位的值为 1,则执行转移,然后将直接寻址位清"0"。

3.4 指令系统的特点

学习 MCS-51 单片机的指令系统后,需要掌握它的一些特点,特别是对已经学过 8086/8088 指令系统的人员尤其重要。

首先是关于累加器,累加器是 CPU 中功能最强使用最频繁的寄存器。早期开发的 CPU,如 Z80 和 MCS-48 系列单片机,其指令功能比较简单,以至于根本就没有乘法和除法指令,而且只有累加器才能作为目的寄存器进行加减运算,因此才称其为累加器。之后随着 CPU 功能的增强,累加器功能也随之增强。目前 16 位以上的 CPU 中通用寄存器都具有累加功能。例如,8086/8088CPU 中的 AX、BX、CX、DX、SI、DI 等都能作为目的寄存器进行加减运算,但作为累加器 AX 的功能仍然比其他寄存器要多一些。例如,作乘法、除法运算时,必须使用累加器 AX。

MCS-51 单片机虽然具有乘法、除法指令,但作为 8 位 CPU 其累加器的概念仍然十分突出,即只有累加器才能作为目的寄存器进行加减运算。而且,一些重要的操作(移位、半字节交换)也只能通过累加器进行,这一点使 MCS-51 单片机的运算效率受到很大影响,熟悉 8086/8088 指令的人员对此会感到非常不便。这也体现了 MCS-51 单片机是面向控制而不是面向运算的特点。

其次是关于标志位。MCS-51 单片机中有四个标志位与 8086/8088CPU 相对应：奇偶标志 P、溢出标志 OV、辅助进位标志 AC 和进位标志 CY,其中 CY 最为常用。与 8086/8088 相比,最突出的是没有 Z(零)标志,但指令系统中却有 JZ 和 JNZ 指令,其含义是判断累加器 A 中的内容是否为零,这与 8086/8088 中的 JZ、JNZ 指令有很大的差别。

还要注意 MCS-51 单片机所特有的一些指令及其特点：
● DJNZ 指令和 CJNE 指令。DJNZ 类似于 8086/8088 CPU 中的 LOOP,但用法上有所不同,CJNE 是比较两者是否相同的指令,可用它来比较大小。
● 位操作指令是 MCS-51 单片机的一个重要特色。
● 对端口的具有"读—修改—写"操作功能的指令也是 MCS-51 单片机的一个特色。

习 题 三

1. 什么是指令？什么是指令系统？
2. 什么是指令的寻址方式？
3. 简述 51 系列单片机的寻址方式和每种寻址方式所涉及的寻址空间。
4. 写出下列指令中源操作数的寻址方式。
   (1) MOV　　A,R3
   (2) MOV　　DPTR,#1100H
   (3) MOV　　C,30H
   (4) MOV　　A,40H
   (5) MOV　　A,R0
   (6) MOVC　　A,@A+DPTR
   (7) MOVX　　A,@DPTR
5. 操作数分为哪三类？各有什么特点？
6. 可以用作寄存器间接寻址的工作寄存器有哪些？
7. 访问外部数据存储器和程序存储器可以用哪些指令来实现？
8. 访问特殊功能寄存器和外部数据存储器,分别可以采用什么寻址方式？
9. 位寻址与字节寻址有什么区别？当位地址与字节地址相同时如何区分？
10. 下列指令中非法的指令是哪一条？
    (1) MOV　　A,@R0　　　　　　(2) MOV　　R1,40H
    (3) MOV　　R2,R1　　　　　　(4) MOV　　A,#80H
11. 下列指令中合法的指令是哪一条？
    (1) CLR　　A　　　　　　　　(2) MOV　　R3,R1
    (3) ADD　　B,A　　　　　　　(4) MOV　　ACC,A
12. 设内部 RAM 中 50H 单元的内容为 34H,试分析下列程序段,说明各指令源操作数、目的操作数的寻址方式以及按顺序执行指令后,A、R0 以及内部 RAM 30H、31H、50H 单元的内容各为何值？

    MOV　　R0,#50H
    MOV　　A,@R0
    SWAP　　A
    MOV　　30H,A
    MOV　　31H,#30H
    MOV　　50H,30H

13. 试根据以下要求写出相应的汇编语言指令。
    (1) 将 R6 的高四位和 R7 的高四位交换,R6、R7 的低四位内容保持不变。
    (2) 两个无符号数分别存放在 30H、31H,试求出它们的和并将结果存放在 32H。
    (3) 两个无符号数分别存放在 40H、41H,试求出它们的差并将结果存放在 42H。
    (4) 将 30H 单元的内容左环移两位,并送外部 RAM 3000H 单元。

（5）将程序存储器中 5000H 单元的内容取出送外部 RAM 3000H 单元。

（6）用指令完成将 R5 中的低三位与 R6 中的高五位拼装后送内部 RAM 0D0H 单元。

14. 设堆栈指针 SP 的内容为 22H，累加器 A 的内容为 65H，内部 RAM 中 20H、21H 单元的内容分别为 24H 和 35H，执行下列程序段后，20H、21H、22H、23H、24H、25H、DPTR、SP 及累加器 A 的内容将有何变化？

```
PUSH    ACC
PUSH    20H
PUSH    21H
SWAP    A
MOV     20H,A
RL      A
MOV     21H,A
POP     DPL
POP     DPH
CLR     20H
```

15. 写出达到下列要求的指令（不能改变其他数据位的内容）。

（1）使 A 的低 4 位都置 1。

（2）将 ACC.2 和 ACC.3 清"0"。

（3）将 A 的中间 4 位都取反。

16. 已知 A = 5DH，R0 = 40H，(40H) = 86H，请写出下列程序段执行后累加器 A 的内容。

```
ANL     A,#37H
ORL     40H,A
XRL     A,@R0
CPL     A
```

17. 列举三条能使累加器 A 清"0"的指令。

18. 分别用直接寻址法和间接寻址法完成 30H 和 31H 两单元的内容互换。

19. 试指出下列程序段的错误并改正。

```
ERROR:  MOV     2FH,#3FH
        MOV     R7,#20H
        MOV     R0,#20H
        MOV     A,#00H
LOOP0:  MOV     @R0,A
        INC     R0
        DJNZ    R7,LOOP0
        MOV     DPTR,#307FH
        MOV     R7,#80H
LOOP1:  MOVX    @DPTR,A
        DEC     DPTR
```

```
            LCALL   DELAY
            DJNZ    R7,LOOP
            …
DELAY：     MOV     R7,#10H
LOOP2       MOV     R5,#20H
LOOP3：     NOP
            NOP
            DJNZ    R5,LOOP3
            DJNZ    R7,LOOP2
            RET
            …
```

20. 编写程序段,将外部 RAM 中 1000H 单元的内容高 4 位取反,低 4 位不变。

21. 编写程序段,将 30H 单元中的高 4 位和低 4 位拆开(例如,将 78H 拆成 07H 和 08H),拆分后的两个数据分别放入 31H 和 32H 单元中。

22. 利用查表法编写程序段,将一位 16 进制数转换成 ASCII 码。

23. 试编写一采用查表法求 0~F 的 7 段 LED 数码管(共阴结构)显示代码的程序段(LED 数码管显示代码知识请参阅本书 9.2 节有关内容)。

24. 内部 RAM 30H 单元中的内容为 ASCII 码字符,试编写程序段,给该单元的最高位加上奇校验位(使该单元数据 1 的个数为奇数)。

第 4 章 汇编语言程序设计

4.1 汇编语言与机器语言

要使计算机按照人的思维完成一项工作,就必须让 CPU 按顺序执行各种操作,即一步一步地执行一条条的指令。这种按人的要求编排的指令操作序列称为程序。编写程序的过程称为程序设计。

程序设计语言是实现人机交换信息(对话)最基本的工具,可分为机器语言、汇编语言和高级语言。

机器语言是用二进制代码表示的,是计算机唯一可以直接识别和执行的语言。用机器语言编写的程序称为机器语言程序。显然,用二进制代码表示的机器语言程序阅读困难,不易记忆、查错和调试。

汇编语言是用助记符、符号和数字等表示指令的程序语言,它是一种符号语言。汇编语言指令与机器语言指令是一一对应的,但更便于记忆和理解。汇编语言不像高级语言(如 C 语言)那样通用性强,而是属于某种计算机所特有,与计算机的内部硬件结构密切相关。用汇编语言编写的程序称为汇编语言程序。

用汇编语言编写的程序计算机不能直接识别,必须通过汇编程序把它翻译成机器码(目标程序),这个过程称为汇编。如果用人工查指令表的方法把汇编语言指令逐条翻译成对应的机器码,称为手工汇编。

机器语言和汇编语言都是低级语言。汇编语言与硬件关系密切,是面向机器的语言,所以用汇编语言编写的源程序可移植性很差,但可完成适用于机器硬件的最底层的操作。

4.2 程序设计步骤与方法

在设计应用系统时,通常先根据系统所要实现的功能,如人机对话,实时显示、控制,通信功能等,在兼顾软件设计的基础上进行硬件电路的设计(亦即在进行系统设计的时候要软硬件同时考虑),然后根据具体的硬件环境进行程序设计。

4.2.1 程序的设计步骤

1. 分析问题,确定算法

这一步是能否编写出高质量程序的关键,因此不应该一拿到题目就急于写程序,而应该仔细分析和理解问题,找出合理的算法及适当的数据结构。

2．根据算法画出程序流程图

一个程序按其功能可分为若干部分,通过流程图可把具有一定功能的各部分有机地联系起来,从而便于人们能够抓住程序的基本线索,对全局有完整的了解。这样,设计人员容易发现设计思想上的错误,也便于找出解决问题的途径。一个系统的软件要有总的流程图,即主程序框图,它反映出各模块之间的相互联系;另外,还要有局部的流程图,它反映某个模块的具体实现方案。

编写程序之前先画流程图对初学者特别重要,这样做可以减少出错的可能性。画框图时可以从粗到细把算法逐步具体化。流程图也可通过"注释"的形式来表达。

3．根据流程图编写源程序

在编写源程序的过程中需要使用编辑程序(如 EDIT 等)。汇编语言的源程序是用汇编语言语句编写的程序(属性为 ASM 的原文件)。一条汇编语言语句最多包含四个部分,其格式如下:

　　　　［标号］ 操作码 ［目的操作数］［,源操作数］［;注释］

例如:

　　　　MAIN: 　　MOV A,#00H 　　　　　　;将立即数00H送入累加器 A

每个字段之间要用分隔符分隔。其中,标号部分以冒号":"与其他部分分隔;操作数之间以逗号","分隔;分号";"之后均为注释部分。这些标点符号均应采用半角符号,否则汇编时会出错。汇编程序对注释部分不加处理,注释部分可以使用中文符号和文字。

标号部分由用户定义的符号组成,标号可由字母、数字和下划线组成,但必须以英文字母开始。标号部分可有可无。若一条指令中有标号部分,则标号代表该指令第一个字节所存放的存储器单元的地址,故标号又称为符号地址,在汇编时,把该地址赋值给标号。但标号不能与汇编程序中已保留为特定含义的词组(即所谓的"保留字")相同,如标号不能取已定义的指令助记符和伪指令等。

操作码字段指示指令功能,对于一条汇编语言指令来说必不可少。

操作数字段不是必需的。根据汇编语言指令的不同,操作数字段可有可无。

注释部分虽然可有可无,但加入注释的目的是为了更好地帮助阅读和理解。在编写程序时,程序设计者加上必要的注释对指令或程序段作简要的功能说明,在阅读程序尤其在调试程序时将会带来很多方便。特别是先写注释后写指令(或程序),已成为良好的程序设计风格,注释也已成为程序设计的重要组成部分。

4．上机调试程序,直至实现预定的功能

通过上机调试程序以尽可能多地发现和纠正错误,来提高程序的可靠性,并实现预定的功能。在调试程序的过程中,应该善于利用仿真设备,并设计好测试程序。

4.2.2 编程的方法与技巧

1．模块化的程序设计方法

● 在进行模块划分时,每个模块应具有独立的功能,能产生一个明确的结果。

● 模块长度适中。模块太长,分析、调试比较困难,失去了模块化程序结构的优越性;模块过短,则模块的连接太复杂,信息交换太频繁,因而也不合适。

2. 编程技巧

在进行程序设计时,应注意以下事项及技巧:

- 尽量采用循环结构和子程序。
- 对于通用子程序,考虑到其通用性,除了用于存放子程序入口参数的寄存器外,子程序中用到的其他寄存器的内容应压入堆栈(返回前弹出)。
- 对于中断处理程序,由于它的执行是随机的,所以要保护好中断现场。例如,中断处理程序中用到的寄存器及标志寄存器等应根据需要压入堆栈(返回前弹出)。

4.2.3 汇编语言程序的基本结构

1. 顺序程序

顺序程序又称为简单程序或直线程序。这种程序既无分支又无循环,计算机是按指令在存储器中存放的先后次序执行程序的。

例 4-1 将内部 RAM 30H 和 31H 单元的内容相加后送内部 RAM 32H。

```
ADDEX:   MOV    A,30H
         ADD    A,31H
         MOV    32H,A
         RET
```

2. 分支程序

分支程序结构可以有两种形式,分别相当于高级语言中的 IF_THEN_ELSE 语句和 CASE 语句。IF_THEN_ELSE 语句可以引出两个分支,CASE 语句则可以引出多个分支。程序的分支一般用条件转移指令来实现。利用 MCS-51 系统中的条件转移指令,如 JZ、JNZ、JB、JC 等,可以很方便地实现两个分支的程序设计。利用转移指令可以方便地实现多分支的程序设计。

例 4-2 两个无符号数比较大小。

两个无符号数分别存放在内部 RAM 30H、31H 单元,试找出其中的大数,并将结果存放在 32H 单元中。

流程图如图 4-1 所示。

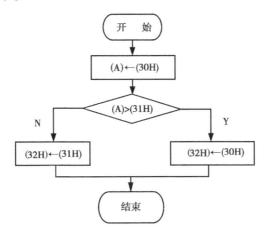

图 4-1 两个无符号数比较大小的程序流程图

程序清单如下：
```
MAX1:   MOV     A,30H
        CLR     C
        SUBB    A,31H
        JC      NEXT1
        MOV     32H,30H
        SJMP    END1
NEXT1:  MOV     32H,31H
END1:   RET
```

3．循环程序

循环程序是最常见的程序组织形式。在程序运行时，有时需要连续重复执行某段程序，这时可以使用循环程序。

循环程序的结构一般包括下面几个部分：

① 设置循环的初始状态

如设置循环次数的计数值，以及为循环体正常工作而建立的初始状态。

② 循环体

为完成程序功能而设计的需反复执行的程序段，是循环程序的实体。

③ 修改控制变量

为保证每一次重复（循环）时，参加执行的信息能发生有规律的变化而建立的程序段。

④ 循环控制部分

根据循环结束条件，判断是否结束循环。每个循环程序必须选择一个循环控制条件来控制循环的运行和结束，而合理地选择控制条件就成为循环程序设计的关键问题。

循环程序的结构一般有以下两种形式：

● 先进入处理部分，再控制循环。即至少执行一次循环体。

● 先控制循环，后进入处理部分。即根据判断结果，控制循环的执行与否，有时可以不进入循环体就退出循环程序。

当循环次数已知时，此时可以用循环次数作为循环的控制条件；或虽然循环次数已知，但有可能使用其他特征或条件来使循环提前结束；当循环次数未知时，可根据具体情况找出控制循环结束的条件。

循环控制条件的选择灵活多样，有时可能有多种选择方案，此时就应分析比较，选择一种效果较好的方案来实现。

循环程序又分单循环和多重循环。

注意：循环嵌套必须层次分明，严禁内、外层循环交叉。

例 4-3 将内部 RAM 30H～7FH 单元的内容全部清"0"。

方法一：由于循环次数已知，可以控制循环体的执行次数。

```
BEGIN1:  MOV    R0,#30H
         MOV    R7,#50H
LOOP:    MOV    @R0,#00H
         INC    R0
```

```
            DJNZ    R7,LOOP
            RET
```
方法二：判断循环体的结束条件。
```
    BEGIN2：  MOV     R0,#2FH
    LOOP：    INC     R0
              MOV     @R0,#00H
              CJNZ    R0,#7FH,LOOP
              RET
```

例 4-4 延时程序。设系统晶振频率为 12 MHz，则 1 个机器周期 $T = 1\,\mu s$。
```
    DELAY：   MOV     30H,#50             ;2T
    DEL1：    MOV     31H,#49             ;2T
    DEL2：    NOP                         ;1T
              NOP                         ;1T
              DJNZ    31H,DEL2            ;2T
              DJNZ    30H,DEL1            ;2T
              RET                         ;2T
```

程序说明：延迟时间 $\Delta = 2T + [2T + (1T + 1T + 2T) \times 49 + 2T] \times 50 + 2T = 10004T \approx$ 10 ms。其中，粗体部分为内循环执行时间；加下划线部分为双重循环执行时间；2 个 $2T$ 分别为指令"MOV 30H,#50"和"RET"的执行时间，这两条指令只执行一次。

4．子程序

在一段程序中，往往有许多地方需要执行同样的一种操作（一个程序段），这时可以把该操作单独编写成一个子程序，在主程序需要执行这种操作的地方执行一条调用指令，转到子程序去执行，完成规定的操作后再返回原来的程序（主程序）继续执行，并可以反复调用。这样处理可以简化程序的结构，缩短程序长度，使程序模块化，便于调试。

在汇编语言源程序中，主程序调用子程序时要注意两个问题，即主程序和子程序间参数传递和子程序现场保护的问题。

子程序必须以 RET 结尾。

4.2.4　汇编语言源程序的汇编

汇编语言源程序必须转换为机器码表示的目标程序，计算机才能执行，这种转换过程称为汇编。对单片机来说，有手工汇编和机器汇编两种汇编方法。

1．手工汇编

手工汇编是把用助记符编写的程序，通过手工方式查指令编码表，逐条把助记符指令翻译成机器码，然后把得到的机器码程序键入单片机，进行调试和运行。手工汇编按绝对地址进行定位。

手工汇编有两个缺点：

（1）偏移量的计算

手工汇编时，要根据源地址和目的地址计算转移指令的偏移量，比较麻烦且容易出错。

(2) 程序的修改

手工汇编后的目标程序,如需要修改指令(或增加、删除指令)就会引起后面各条指令地址的变化,转移指令的偏移量往往也要随之重新计算。

所以,手工汇编是一种很麻烦的汇编方法,可以用于初学者加深对指令的理解或条件受限制时使用。

2. 机器汇编

机器汇编是在计算机上使用汇编程序对源程序进行汇编。汇编工作由机器自动完成,汇编结束后得到以机器码表示的目标程序。汇编工作通常在 PC 上进行,汇编完成后再由 PC 把生成的目标程序加载到用户样机上。

将二进制机器语言程序翻译成汇编语言程序的过程称为反汇编,能完成反汇编功能的程序称为反汇编程序。

汇编和反汇编的过程如图 4-2 所示。

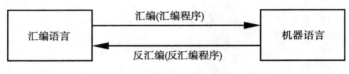

图 4-2 汇编和反汇编的过程

4.3 伪 指 令

汇编语言源程序的语句除指令外还包含伪指令。伪指令不像机器指令那样是在程序运行期间由计算机来执行的,无对应的机器码,在汇编时不产生目标程序(机器码)。伪指令是在汇编程序对源程序汇编期间由汇编程序处理的操作,只是用来对汇编过程进行某种控制,即伪指令是给汇编程序更好地完成汇编的命令。伪指令可以完成如指示程序起点、定义数据、指示程序结束等功能。不同的开发系统有不同的汇编程序,也就定义了不同的汇编命令。标准的 MCS-51 汇编程序(如 Intel 的 ASM51)定义的伪指令常用的有以下几条:

1. ORG(汇编起始命令)

ORG 伪指令总是出现在每段源程序或数据块的开始。它指明此语句后面的程序或数据块的起始地址。

一般格式如下:

  ORG addr16

功能:规定该伪指令后面程序的汇编地址,即汇编后生成目标程序存放的起始地址。

例如:

    ORG 0030H
  MAIN: MOV SP,#2FH
    MOV 20H,#00H
    ……

它既规定了标号 MAIN 的地址是 0030H,又说明了其后面源程序的目标代码在存储器中的起始地址是 0030H,见表 4-1。

表 4-1　汇编后机器码与存储器地址的对照表

存储器地址	目标程序
0030H	75H
0031H	81H
0032H	2FH
0033H	75H
0034H	20H
0035H	00H
…	…

ORG 可以多次出现在程序的任何地方,当它出现时,下一条指令的地址就由此重新定位,但不能重叠,否则将出错,因此,定义程序地址时应从低地址向高地址设置。

2. END(汇编结束命令)

END 伪命令通知汇编程序结束汇编,借助伪指令 END 可以实现分段调试程序。

3. EQU(赋值命令)

一般格式如下:

　　符号名[:]　EQU　操作数

注:符号名后面的冒号因汇编程序不同可能有,也可能没有。

用 EQU 赋值过的符号名可以用作数据地址、代码地址、位地址或是一个立即数。因此,它可以是 8 位的,也可以是 16 位的。例如:

　　CS　　　EQU　　P1.7
　　DATA1　EQU　　80H

这里 CS 就代表了 P1.7,DATA1 就代表了 80H。这样在源程序中凡是对 P1.7 操作的地方均可用 CS 代替。例如,"SETB　CS"等价于"SETB　P1.7"。

如果想将立即数 80H 赋值给累加器 A,则以下两条指令是等价的:

　　MOV　　A,#80H
　　MOV　　A,#DATA1

使用 EQU 伪指令给一个符号名赋值后,这个符号名在整个源程序中的值是固定的。也就是说,在一个源程序中,任何一个符号名只能赋值一次。

4. DB(定义字节命令)

一般格式如下:

　　标号:DB　字节常数或字符或表达式

其中,标号区段可有可无,字节常数或字符是指一个字节数据,或用逗号分开的字节串,或用单引号括起来的 ACSII 码字符串(一个 ACSII 码字符相当于一个字节)。此伪指令的功能是通知汇编程序从当前 ROM 地址开始,保留一个字节或字节串的存储单元,并存入 DB 后面的数据。例如:

　　　　　ORG　　0100H
　　DATA2:DB　　0C0H,0F9H
　　DATA3:DB　　41H

经汇编后:
$$(0100H) = 0C0H$$
$$(0101H) = 0F9H$$
$$(0102H) = 41H$$

5．DW（定义字命令）

一般格式如下：

　　　　标号：　　DW　　16 位数据项或项表

该命令把 DW 后的 16 位数据项或项表从当前地址开始连续存放。DW 伪指令的功能与 DB 相似，其区别在于 DB 是定义一个字节，而 DW 是定义一个字（两个字节，即 16 位二进制数），故 DW 常用于定义地址。

6．BIT（位地址符号命令）

一般格式如下：

　　　　字符名　　BIT　　位地址

其功能是把 BIT 之后的位地址的值赋给字符名。例如：

　　　　DI　　　BIT　　P1.7
　　　　DO　　　BIT　　P1.6

这样，P1 口第 7 位的位地址 97H 就赋给了 DI，而把 P1 口第 6 位的位地址 96H 赋给了 DO。

4.4　MCS-51 系统典型程序设计

4.4.1　无符号数的排序

例 4-5　设有 N 个单字节无符号数，它们依次存放于标号 DATA1 地址开始的内部 RAM 中，比较这 N 个数的大小，使它们按由小到大的次序排列，结果仍存放在原存储空间中。

我们采用冒泡排序算法，从第一个数开始依次将相邻两个单元的内容做比较，即第一个数和第二个数比较，第二个数和第三个数比较……如果符合从小到大的顺序，则不改变它们在存储器中的位置，否则交换它们的位置。如此反复比较，直至数列排序完成。根据算法可以得知，第一轮排序需要进行 $(N-1)$ 次比较，第一轮排序结束后，最大数已经放到了最后，所以第二轮排序只需比较 $(N-1)$ 个数，即只需比较 $(N-2)$ 次，第三轮排序则只需比较 $(N-3)$ 次……总共最多 $(N-1)$ 轮比较就可以完成排序。

为了加快数列的排序速度，在程序中设置了一个标志位。在进行每轮数据比较前先清除该标志位，如果在本轮数据比较过程中数据发生过交换，则对该标志位置位，否则不对该标志位操作。这样，我们可以在每轮比较结束后对标志位进行判断，如果标志位没有被置位，则说明该轮比较没有发生数据交换，即数据已经按从小到大的顺序排列了，否则继续进行排序操作。

程序流程图如图 4-3 所示。

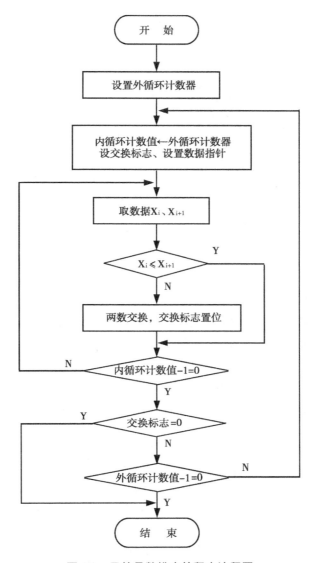

图 4-3 无符号数排序的程序流程图

程序清单如下:

	MOV	R2,#N - 1	;设置外循环计数器
LOOP1:	MOV	A,R2	;外循环计数器值送内循环计数器
	MOV	R3,A	
	MOV	R0,#DATA1	;设置数据指针指向数据首地址
	CLR	00H	;清除交换标志
LOOP2:	MOV	A,@R0	;取数 X_i
	MOV	B,A	
	INC	R0	
	CLR	C	

	MOV	A,@R0	;比较数据 X_i、X_{i+1}
	SUBB	A,B	
	JNC	LESS	
	MOV	A,B	
	XCH	A,@R0	;两数交换
	DEC	R0	
	MOV	@R0,A	
	INC	R0	
	SETB	00H	;置位交换标志
LESS:	DJNZ	R3,LOOP2	
	JNB	00H,STOP	
	DJNZ	R2,LOOP1	
STOP:	RET		

4.4.2 查表程序

单片机应用系统中,查表程序是一种常用程序,它广泛用于汉字查表、数值计算中常数查表、LED 显示器控制、打印机打印以及数据补偿、计算、转换等功能程序,具有程序简单、执行速度快等优点。

查表,就是根据变量 X 在表格中的位置查找相应的 Y,使 $Y=f(X)$。

X 有各种结构,如有时 X 可取小于 $n(n$ 为定值)的自然数子集,有时 X 的取值范围较大,并且不会取到该范围中的所有值,即对某些 X,$f(X)$ 无定义。例如,X 为某些 ASCII 字符。

Y 也有各种结构,如有时 Y 可取定字长的数,但不是所有该字长的数都有对应的 Y;有时 Y 可取小于 $m(m$ 为定值)的自然数子集。

对于表格本身,也有许多不同的结构。按存放顺序可分为有序表和无序表;以存放地址分,有的表格存放在程序存储器中(用 MOVC 指令访问),有的表格存放在数据存储器中(用 MOVX 指令访问);表格的存放内容也各有不同,有的只存放 Y 值,有的只存放 X 值;有的表格还包含有几张子表;表格中的每一项的长度也各有不同,有的是定长,有的是不定长;其他还有多维表格等情况。下面介绍两种常见类型查表程序以及这些表格的构成方法。

1. X 可取小于等于 n 的自然数的全体,Y 为定字长

由于 X_i 取值为自然数 $0,1,2,\cdots,n$ 有序等差排列,而 Y_i 又为定字长,故可以简化表格,在表格中只存放 Y_i 的值,见下表。

表格首址:	Y_0
	Y_1
	Y_2
	Y_3
	…
	Y_n

例 4-6 设有一个巡回检测报警系统,需对 8 路输入值进行比较,当某一路输入值超过该路的报警值时,实现该路报警。试编写一程序,根据输入的路数取出该路的报警值。

X_i 为路数,查表时按 $0,1,2,\cdots,7(n=8)$ 取数;Y_i 为报警值,二字节数,依 X_i 的顺序列成表格放在 TAB1 中。表格中只存放 Y_i。

入口参数:(30H)——路数(0~7)。

出口参数:(31H)(32H)——报警值。

程序清单如下:

SEARCH1:	MOV	A,30H	
	ADD	A,30H	
	MOV	R2,A	;(30H)×2 的结果暂存于 R2
	MOV	DPTR,#TAB1	;取表格首地址
	MOVC	A,@A+DPTR	;查表取数
	MOV	31H,A	;报警值高位送 31H 单元
	MOV	A,R2	
	INC	A	
	MOVC	A,@A+DPTR	;查表取数
	MOV	32H,A	;报警值低位送 32H 单元
	RET		
TAB1:	DW	53F2H,57BBH,46ADH,49EDH	
	DW	76CBH,67FDH,65FAH,7395H	

2. X 范围较大且取值不定,Y 为定字长

对于这种情况,在表格中必须存放相对应的 X_i、Y_i 值。这类表格的结构有两种方式给出表格容量:一种用表格结束标志;另一种则给出表格中的项数 n。

例 4-7 输入一个 ASCII 码命令字符,要求按照输入的命令字符转去执行相应的处理程序。设命令字符为'A'、'D'、'E'、'L'、'R'、'X'、'Z'等七种。相应的处理程序入口分别为 PROGA、PROGD、PROGE、PROGL、PROGR、PROGX、PROGZ。表格的内容为处理程序入口地址,0 为表格结束标志。

入口参数:(A)=命令字符。

查表程序如下:

SEARCH2:	MOV	DPTR,#TAB2	
	MOV	B,A	;将命令字暂存于 B
LOOP1:	CLR	A	
	MOVC	A,@A+DPTR	
	JZ	S1END	
	INC	DPTR	
	CJNE	A,B,NEX1	;比较表格中的内容是否与命令字相同
	CLR	A	;若相同,则执行相应的处理程序
	MOVC	A,@A+DPTR	
	MOV	B,A	

```
              INC     DPTR
              CLR     A
              MOVC    A,@A+DPTR
              MOV     DPL,A
              MOV     DPH,B
              CLR     A
              JMP     @A+DPTR
       NEX1:  INC     DPTR
              INC     DPTR
              SJMP    LOOP1
       S1END: SETB    FLAG1
              …
              ;(查不到时的处理程序)
       TAB2:  DB      'A'             ;X：ASCII 码 A
              DW      PROGA           ;Y：处理程序 A 入口
              DB      'D'             ;X：ASCII 码 D
              DW      PROGD           ;Y：处理程序 D 入口,余下类推
              DB      'E'             ;ASCII 码 E
              DW      PROGE
              DB      'L'             ;ASCII 码 L
              DW      PROGL
              DB      'R'             ;ASCII 码 R
              DW      PROGR
              DB      'X'             ;ASCII 码 X
              DW      PROGX
              DB      'Z'             ;ASCII 码 Z
              DW      PROGZ
              DB      0               ;表格结束标志
```

上述表格中，X_i 和 Y_i 有严格的对应关系，但 X_i 可以顺序存放，也可以任意存放。前者为有序表，后者为无序表。

对于无序表只能用顺序查找方法，其程序简单，但速度慢。平均查找次数为 $n/2$（n 为表长）。

对于有序表，可以采用顺序查找方法，也可以采用二分法查表。即先查中间，如果 $X_i > X_{中值}$，则查后半部；如果 $X_i < X_{中值}$，则查前半部，然后重复以上步骤，直到查到或部分表的表长为 1 时为止。它的平均查找次数为 $\log_2 n$。当 n 较大时，采用二分法查表可以节约时间。

4.4.3 数制转换

日常生活中，人们习惯用十进制数进行各种运算。而在计算机内部却只能用二进制数进行运算和数据处理。因此，数制转换、代码转换在使用计算机时是必不可少的。下面将介

绍几个常用的转换程序。

1. 十进制数转换成二进制数

算法：一个十进制整数可以表示为

$$D_n \times 10^n + D_{n-1} \times 10^{n-1} + \cdots + D_0 \times 10^0 = \sum_i D_i \times 10^i (i = 0,1,2,\cdots,n)$$

经变换后，上式可表示为

$$\sum_{i=0}^{n} D_i \times 10^i = (\cdots((D_n \times 10 + D_{n-1}) \times 10 + D_{n-2}) \times 10 + \cdots) + D_0$$

对于一个 4 位十进制数，$n = 3$，有

$$\sum_{i=0}^{3} D_i \times 10^i = ((D_3 \times 10 + D_2) \times 10 + D_1) \times 10 + D_0$$

例如，$1234 = ((1 \times 10) + 2) \times 10 + 3) \times 10 + 4$。

例 4-8 设 4 位非压缩 BCD 码数依次存放在内部 RAM 40H~43H 中，试将该 BCD 码数转换成二进制数，结果存放于 R2、R3 中。

程序流程图如图 4-4 所示。

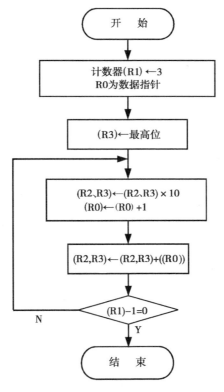

图 4-4 BCD 码转换成二进制数的程序流程图

程序清单如下：

```
DTOB:   MOV    R0,#40H      ;R0 指向千位地址
        MOV    R1,#03H      ;R1：计数器
        MOV    R2,#00H      ;存放结果的高位 R2 清"0"
```

		MOV	A,@R0	
		MOV	R3,A	;千位 BCD 码送存放结果的低位 R3
	LOOP:	MOV	A,R3	
		MOV	B,#10	
		MUL	AB	
		MOV	R3,A	;R3×10 低 8 位送 R3
		MOV	A,B	
		XCH	A,R2	;R3×10 高 8 位暂放 R2
		MOV	B,#10	
		MUL	AB	
		ADD	A,R2	;R2×10+R3×10 的高 8 位
		MOV	R2,A	
		INC	R0	;取下一个 BCD 码
		MOV	A,R3	
		ADD	A,@R0	
		MOV	R3,A	
		MOV	A,R2	
		ADDC	A,#0	;加低字节来的进位
		MOV	R2,A	
		DJNZ	R1,LOOP	
		RET		

2．二进制数转换成十进制数

算法 1：一个二进制整数可以表示为

$$D_m D_{m-1} \cdots D_0$$

与其对应的十进制整数为

$$A = D_m \times 2^m + D_{m-1} \times 2^{m-1} + D_{m-2} \times 2^{m-2} + \cdots + D_1 \times 2^1 + D_0 \times 2^0$$

算法 2：一个 8 位二进制整数可以表示的十进制整数的最大值为 255,将其除以 100 则可以得到商为百位 BCD 码；将余数作为被除数继续除以 10,则商为十位 BCD 码,余数为个位 BCD 码。

也可以将该二进制整数除以 10 得余数为个位 BCD 码；将商作为被除数继续除以 10 得到余数为十位 BCD 码,商为百位 BCD 码。

例 4-9 编写程序,将 16 位二进制数转换成十进制数（BCD 码数）。

入口参数：（R6、R7）。

出口参数：（R2、R3、R4）。

程序清单如下：

		BTOD1:	MOV	R5,#16	;设置循环次数
			CLR	A	
			MOV	R2,A	;存放结果单元清"0"
			MOV	R3,A	

```
            MOV    R4,A
LOOP:       CLR    C              ;第一次循环将最高位 b_15 送入 CY
            MOV    A,R7           ;以后每次分别将 b_14、b_13、b_12、b_11 送入 CY
            RLC    A
            MOV    R7,A
            MOV    A,R6
            RLC    A
            MOV    R6,A
            MOV    A,R4           ;第一次循环:(R2、R3、R4)×2+b_15
                                  ;此时(R2、R3、R4)=0
            ADDC   A,R4           ;第二次循环:(b_15)×2+b_14,依次类推
            DA     A
            MOV    R4,A
            MOV    A,R3
            ADDC   A,R3
            DA     A
            MOV    R3,A
            MOV    A,R2
            ADDC   A,R2
            DA     A
            MOV    R2,A
            DJNZ   R5,LOOP
            RET
```

例 4-10 将放在内部 RAM 30H 单元的二进制整数转换为十进制 BCD 码,并将结果放入 31H(百位)、32H(十位)、33H(个位)单元。

方法一:先得到百位。

程序清单如下:

```
BTOD20:     MOV    A,30H
            MOV    B,#100
            DIV    AB
            MOV    31H,A
            MOV    A,B
            MOV    B,#10
            DIV    AB
            MOV    32H,A
            MOV    33H,B
            RET
```

方法二:先得到个位。

程序清单如下：

```
BTOD21:   MOV   A,30H
          MOV   B,#10
          DIV   AB
          MOV   33H,B
          MOV   B,#10
          DIV   AB
          MOV   32H,B
          MOV   31H,A
          RET
```

对于 n 位二进制整数可以根据其表示的十进制数大小作一一循环，控制循环次数，将每次的商依次除以 10，分别得到个位 BCD 码、十位 BCD 码……

4.4.4　N 分支散转程序设计

散转程序是分支程序的一种。它根据某个输入或运算结果，分别转向各个处理程序。它相当于高级语言中的 CASE 语句。

1. 利用间接长转移指令 "JMP　@ A + DPTR" 实现散转程序设计

在 MCS-51 单片机中，间接长转移指令为 "JMP　@ A + DPTR"。它按照程序运行时决定的地址执行间接转移。该指令把累加器的 8 位无符号数内容与 16 位数据指针的内容相加后装入程序计数器，实现程序的转移。A 的内容不同，散转的入口地址不同。

（1）使用转移指令表的散转程序

例 4-11　根据 R2 的内容转向不同的处理程序。

设转向入口为 PROG0 ~ PROGn，则散转程序和转移表 TAB1 如下：

```
CASE1:   MOV   DPTR,#TAB1
         MOV   A,R2
         MOV   B,#03H        ;转移表中每条 LJMP 指令占 3 个字节
         MUL   AB
         XCH   A,B
         ADD   A,DPH
         MOV   DPH,A
         MOV   A,B
         JMP   @ A + DPTR
TAB1:    LJMP  PROG0
         LJM   PROG1
         …
         LJMP  PROGn
```

程序说明：
- 执行指令 "JMP　@ A + DPTR" 后，累加器 A 和 16 位数据指针的内容均不受影响。
- 该散转程序散转分支数小于等于 256。

（2）使用转向地址表的散转程序

例 4-12　根据 R2 的内容转向各个分支处理程序。

设转向入口为 PROG0 ~ PROGn,则散转程序和转移表 TAB2 如下:

```
CASE2:  MOV   DPTR,#TAB2
        MOV   A,R2
        ADD   A,R2
        JNC   NADD
        INC   DPH
NADD:   MOV   R3,A
        MOVC  A,@A+DPTR
        XCH   A,R3
        INC   DPTR
        MOVC  A,@A+DPTR
        MOV   DPL,A
        MOV   DPH,R3
        CLR   A
        JMP   @A+DPTR
TAB2:   DW    PROG0
        DW    PROG1
        DW    PROG2
        …
        DW    PROGn
```

程序说明:

本例可实现 64KB 范围内的转移,但散转数 n 应小于 256。

2. 利用 RET 指令实现散转程序。

例 4-13　根据 R3(高位)、R2(低位)的内容转向各个分支处理程序。

设转向入口为 PROG0 ~ PROGn,则散转程序和转移表 TAB3 如下:

```
CASE3:  MOV   DPTR,#TAB3
        MOV   A,R2
        CLR   C
        RLC   A
        XCH   A,R3
        RLC   A
        ADD   A,DPH
        MOV   DPH,A
        MOV   A,R3
        MOVC  A,@A+DPTR
        XCH   A,R3
        INC   DPTR
```

```
                MOVC    A,@A+DPTR
                PUSH    ACC
                MOV     A,R3
                PUSH    ACC
                RET
        TAB3:   DW      PROG0
                DW      PROG1
                DW      PROG2
                …
                DW      PROGn
```

程序说明：

这种散转方法不是把转向地址装入 DPTR，而是将它装入堆栈，然后通过 RET 指令把转向地址出栈到 PC 中，使堆栈指针恢复原值。

4.4.5 数字滤波程序

一般微机应用系统前置通道中，输入信号均含有各种噪音和干扰，它们来自被测信号源、传感器、外界干扰等。为了能进行准确的测量和控制，必须消除被测信号中的噪音和干扰。噪音有两大类：一类为周期性的；另一类为不规则随机性的。前者的典型代表为 50Hz 的工频干扰，对于这类信号，采用硬件滤波电路能有效地消除其影响。后者为随机信号，对于随机干扰，可以用数字滤波方法予以削弱或滤除。所谓数字滤波，就是通过程序计算或判断来减少干扰在有用信号中的比重，故实际上它是一种程序滤波。经常采用的数字滤波程序有中值滤波法、去极值平均滤波法、滑动平均滤波法、加权滑动平均滤波法等。对采样信号进行数字滤波，以消除常态干扰。

1. 中值滤波

中值滤波是对某一参数连续采样 n 次（n 一般为奇数），然后把 n 次的采样值按从小到大或从大到小的顺序排列，再取中间值作为本次采样值。该算法的采样次数为 3 次或 5 次。对于变化很慢的参数，有时也可增加次数，如 15 次。对于变化较为剧烈的参数，不宜采用此法。

例 4-14 中值滤波程序设计举例。

现以 3 次采样为例。3 次采样值分别存放在 R2、R3、R4 中，程序运行之后，将三个数据按从小到大的顺序排列，仍然存放在 R2、R3、R4 中，其中 R3 存放的就是中值。

程序清单如下：

```
        FILT1:  MOV     A,R2            ;R2<R3 否？
                CLR     C
                SUBB    A,R3
                JC      FILT11          ;R2<R3,则转移到 FILT11
                MOV     A,R2            ;R2>R3,交换 R2、R3
                XCH     A,R3
                MOV     R2,A
```

FILT11:	MOV	A,R3	;R3 < R4 否?
	CLR	C	
	SUBB	A,R4	
	JC	FILT12	;R3 < R4,排序结束
	MOV	A,R4	;R3 > R4,交换 R3、R4
	XCH	A,R3	
	XCH	A,R4	
	CLR	C	
	SUBB	A,R2	;R3 > R2 否?
	JNC	FILT12	;R3 > R2,排序结束
	MOV	A,R3	;R3 < R2,以 R2 为中值
	XCH	A,R2	
	MOV	R3,A	
FILT12:	RET		

采样次数为 5 次以上时,排序就没有这样简单了,可采用几种常规的排序算法,如冒泡算法。

中值滤波对于去掉由于偶然因素引起的波动或采样器不稳定而造成的脉动干扰比较有效。若变量变化比较缓慢,采用中值滤波法效果比较好,但对快速变化过程的参数(如流量)则不宜采用此法。

2. 去极值平均滤波

算术平均滤波不能将明显的脉冲干扰消除,只能将其影响削弱。因为明显干扰会使采样值远离真实值,因此,可以比较容易地将其剔除,不参加平均值计算,从而使平均滤波的输出值更接近真实值。

去极值平均滤波法的思想是:连续采样 n 次后累加求和,同时找出其中的最大值与最小值,再从累加值中减去最大值和最小值,按 $n-2$ 个采样值求平均,即可得到有效采样值。为使平均滤波算法简单,$n-2$ 应为 2、4、6、8 或 16,故 n 常取 4、6、8、10 或 18。

具体做法有两种:对于快变参数,先连续采样 n 次,然后再处理,但要在 RAM 中开辟出 n 个数据的暂存区;对于慢变参数,可一边采样,一边处理,而不必在 RAM 中开辟数据暂存区。

例 4-15 去极值平均滤波程序设计举例。

下面以 $n=4$ 为例,即连续进行 4 次数据采样,去掉其中最大值和最小值,然后求剩下两个数据的平均值。R2、R3 存放最大值,R4、R5 存放最小值,R6、R7 存放累加和及最后结果。连续采样不只限 4 次,可以进行任意次,这时,只需改变 R0 中的数值。

程序流程图如图 4-5 所示。

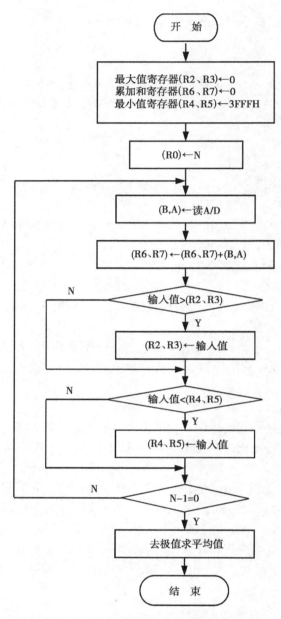

图 4-5 去极值平均滤波的程序流程图

程序清单如下:

```
FILT2:  CLR   A
        MOV   R2,A          ;最大值寄存器(R2、R3)←0
        MOV   R3,A
        MOV   R6,A          ;累加和寄存器(R6、R7)←0
        MOV   R7,A
        MOV   R4,#3FH       ;最小值寄存器(R4、R5)←3FFFH
```

	MOV	R5,#0FFH	
	MOV	R0,#4H	
DAV1:	LCALL	RDXP	;(B,A)←读 A/D(调用采样子程序)
	MOV	R1,A	;采样值低位暂存 R1,高位在 B
	ADD	A,R7	
	MOV	R7,A	;低位加到 R7
	MOV	A,B	
	ADDC	A,R6	
	MOV	R6,A	;高位加到 R6,(R6、R7)←(R6、R7)+(B,A)
	CLR	C	
	MOV	A,R3	
	SUBB	A,R1	
	MOV	A,R2	
	SUBB	A,B	
	JNC	DAV2	;输入值>(R2、R3)?
	MOV	A,R1	
	MOV	R3,A	
	MOV	R2,B	;(R2、R3)←输入值
DAV2:	CLR	C	
	MOV	A,R1	
	SUBB	A,R5	
	MOV	A,B	
	SUBB	A,R4	
	JNC	DAV3	;输入值<(R4、R5)?
	MOV	A,R1	
	MOV	R5,A	;(R4、R5)←输入值
	MOV	R4,B	
DAV3:	DJNZ	R0,DAV1	;n-1=0?
	CLR	C	
	MOV	A,R7	
	SUBB	A,R3	
	MOV	R7,A	
	MOV	A,R6	
	SUBB	A,R2	;n 个采样值的累加和减去最大值和最小值,n=4
	MOV	R6,A	
	MOV	A,R7	
	SUBB	A,R5	
	MOV	R7,A	
	MOV	A,R6	

```
        SUBB    A,R4
        CLR     C
        RRC     A
        MOV     R6,A            ;剩下数据求平均值(除2)
        MOV     A,R7
        RRC     A
        MOV     R7,A
        RET
```

习 题 四

1. 指令和伪指令有什么区别？伪指令 ORG 的作用是什么？
2. 伪指令 END 的作用是什么？它能使程序正常结束吗？
3. 设常量和数据标号的定义如下：

```
            ORG     1000H
    DAT：   DB      1,2,3,4
    STRING：DB      'ABCDE'
    COUNT   EQU     -STRING
    BUF：   DW      100,-200,-2
```

（1）画出上述数据的存储形式。
（2）写出各标号的地址。

4. 从内部 RAM DATA1 单元开始，存放有 20H 个数据，试编写程序，将这 20H 个数据逐一移至外部 RAM DATA2 单元开始的存储空间。

5. 编写程序，把外部 RAM 起始地址为 2000H 的 200 个连续单元中的内容送到以 4000H 开始的单元中。

6. 设系统晶振频率为 6MHz，编写能延时 100ms 的程序段。

7. 试编写程序，将片外数据存储区中 3000H～30FFH 单元全部清"0"。

8. 试编写程序，找出片内 RAM 的 30H～5FH 单元中内容的最大值，存到 60H 单元。

9. 试编写程序，求存放在外部 RAM 的 2000H 单元开始的 10 个字节数据的和，将结果存放在 2010H 单元中。

10. 试编写程序，将 30H～34H 单元中压缩的 BCD 码数（每个字节存放两个 BCD 码数）转换为 ASCII 码数，并将结果存放在内部 RAM 80H～89H 单元。

11. 试编写程序，将内部 RAM 30H 中的压缩 BCD 码转换成二进制数，存放到 31H 单元中。

12. 从内部 RAM 30H 单元开始，连续存放了 20 个字节的补码数，编写程序，将它们改变成绝对值。

13. 内部 RAM 30H～3FH 单元中存放着非压缩 BCD 码，编写程序实现：将相邻两个单元的内容转换成两位十进制数（例如，将 07H 和 08H 转换成 78），依次存入 40H 开始的单元中。

14. 从内部 RAM 80H 单元开始,存放有 50 个数据。试编写程序,将其中的正数、负数分别送外部 RAM 5000H 和 5500H 开始的单元,并分别记下正数和负数的个数送内部 RAM 60H 和 61H 单元。

15. 试编写程序,将内部 RAM 90H 单元为起始地址的 10H 个字节数据依次与 0D0H 单元为起始地址的 10H 个字节数据进行交换。

16. 试编写程序,将内部 RAM 30H~7FH 单元内的单字节二进制数转换为 BCD 码,并将结果依次存入外部 RAM 2000H 单元开始的地址。

17. 试编写程序,统计在内部 RAM 的 20H~60H 单元中出现 55H 的次数,并将统计结果送 61H 单元。

18. 试编写排序程序,将内部 RAM 30H 单元开始的 10 个无符号数,按从大到小的顺序排列。

19. 试编写程序,根据 P1.0、P1.1 的状态,向 P2 口送不同的数据,具体为:当 P1.0、P1.1 为 0、0 时,向 P2 口送 11H;当 P1.0、P1.1 为 0、1 时,向 P2 口送 55H;当 P1.0、P1.1 为 1、0 时,向 P2 口送 88H;当 P1.0、P1.1 为 1、1 时,向 P2 口送 0AAH。

20. 试编写程序,将内部 RAM 50H~6FH 单元中的无符号数按照从小到大的次序排列,结果仍存放在原存储空间。

21. 试编写程序,统计某班学生的数学考试成绩。已知该班有 32 名学生,数学考试成绩存入内部 RAM 30H~4FH 单元,一个学生成绩占一个字节,求出该班的平均成绩,并存入 60H 单元。

22. 试编写程序,找出内部 RAM 60H~6FH 单元中无符号数的最小数,并将结果送 40H 单元。60H~6FH 单元中的内容保持不变。

23. 试编写程序,将程序存储器 8000H~807FH 单元中的数据依次读出,进行高低四位交换后送外部 RAM 5000H~507FH 单元中。

第 5 章

中　断

5.1　中断的概念

5.1.1　中断的定义

"存储程序和程序控制"是计算机的基本工作原理。CPU 平时总是按照规定顺序执行程序存储器中的指令,但在实际应用中,有许多外部或内部事件需要 CPU 及时处理,这就要改变 CPU 原来执行指令的顺序。计算机中的"中断(Interrupt)"就是指由于外部或内部事件而改变原来 CPU 正在执行指令顺序的一种工作机制。

计算机的中断机制涉及三个内容:中断源、中断控制和中断响应。中断源是指引起中断的事件;中断控制是指中断的允许/禁止、优先和嵌套等处理方式;中断响应是指确定中断入口、保护现场、进行中断服务、恢复现场和中断返回等过程。在计算机中,能实现中断功能的部件称为中断系统。

中断是单片机应具备的重要功能,正确理解中断概念和学会使用中断机制是掌握单片机应用技术的重要内容。

5.1.2　中断的作用

中断机制常用于计算机与外部数据的传送。利用中断机制可较好地实现 CPU 与外部设备的同步工作,进行实时处理。与程序查询方式相比,利用中断机制可大大提高 CPU 的工作效率。

1. 同步工作

利用中断机制可实现 CPU 与外设同步工作。外部设备需要进行传送数据时,可发出中断信号,请求与 CPU 进行数据传送,CPU 响应中断,暂停执行原来程序,转而进行中断服务,完成数据传输。中断返回后,继续执行原来程序,这样既可以避免高速的 CPU 为查询慢速的外设状态而浪费大量的等待时间,又可实现一个 CPU 与多个外设同步工作,提高了 CPU 的工作效率。

利用中断机制容易实现高效率的定时处理功能。虽然 CPU 可通过执行循环操作指令来延时等待特定的时间间隔,但这是一种效率极低的工作方式。如果通过硬件对基准时钟信号计数,并由此产生中断请求信号,使 CPU 在规定的时间间隔执行相应的中断服务程序,可实现高效率的定时处理功能。

2. 实时处理

利用中断机制可实现实时信号的采集。一些重要的实时信号,如报警信号、停电信号和其他故障信号等,通常要求 CPU 做出快速响应。若 CPU 通过程序查询来监视这些信号,不仅会浪费大量的时间,而且很难做出快速响应。采用了中断机制后,实时信号作为中断请求信号,使 CPU 快速进入中断响应状态,执行特定的中断服务程序,而平时 CPU 则执行实时性要求不高的程序。

另外,利用中断机制也容易实现计数处理功能。通过硬件对外部脉冲信号计数,在规定的计数脉冲到达时,中断请求信号使 CPU 执行特定的计数中断服务程序。

5.2 中断系统

5.2.1 组成

MCS-51 单片机的中断系统由中断源、中断控制电路和中断入口地址电路等部分组成。其结构框图如图 5-1 所示。

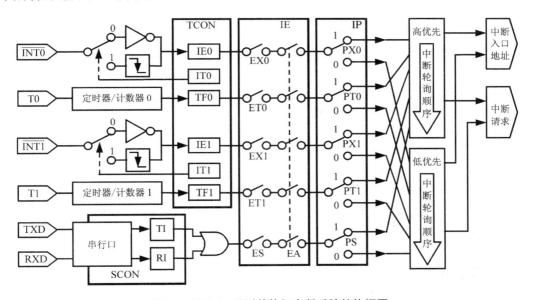

图 5-1　MCS-51 系列单片机中断系统结构框图

从 MCS-51 中断系统结构框图可看出,中断系统涉及四个寄存器,分别是:定时器/计数器控制寄存器 TCON(Timer/Counter Control)、串行口控制寄存器 SCON(Serial Port Control)、中断允许寄存器 IE(Interrupt Enable)和中断优先级寄存器 IP(Interrupt Priority)。外部中断事件与输入引脚$\overline{INT0}$、$\overline{INT1}$、T0、T1、TXD、RXD 有关。

5.2.2 中断源

MCS-51 单片机中有三类中断源:两个外部中断、两个定时器/计数器中断和一个串行口中断。这些中断源提出中断请求后会在专用寄存器 TCON 和 SCON 中设置相应的中断标志。

TCON 寄存器的格式如下:

寄存器名：TCON	位名称	TF1	TR1	TF0	TR0	IE1	IT1	IE0	IT0
地址：88H	位地址	8FH	8EH	8DH	8CH	8BH	8AH	89H	88H

其中与中断有关的位：外部中断请求标志 IE0、IE1，计数器/定时器中断请求标志 TF0、TF1，外部中断请求信号类型选择控制位 IT0、IT1。

SCON 寄存器的格式如下：

寄存器名：SCON	位名称	SM0	SM1	SM2	REN	TB8	RB8	TI	RI
地址：98H	位地址	9FH	9EH	9DH	9CH	9BH	9AH	99H	98H

其中与中断有关的位是串行口发送(TI)和接收中断请求标志(RI)。

各中断源提出中断请求的过程说明如下。

1．外部中断

外部中断源是通过两个外部引脚$\overline{INT0}$(P3.2)、$\overline{INT1}$(P3.3)引入的。

$\overline{INT0}$为外部中断 0 请求信号。有两种有效的中断请求信号：专用寄存器 TCON 中的 IT0 位(即 TCON.0)置为"0"，表示$\overline{INT0}$有效的中断请求信号为低电平；TCON 中的 IT0 位置为"1"，表示$\overline{INT0}$有效的中断请求信号为由高电平变为低电平的下降沿。一旦出现有效的中断请求信号，会使 TCON 中的 IE0 位(即 TCON.1)置位，由此向 CPU 提出$\overline{INT0}$的中断请求。

$\overline{INT1}$为外部中断 1 请求信号，与$\overline{INT0}$类似，中断请求信号是低电平有效还是下降沿有效，由专用寄存器 TCON 中的 IT1 位(即 TCON.2)来控制。有效的中断请求信号，会使 TCON 中的 IE1 位(即 TCON.3)置为"1"，由此向 CPU 提出$\overline{INT1}$的中断请求。

CPU 响应中断后会自动清除 TCON 中的中断请求标志位 IE0 和 IE1。

需要注意的是，若外部中断请求信号以低电平有效时，CPU 响应中断后，在中断服务程序中，必须安排相应的指令，通知外设及时撤销中断请求信号，否则，CPU 一旦中断返回，低电平有效的中断请求信号又立即使 CPU 再次响应中断，重复执行中断服务程序。若外部中断请求信号以下降沿有效时，则不存在这一问题。

2．定时器/计数器中断

定时器/计数器的中断源是由其溢出位引入的。当定时器/计数器到达设定的时间或检测到设定的计数脉冲后，其溢出位置位。

TF0 和 TF1 分别为定时器/计数器 0 和定时器/计数器 1 的溢出位，它们位于专用寄存器 TCON 的 bit5 和 bit7。当定时器/计数器溢出时，相应的 TF0 或 TF1 就会置"1"，由此向 CPU 提出定时器/计数器的中断请求。CPU 响应中断后，会自动清除这些中断请求标志位。

定时器/计数器的计数脉冲由外部引脚 T0 和 T1 引入时，定时器/计数器就变为计数器。当计数脉冲使得定时器计数溢出时，相应的 TF0 或 TF1 就会置"1"，由此向 CPU 提出计数器的中断请求。

另外，对 52 子系列单片机，还有内部定时器 2，其溢出位 TF2 为中断请求信号标志。定时器/计数器的工作原理可参见第 6 章。

3．串行口中断

串行口发送完一帧串行数据或接收到一帧串行数据后，都会发出中断请求。专用寄存器 SCON 中的 TI(SCON.1)和 RI(SCON.0)为串行中断请求标志位。

TI 为串行发送中断标志。一帧串行数据发送结束后,由硬件置位。TI 置位既表示一帧信息发送结束,同时也是中断请求信号,可根据需要,用软件查询的方法获得数据已发送完毕的信息,或用中断的方法来提示 CPU 发送下一帧数据。

RI 为接收中断标志位。接收到一帧串行数据后,由硬件置位,RI 置位既表示一帧数据接收完毕,同时也是中断请求信号,可用查询的方法或者用中断的方法及时处理接收到的数据,否则下一帧数据会将前一帧数据覆盖。

TI、RI 与前面的中断请求标志位 IE0、IE1、TF0、TF1 不同,CPU 响应中断后不会自动清除 TI、RI,只能使用软件复位。

串行口的工作原理可参见第 6 章。

5.2.3 中断控制

当发生中断请求后,CPU 是否立即响应中断还取决于当时的中断控制方式。中断控制主要解决三类问题:
- 中断的屏蔽控制,即什么时候允许 CPU 响应中断;
- 中断的优先控制,即多个中断请求同时发生时,先响应哪个中断请求;
- 中断的嵌套,即 CPU 正在响应一个中断时,是否允许响应另一个中断请求。

1. 中断的屏蔽

MCS-51 单片机的中断屏蔽控制通过中断允许寄存器 IE 来实现。IE 的格式如下:

寄存器名:IE	位名称	EA	—	ET2	ES	ET1	EX1	ET0	EX0
地址:0A8H	位地址	0AFH	0AEH	0ADH	0ACH	0ABH	0AAH	0A9H	0A8H

其中 EA(Enable All Interrupts)是总允许位,如果它等于"0",则禁止响应所有中断。当 EA 为"1"时,CPU 才有可能响应中断请求。但 CPU 是否允许响应中断请求,还要看各中断源的屏蔽情况,IE 中其他各位说明如下:

ES(Enables the Serial Port Interrupt)为串行口中断允许位,ET0(Enables the Timer 0 Overflow Interrupt)为定时器/计数器 0 中断允许位,EX0(Enables External Interrupt 0)为外部中断 0 中断允许位,ET1 为定时器/计数器 1 中断允许位,EX1 为外部中断 1 中断允许位,ET2 为 52 子系列所特有的定时器 2 中断允许位。

允许位为"0",表示屏蔽相应的中断,即禁止 CPU 响应来自相应中断源提出的中断请求;允许位为"1",表示允许 CPU 响应来自相应中断源提出的中断请求。

IE 中各位均可通过指令来改变其内容。CPU 复位后,IE 各位均被清"0",禁止响应所有中断。

如果我们要设置允许 CPU 响应定时器/计数器 1 中断、外部中断 1,禁止其他中断源提出的中断请求,则可以执行如下指令:

```
        MOV     IE,#0               ;禁止所有中断
        SETB    ET1                 ;允许定时器/计数器 1 中断
        SETB    EX1                 ;允许外部中断 1
        SETB    EA                  ;打开总允许位
```

也可以执行如下指令:

```
    MOV     IE,#10001100B           ;使 EA(IE.7)、ET1(IE.3)、EX1(IE.2)为 1
                                    ;其余为 0
```

2．中断的优先级控制

MCS-51 单片机的中断优先级分为两级：高优先级和低优先级。通过软件控制和硬件轮询来实现优先控制。

对每个中断源，可通过编程设置为高优先级或低优先级中断。具体由优先级寄存器 IP 来控制。IP 的格式如下：

寄存器名：IP	位名称	—	—	PT2	PS	PT1	PX1	PT0	PX0
地址：0B8H	位地址			0BFH	0BEH	0BDH	0BCH	0BBH	0BAH	0B9H	0B8H

其中，PS 为串行口优先级控制位，PT0、PT1 为定时器/计数器 0、定时器/计数器 1 优先级控制位，PX0、PX1 为外部中断 0、外部中断 1 优先级控制位。另外，PT2 为 52 子系列所特有的定时器/计数器 2 优先级控制位。

优先级控制位设为"1"，相应的中断就是高优先级，否则就是低优先级。CPU 开机复位后，IP 各位均被清"0"，所有中断均设为低优先级。

如有多个中断源有中断请求信号，CPU 先响应高优先级的中断。当 CPU 同时收到几个同一优先级的中断请求时，CPU 则通过内部硬件轮询决定优先次序，这种中断轮询顺序（Interrupt Polling Sequence）也称同级内的辅助优先级管理，MCS-51 同级内的中断轮询顺序如表 5-1 所示。

表 5-1 同级内的中断轮询顺序

中断源	中断标志	中断轮询顺序
外部中断 0	IE0	高
定时器/计数器 0	TF0	
外部中断 1	IE1	↓
定时器/计数器 1	TF1	
串行口	TI 和 RI	低
定时器/计数器 2	TF2 和 EXF2	

通过指令设置 IP 各优先控制位，并结合同级内中断轮询顺序，可确定 CPU 中断响应的优先次序。

例如，要求定时器/计数器 0 为高优先级，其余为低优先级，可用如下程序实现：

```
    MOV     IP,#0                   ;设置所有中断源为低优先级
    SETB    PT0                     ;设置定时器/计数器 0 为高优先级
```

上面程序也可用一条指令完成：

```
    MOV     IP,#00000010B           ;使 PT0 为 1,其余为 0
```

需要说明的是，当一个系统有多个高优先级中断源时，只要 CPU 响应了其中一个高优先级中断，其他中断就不会再响应。推荐的办法是：一个系统中只设置一个高优先级中断，或者这些高优先级中断的服务程序能在较短的时间内及时完成，以不影响其他高优先级的

中断响应。

3. 中断的嵌套

CPU 工作时,在同一时刻接收到多个中断请求的机会不是很多。较常发生的情况是,CPU 先后接收到多个中断请求,CPU 在响应一个中断请求时,又接收到一个新的中断请求,这就要涉及中断的嵌套问题。

MCS-51 单片机中有两级中断的优先级,所以可实现两级的中断嵌套。

如果 CPU 已响应一个低优先级的中断请求,并正在进行相应的中断处理,此时,又有一个高优先级的中断源提出中断请求,CPU 可以再次响应新的中断请求,但为了使原来的中断处理能恢复,在转移处理高级别中断之前还需断点保护,高优先级的中断处理结束,则继续进行原来低优先级的中断处理。

如果第二个中断请求的优先级没有第一个优先级高(包括相同的优先级),则 CPU 在完成第一个中断处理之前不会响应第二个中断请求,只有等到第一个中断处理结束,才会响应第二个中断请求。

因此中断的嵌套处理遵循以下两条规则:
- 低优先级中断可以被高优先级中断所中断,反之不能;
- 一种中断(不管是什么优先级)一旦得到响应,与它同级的中断不能再中断它。

MCS-51 单片机硬件上不支持多于二级的中断嵌套。另外,在中断嵌套时,为了使得第一中断处理能恢复,必须注意现场的保护和 CPU 资源的分配。

5.2.4 中断响应

1. 中断请求信号的检测

MCS-51 的中断请求信号是由中断标志、中断允许标志和中断优先标志经逻辑运算而得到。

中断标志就是外部中断 IE0 和 IE1、内部定时器/计数器中断 TF0 和 TF1、串行口中断 TI 和 RI。它们直接受中断源控制。

中断允许标志就是外部中断允许位 EX0 和 EX1、内部定时器/计数器中断允许位 ET0 和 ET1、串行口中断允许位 ES 以及总允许位 EA。它们可通过指令来设置。

中断优先标志就是 PX0、PX1、PT0、PT1 和 PS。它们也是通过指令来设置的。

MCS-51 单片机的 CPU 对中断请求信号的检测顺序和逻辑表达式见表 5-2。

表 5-2 中断请求信号的检测顺序和逻辑表达式

检测顺序	优先级	中断源	中断请求信号的逻辑表达式
1	高	外部中断 0	IE0 · EX0 · EA · PX0
2	高	计数器/定时器 0	TF0 · ET0 · EA · PT0
3	高	外部中断 1	IE1 · EX1 · EA · PX1
4	高	计数器/定时器 1	TF1 · ET1 · EA · PT1
5	高	串行口	(TI + RI) · ES · EA · PS
6	低	外部中断 0	IE0 · EX0 · EA · $\overline{PX0}$
7	低	计数器/定时器 0	TF0 · ET0 · EA · $\overline{PT0}$

续表

检测顺序	优先级	中断源	中断请求信号的逻辑表达式
8	低	外部中断 1	IE1 · EX1 · EA · $\overline{PX1}$
9	低	计数器/定时器 1	TF1 · ET1 · EA · $\overline{PT1}$
10	低	串行口	(TI + RI) · ES · EA · $\overline{PS}$

CPU 工作时,在每个机器周期中都会去查询中断请求信号。所谓中断,其实也是查询,是由硬件在每个机器周期进行查询,而不是通过指令查询。

2. 中断请求的响应条件

MCS-51 单片机的 CPU 在检测到有效的中断请求信号的同时,还必须同时满足下列三个条件才能在下一机器周期响应中断:

● 无同级或更高级的中断在服务;
● 现行的机器周期是指令的最后一个机器周期;
● 当前正执行的指令不是中断返回指令(RETI)或访问 IP、IE 寄存器等与中断有关的指令。

条件 a 是为了保证正常的中断嵌套。

条件 b 是为了保证每条指令的完整性。MCS-51 单片机指令有单周期、双周期、四周期指令等,CPU 必须等整条指令执行完了才能响应中断。

条件 c 是为了保证中断响应的合理性。如果 CPU 当前正执行的指令是中断返回指令(RETI)或访问 IP、IE 寄存器的指令,则表示本次中断还没有处理完,中断的屏蔽状态和优先级将要改变,此时,应至少再执行一条指令才能响应中断,否则,有可能会使上一条与中断控制有关的指令没起到应有的作用。

3. 中断响应的过程

CPU 响应中断的过程可分为设置标志、保护断点、选择中断入口、进行中断服务和中断返回五个部分,参见图 5-2。

(1) 设置标志

响应中断后,由硬件自动设置与中断有关的标志。例如,将置位一个与中断优先级有关的内部触发器,以禁止同级或低级的中断嵌套,还会复位有关中断标志,如 IE0、IE1、IT0、IT1,表示相应中断源提出的中断请求已经响应,可以撤销相应的中断请求。

另外,响应中断后,单片机外部的 $\overline{INT0}$ 和 $\overline{INT1}$ 引脚状态不会自动改变。因此,需要在中断服务程序中,通过指令控制接口电路来改变 $\overline{INT0}$ 和 $\overline{INT1}$ 引脚状态,以撤销此次中断请求信号;否则,中断返回后,将会再次进入中断。

(2) 保护断点

中断的断点保护是由硬件自动实现的,当 CPU 响应中断后,硬件把当前 PC 寄存器的内容压入堆栈,即执行如下操作:

$$(SP) \leftarrow (SP) + 1; ((SP)) \leftarrow (PC_{7\sim 0})$$
$$(SP) \leftarrow (SP) + 1; ((SP)) \leftarrow (PC_{15\sim 8})$$

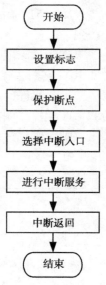

图 5-2 中断响应流程图

(3) 选择中断入口

根据不同的中断源,选择不同的中断入口地址送入 PC,从而转入相应的中断服务程序。MCS-51 单片机中各中断源所在的中断入口地址见表 5-3。

表 5-3 中断源所在的中断入口地址

中断源	中断入口地址
外部中断 0	0003H
定时器/计数器 0	000BH
外部中断 1	0013H
定时器/计数器 1	001BH
串行口	0023H
定时器/计数器 2(仅对 52 子系列)	002BH

(4) 进行中断服务

由于各中断入口地址间隔较近,通常可安排一条绝对转移指令,跳转到相应的中断服务程序。中断服务程序通常还要考虑现场的保护和恢复。不同的中断请求会有不同的中断服务要求,中断服务程序也各不相同。中断服务程序的设计将在下一节讨论。

(5) 中断返回

中断服务程序最后执行中断返回指令 RETI,标志着中断响应的结束。
CPU 执行 RETI 指令,将完成恢复断点和复位内部标志工作。
恢复断点操作如下:

$$(PC_{15\sim 8})\leftarrow ((SP)) \quad ;(SP)\leftarrow (SP)-1$$
$$(PC_{7\sim 0})\leftarrow ((SP)) \quad ;(SP)\leftarrow (SP)-1$$

这与 RET 指令的功能类似,但决不能用 RET 指令来恢复断点,因为 RETI 指令还有修改内部标志的功能。

RETI 指令会复位内部与中断优先级有关的触发器,表示 CPU 已脱离一个相应优先级的中断响应状态。

4. 中断响应时间

在实时控制系统中,为满足实时性要求,需要了解 CPU 的中断响应时间。现以外部中断为例,讨论中断响应的最短时间。

在每个机器周期的 S5P2,$\overline{INT0}$ 和 $\overline{INT1}$ 的引脚状态被锁存到内部寄存器中,而实际上,CPU 要下一个周期才会查询这些值。如中断请求条件满足,则 CPU 将要花费 2 个机器周期用于保护断点、设置内部中断标记和选择中断入口。这样从提出中断请求到开始执行中断服务程序的第一条指令,至少隔开 3 个机器周期,这也是最短的中断响应时间。

如果遇到同级或高优先级中断服务时,则后来的中断请求需要等待的时间将取决于正在进行的中断服务程序。

如果现行的机器周期不是指令的最后一个机器周期,则附加的等待时间要取决于这条指令所需的机器周期数。一条指令最长的执行时间需要 4 个机器周期(如 MUL 和 DIV 指令),附加的等待时间最多为 3 个机器周期。

如果当前正执行的指令是返回指令(RETI)或访问 IP、IE 寄存器等与中断有关的指令,则附加的等待时间有可能增加到 5 个机器周期:完成本条与中断有关的指令需要 1 个机器周期,加上完成下一条完整指令需要 1~4 个机器周期。

综上所说,中断响应时间最短为 3 个机器周期,没有遇到同级或高优先级中断服务时,最多需要 3+5=8 个机器周期,如遇到同级或高优先级中断服务时,则后到的中断请求需要等待的时间就难以估计了。

5.3 中断程序的设计

中断程序的设计主要包括两个部分:初始化程序和中断服务程序。

5.3.1 初始化程序

初始化程序主要完成为响应中断而进行的初始化工作,这些工作主要有:中断源的设置、中断服务程序中有关工作单元的初始化和中断控制的设置等。

中断源的设置与硬件设计有关,各中断请求标志由寄存器 TCON 和 SCON 中有关标志位来表示,所以中断源初始化工作主要有初始化各中断请求标志和选择外部中断请求信号的类型。

中断服务程序中,可能需要用到一些工作单元(如内部的 RAM 和外部的 RAM 中的存储单元),这些工作单元常需要有适当的初始值,这可在中断初始化程序中完成。

中断控制的设置包括中断优先级的设置和中断允许的设置,即涉及 IP 和 IE 寄存器各位的设置。

5.3.2 中断服务程序

中断服务程序通常由保护现场、中断处理和恢复现场三个部分组成,如图 5-3 所示。

MCS-51 单片机所能做的断点保护工作很有限,只保护了一个断点地址,所以如果在主程序中用到了如 ACC、PSW、DPTR 和 R0~R7 等寄存器,而在中断程序中又要用它们,这就要保证回到主程序后,这些寄存器还要能恢复到未执行中断以前的内容。所以在运行中断处理程序前,先将中断处理程序中需要用到的寄存器中的内容保存起来,这就是所谓的"保护现场"。

保护 ACC、PSW、DPTR 等内容,通常可用压入堆栈(PUSH)的指令;而保护 R0~R7 等寄存器,可用改变工作寄存器区的方法。

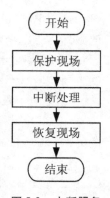

图 5-3 中断服务流程图

中断处理就是完成中断请求所要求的处理。由于中断请求各不相同,所以中断处理程序也各不相同,我们在后面的章节中,结合实例再介绍。

中断处理结束后,将中断处理程序中用到的寄存器中的内容恢复到中断前的内容,这就是"恢复现场"。

恢复现场要与保护现场操作配对使用。如用压入堆栈(PUSH)的指令保护现场,则要用弹出堆栈(POP)的指令来恢复;如用改变工作寄存器区的方法保护现场,则也要恢复工作寄存器区。

5.3.3 中断程序举例

若一单片机应用系统用到了两个中断源,中断需求如表 5-4 所示。

表 5-4 中断需求

中断源	优先级	中断请求信号	中断处理所用资源	初始化要求
外部中断 0	低	外部 $\overline{INT0}$ 引脚出现下跳边沿	ACC、PSW、DPTR	无
定时器/计数器中断 0	高	定时器/计数器 0 溢出	ACC、PSW BANK1 中 R0~R7	R4、R5 清"0", R6、R7 置 0FFH

相应的中断服务程序在程序存储器中的位置如图 5-4 所示。
复位入口和中断入口的源程序如下:

```
    ORG   0000H      ;定义 RESET 复位入口
    LJMP  BOOT       ;转至启动程序
    ORG   0003H      ;定义 IE0(外部中断 0)中断入口
    LJMP  IE0_0      ;转至 IE0 中断服务程序入口
    ORG   000BH      ;定义 TF0(定时器/计数器 0)中断入口
    LJMP  TF0_0      ;转至 TF0 中断服务程序入口
    ORG   0013H      ;定义 IE1(外部中断 1)中断入口
    RETI             ;没有相应的中断服务程序,立即中断返回
    ORG   001BH      ;定义 TF1(定时器/计数器 1)中断入口
    RETI
    ORG   0023H      ;定义 TIRI(串行)中断入口
    RETI
```

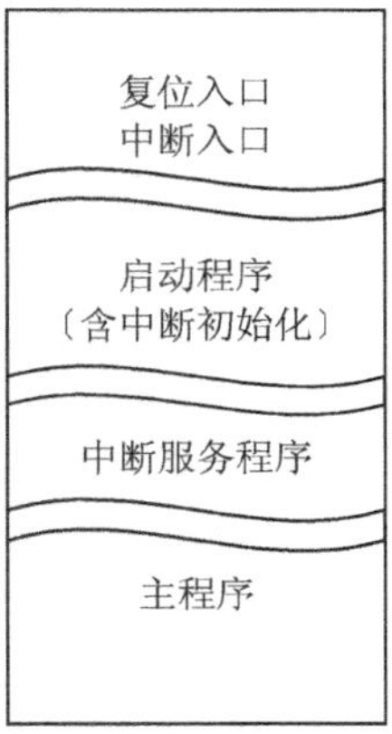

图 5-4 中断服务程序在程序存储器中的位置

对设计的应用系统中没有使用的中断源,一般应在其中断入口处,放置一条 RETI 指令,以防止异常情况引起中断响应而造成程序的失控现象。

复位入口通常安排一条转移指令,转至启动(BOOT)程序。启动程序完成一系列的初始化工作,其中包括中断初始化程序。一个参考的源程序如下:

```
BOOT:  MOV    SP,#7FH     ;设置堆栈指针,堆栈从 80H 开始
       LCALL  INI_IE0     ;调用外部中断 0 初始化子程序
       LCALL  INI_TF0     ;调用定时器/计数器 0 初始化子程序
       …
       SETB   EA          ;允许所有中断请求,注意:此指令通
                          ;常放在中断初始化最后
       LJMP   MAIN        ;转至主程序
```

外部中断 0 的初始化子程序如下:

```
INI_IE0: SETB   IT0        ;设置 INT0 为下降沿有效
         SETB   EX0 ;设置允许中断
```

```
            CLR     PX0             ;设置低优先级中断
            RET
```

定时器/计数器 0 的初始化子程序如下：

```
    INI_TF0: MOV    PSW,#00001000B  ;将当前工作寄存器组设为 BANK1
             MOV    A,#00           ;根据要求初始化 R4~R7
             MOV    R4,A
             MOV    R5,A
             MOV    A,#0FFH
             MOV    R6,A
             MOV    R7,A
             MOV    PSW,#00000000B  ;将当前工作寄存器组设为 BANK0
             SETB   ET0             ;设置允许中断
             SETB   PT0             ;设置高优先级中断
             RET
```

外部中断 0 服务程序如下：

```
    IE0_0:   PUSH   ACC             ;保护现场
             PUSH   PSW
             PUSH   DPL
             PUSH   DPH
             …                      ;具体的中断处理程序
             POP    DPH             ;恢复现场
             POP    DPL
             POP    PSW
             POP    ACC
             RETI
```

定时器/计数器 0 中断服务程序如下：

```
    TF0_0:   PUSH   ACC             ;保护现场
             PUSH   PSW
             MOV    PSW,#00001000B  ;设置当前工作寄存器为 BANK1
             …                      ;具体的中断处理程序
             POP    PSW             ;恢复现场
             POP    ACC
             RETI
```

通常主程序以循环体出现，如下所示：

```
    MAIN:
             …                      ;主程序循环体
             LJMP   MAIN            ;循环至 MAIN 标号处
```

5.4 外部中断源的扩展

MCS-51 单片机中有三类中断源,其中只有外部中断可通过一定的电路来扩展。外部中断源的扩展要解决如下几个问题:

● 合并外部中断信号,即将多个外部中断信号合并为一个信号后,才能接至$\overline{INT0}$或$\overline{INT1}$。

● 鉴别外部中断信号,即通过输入接口检测外部中断信号,以确定$\overline{INT0}$或$\overline{INT1}$引入的中断信号是由当前哪个中断源发出的。

● 撤销外部中断信号,即在中断服务程序结束前,要撤销原来的中断信号,以免进入不正常的中断嵌套。

需要说明的是,MCS-51 外部中断源的扩展仍有许多限制,较难实现真正的中断优先控制,且不易实现多级的中断嵌套控制。

下面介绍几种扩展外部中断的具体方法。

5.4.1 利用"与"逻辑合并外部中断信号

由$\overline{INT0}$和$\overline{INT1}$的有效信号为低电平或下降沿,所以可利用"与"逻辑合并多个外部中断源。

4 个扩展外部中断源 INT0-A、INT0-B、INT0-C 和 INT0-D 为高电平有效信号,通过非门可转换为低电平有效信号,其中 74LS05 为 OC 门输出,所以它们的输出端相连可实现"线与",如图 5-5 所示。当 4 个扩展外部中断源中任何 1 个出现高电平时,都会向单片机的$\overline{INT0}$发出中断信号。

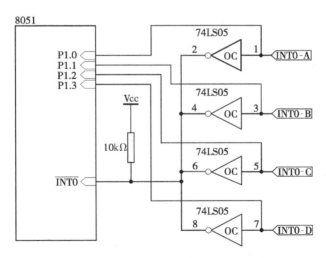

图 5-5 利用"与"逻辑合并外部中断信号

电路通过单片机的 P1.0~P1.3 来检测是 INT0-A、INT0-B、INT0-C 和 INT0-D 中的哪个发出中断信号。这种扩展方法存在的问题是要求扩展外部中断源在规定的时间间隔内自动撤销中断信号,如中断源可采用脉冲信号的形式。另外,电路也较难鉴别多个扩展外部中断源发出的边沿型(上升沿或下降沿)中断信号。

5.4.2 利用触发器检测外部中断信号

如图 5-6 所示的是利用 D 触发器检测外部边沿型中断信号来扩展外部中断源的电路，INT0-A、INT0-B 出现上升沿信号，则相应的 Q 端输出为低电平，通过二极管组成的与门将中断信号送至 $\overline{\text{INT0}}$。在中断服务程序中，可利用 P1.2 ~ P1.3 检测中断信号的来源，利用 P1.0 ~ P1.1 来撤销 INT0-A、INT0-B 发出的中断信号。

如图 5-6 所示的电路的不足之处是需要专门的控制线来撤销外部中断源发出的中断信号，抗干扰能力较弱。

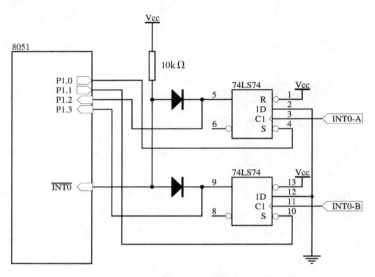

图 5-6　利用触发器检测外部边沿型中断信号

5.4.3 利用异或门检测外部中断信号

如图 5-7 所示的是利用异或门检测外部中断信号来扩展外部中断源的电路，外部中断信号 INT0-A、INT0-B、INT0-C、INT0-D 与 P1.0 ~ P1.3 异或后，经"线与"送至 $\overline{\text{INT0}}$。74LS136 是 OC 门输出的异或门，如采用非 OC 门输出的异或门 74LS86，则还需通过与门接至 $\overline{\text{INT0}}$。

如图 5-7 所示的电路巧妙地利用"异或"逻辑，在中断服务程序中，利用单片机的 P1.4 ~ P1.7 来检测中断信号的来源，利用 P1.0 ~ P1.3 来撤销 INT0-A、INT0-B、INT0-C 和 INT0-D 发出的中断信号。外部中断信号 INT0-A、INT0-B、INT0-C、INT0-D 既可以是电平型的，也可以是边沿型的，并且上升沿和下降沿可同时有效，这些都可以通过软件来确定。

下面通过实例介绍该电路的工作原理。

现假定 4 个外部扩展的中断源有效信号为边沿型（即上升沿和下降沿同时有效），用 P1.0 ~ P1.3 跟踪当前 4 个中断源的状态，使得 P1.0 ~ P1.3 与 INT0-A ~ INT0-D 相反，则异或输出为 1。一旦 4 个中断源与 P1.0 ~ P1.3 不同步，如 INT0-A 与 P1.0 相同，则相应的异或输出为 0，从而有一个中断信号送至 $\overline{\text{INT0}}$，单片机响应中断后，在中断服务程序中重新使 P1.0 与 INT0-A 同步（即使 P1.0 与 INT0-A 的异或输出为 1），以撤销中断信号。通过 P1.0 ~ P1.3 和 P1.4 ~ P1.7 的比较可鉴别出中断源，转入相应的服务程序。

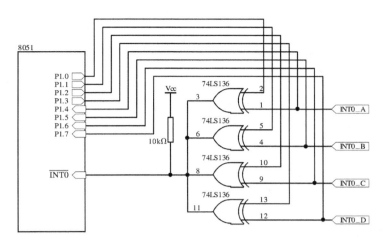

图 5-7 利用异或门检测外部中断信号

具体的中断初始化程序如下：

```
INI_IE0:  CLR   IT0           ;设置 INT0 为低电平有效
          SETB  EX0           ;设置允许中断
          SETB  PX0           ;设置高优先级中断
          MOV   P1,#0FFH      ;初始化 P1 口,假定 INT0_A~INT0_D
                              ;初始状态均为"0"
          RET
```

外部中断 0 服务程序如下：

```
IE0_0:    PUSH  ACC           ;保护现场
          PUSH  PSW
          PUSH  B
          …                   ;其他要保护的内容
          MOV   A,P1          ;读取 P1 口状态,进行中断源判别
          MOV   B,A           ;将 P1 口状态暂存于 B
          SWAP  A             ;将 P1.4~P1.7 移至 ACC 的低 4 位
          XRL   A,B           ;比较 P1.0~P1.3 与 P1.4~P1.7
          JNB   ACC.0,S_INT0_A ;INT0_A 有变化,则转至相应的服务程序
          JNB   ACC.1,S_INT0_B ;INT0_B 有变化,则转至相应的服务程序
          JNB   ACC.2,S_INT0_C ;INT0_C 有变化,则转至相应的服务程序
          JNB   ACC.3,S_INT0_D ;INT0_D 有变化,则转至相应的服务程序
          LJMP  IE0_END
S_INT0_A: …                   ;具体的中断服务程序
          MOV   C,P1.4        ;取 INT0-A 状态,准备撤销中断信号
          CPL   C             ;取反
          MOV   P1.0,C        ;送至 P1.0,使其与 INT0-A 的异或值为"1"
          LJMP  IE0_END
```

```
S_INT0_B:  …                    ;具体的中断服务程序
           MOV    C,P1.5        ;取 INT0-B 状态,准备撤销中断信号
           CPL    C             ;取反
           MOV    P1.1,C        ;送至 P1.1,使其与 INT0-B 的异或值为"1"
           LJMP   IE0_END
S_INT0_C:  …                    ;具体的中断服务程序
           MOV    C,P1.6        ;取 INT0-C 状态,准备撤销中断信号
           CPL    C             ;取反
           MOV    P1.2,C        ;送至 P1.2,使其与 INT0-C 的异或值为"1"
           LJMP   IE0_END
S_INT0_D:  …                    ;具体的中断服务程序
           MOV    C,P1.7        ;取 INT0-D 状态,准备撤销中断信号
           CPL    C             ;取反
           MOV    P1.3,C        ;送至 P1.3,使其与 INT0-D 的异或值为"1"
   LJMP    IE0_END
   …
   IE0_END: POP    B            ;恢复现场
            POP    PSW
            POP    ACC
            RETI
```

上述中断服务程序能同时正确处理多个中断源发出的中断信号,并以 INT0-A 为高优先级,当然仍不能实现中断嵌套。

上述电路中的中断请求信号 INT0-A ~ INT0-D 要求有一定的宽度,如果太窄,则 CPU 会来不及判别究竟是哪一个中断源发出的。

5.5 用软件模拟实现多优先级

MCS-51 单片机的硬件只提供两级中断优先级,但有些应用场合需要多于两级的中断优先级,此时可用软件模拟实现第三优先级。

设低优先级为 0 级,高优先级为 1 级,新增的高优先级为 2 级。在 IP 中断优先寄存器中,对 0 级的中断,相应的优先位设为"0";对 1 级和 2 级的中断,相应的优先位设为"1"。其中所有 1 级的中断服务程序需要增加下列代码:

```
           PUSH   IE                  ;保存原来的中断允许寄存器内容 IE
           MOV    IE,#MASK            ;重新定义 IE,禁止 0 级、1 级中断
                                      ;但允许新增 2 级中断
           LCALL  L_RETI              ;调用 RETI 指令,撤销当前中断标志
```
以下为原来 1 级中断服务程序:
```
           …
           POP    IE                  ;恢复原来的中断允许寄存器内容 IE
```

            RET   ;用 RET 指令实现 1 级中断返回
    L_RETI:
            RETI

当 1 级中断响应后,通过重新定义 IE 内容,禁止 0 级和 1 级中断,但允许 2 级中断,再调用 RETI 指令,以撤销当前 1 级中断标志,从而可允许 2 级中断嵌套。

按照这种设计方法,执行 0 级中断服务程序时,仍能响应 1 级中断;执行 1 级中断服务程序时,仍能响应 2 级中断。当然,此时 1 级中断服务程序需要多增加开始几条指令的执行时间,在 12MHz 晶振频率下,需要额外的 10μs,用于对 IE 及撤销中断标志的操作。

习 题 五

1. 什么是中断?为什么要引入中断机制?
2. MCS-51 系列单片机的中断系统由哪些部分组成?
3. MCS-51 系列单片机有哪几类中断源?六个中断源的中断入口地址分别是多少?
4. 中断控制主要解决哪些问题?
5. MCS-51 系列单片机的中断请求信号由哪些标志位来确定?
6. MCS-51 系列单片机的中断是否均可以被屏蔽?
7. MCS-51 系列单片机的中断分几个优先级?由哪个特殊功能寄存器管理?
8. MCS-51 系列单片机的中断响应过程由哪几个部分组成?
9. 中断服务程序中如用 RET 指令来代替 RETI 指令后有什么现象?
10. MCS-51 系列单片机的中断响应时间如何估算?
11. 中断的初始化程序主要完成哪些工作?
12. 中断服务程序通常由哪几部分组成?
13. 按表 5-5 试设计中断初始化程序和相应的中断服务程序框架。

表 5-5 中断需求

中断源	优先级	中断请求信号	中断处理所用资源	初始化要求
外部中断 0	高	外部$\overline{INT0}$引脚出现下跳边沿	A、PSW	无
外部中断 1	低	外部$\overline{INT1}$引脚出现低电平	A、PSW、B	无
定时器/计数器中断 0	高	定时器/计数器 0 溢出	A、PSW、DPTR、BANK1 中 R0 ~ R7	R0 ~ R7 清"0"

14. 分析图 5-5、图 5-7 所示的电路,若不采用 OC 门会产生什么现象?
15. 如图 5-7 所示的电路中若假定 INT0-A、INT0-B、INT0-C 和 INT0-D 这四个扩展的外部中断源分别为上升沿、下降沿、低电平和高电平有效,请修改中断初始化程序和中断服务程序框架。
16. 如图 5-7 所示的电路中若不用 P1.4 ~ P1.7 来检测 INT0-A、INT0-B、INT0-C 和 INT0-D 状态,也能实现扩展外部中断源,此时可通过 P1.0 ~ P1.3 来找出中断源,请写出相应的中断初始化程序和中断服务程序。

第 6 章

定时器/计数器与串行接口

6.1 定时器与计数器

6.1.1 基本概念

定时器与计数器在组成上有着内在联系,定时器是一种特殊的计数器——记录时间间隔的计数器,而计数器是记录信号(通常为脉冲信号)个数的电路。在许多单片机系统中,定时器与计数器都由一套电路来组成,称为"定时器/计数器(Timer/Counter)"。

单片机中的计数器通常按二进制计数,计数的范围用二进制的位数来表示,如 8 位、16 位计数器等。计数器的初始值可由软件来设置,计数器超过计数范围的情况,称为溢出。溢出时,相应的溢出标志位置位。

如果计数信号由内部的基准时钟源提供,则此时的计数器就变为定时器了。

单片机中的定时器/计数器由程序来设置其工作模式,如设置为定时器工作模式,就不能作为计数器使用;如设置为计数器工作模式,就不能作为定时器使用。定时器/计数器溢出时,可通过中断方式通知 CPU。CPU 也可通过查询溢出标志位来了解定时器/计数器是否溢出。

6.1.2 MCS-51 单片机的定时器/计数器

1. 结构

MCS-51 单片机的 51 子系列有两个定时器/计数器,分别记为 Timer0 和 Timer1 或 T0 和 T1。

每个定时器/计数器有两个外部输入端(T0、$\overline{INT0}$ 和 T1、$\overline{INT1}$)、两个 8 位的二进制加法计数器(TH0、TL0 和 TH1、TL1)。由两个内部特殊功能寄存器(TMOD、TCON)控制定时器/计数器的工作,其中 TMOD(Timer/Counter Mode Control)是定时器/计数器模式控制寄存器,其格式如下(寄存器各位不可位寻址):

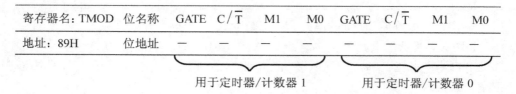

TMOD 被分成两部分,每部分 4 位,分别用于定时器/计数器 0 和定时器/计数器 1。其中 GATE 和 C/$\overline{T}$ 用于控制计数信号的输入,M1、M0 用于定义计数器的工作方式。

TCON 是定时器/计数器控制寄存器,其格式如下(寄存器各位可位寻址):

寄存器名：TCON	位名称	TF1	TR1	TF0	TR0	IE1	IT1	IE0	IT0
地址：88H	位地址	8FH	8EH	8DH	8CH	8BH	8AH	89H	88H

用于定时器/计数器 ｜ 用于外部中断

TCON 也被分成两部分,高 4 位用于定时器/计数器。其中 TR1、TR0 用于控制计数信号的输入,TF1、TF0 为计数器的溢出位。

2. 原理

定时器/计数器中心部件为 2 个内部的 8 位二进制加法计数器,即 TH0、TL0 和 TH1、TL1,它们同时也是程序可访问的寄存器,相应的地址为 8CH(TH0)、8AH(TL0)和 8DH(TH1)、8BH(TL1)。

要掌握定时器/计数器的工作原理,可从以下几个方面考虑：
- 计数器的计数信号如何选择和控制。
- 两个 8 位计数器如何级联。
- 定时和计数的范围如何确定。

(1) 计数信号的选择和控制

以定时器/计数器 0 为例,计数信号的选择和控制如图 6-1 所示。

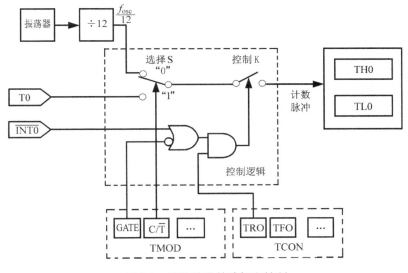

图 6-1　计数信号的选择和控制

由图 6-1 可看出,计数信号的选择和控制通过 TMOD 中的 GATE、$C/\overline{T}$ 和 TCON 中的 TR0 这三个控制位来实现。

TMOD 中的 $C/\overline{T}$ 用于选择计数信号的来源：$C/\overline{T}=0$,计数信号取自内部,其计数频率为晶振频率的 1/12,此时工作于定时器模式；$C/\overline{T}=1$,计数信号来自外部 T0(P3.4),此时工作于计数器模式。

在计数器模式下,CPU 检测外部 T0(P3.4)或 T1(P3.5)引脚,当出现"1"到"0"的跳变时,作为一个计数信号,使内部计数器加 1。因为检测需要两个机器周期,所以能检测到的最大计数频率为 CPU 晶振频率的 1/24。

TMOD 中的 GATE 和 TCON 中的 TR0 用于控制计数脉冲的接通,通常有两种使用方法:

● 当 GATE = 0 时,仅仅由程序设置 TR0 = 1 来接通计数脉冲,由程序设置 TR0 = 0 来停止计数。此时与外部$\overline{INT0}$无关。

● 当 GATE = 1 时,先由程序设置 TR0 = 1,然后由外部$\overline{INT0}$ = 1 来控制接通计数脉冲,$\overline{INT0}$ = 0 则停止计数。如 TR0 = 0,则禁止$\overline{INT0}$来控制接通计数脉冲。

所以,GATE 位是专门用来选择计数启动方式的控制位,GATE = 0 时可由程序来启动计数,GATE = 1 时可由外部硬件通过$\overline{INT0}$端来启动计数。

利用 GATE = 1 时的特性,通过定时器可测量$\overline{INT0}$或$\overline{INT1}$的正脉冲宽度。

(2) 两个 8 位计数器的级联

两个 8 位计数器均为加法计数器,它们的级联和计数范围由 TMOD 中的 M1、M0 来控制。M1、M0 可设置 4 种内部计数的工作方式,如表 6-1 所示。

表 6-1 计数器的工作方式

工作方式	M1	M0	功 能	计 数 范 围
0	0	0	13 位二进制加法计数器	2^{13} – 初值 = 8192 – 初值
1	0	1	16 位二进制加法计数器	2^{16} – 初值 = 65536 – 初值
2	1	0	可重置初值的 8 位二进制加法计数器	2^{8} – 初值 = 256 – 初值
3	1	1	两个独立的 8 位二进制加法计数器（仅对 T0）	2^{8} – 初值 = 256 – 初值

图 6-2 为定时器/计数器 0 的方式 0 和方式 1 工作方式示意图。两者的区别仅在于:对方式 0,TL0 为 5 位二进制加法计数器;对方式 1,TL0 为 8 位二进制加法计数器。

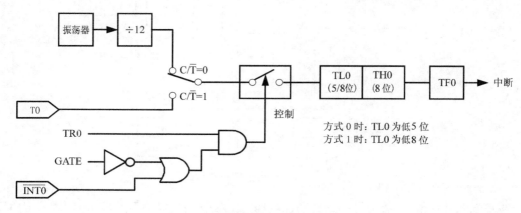

图 6-2 定时器/计数器的方式 0/方式 1

工作方式 0 主要为兼容早期的 MCS-48 单片机所保留,一般可用工作方式 1 来代替。

工作方式 1 的特点是:计数范围宽,但每次的初值均要由程序来设置。

工作方式 2 的特点是:初值只需设置一次,每次溢出后,初值自动会从 TH0 加载到 TL0 或从 TH1 加载到 TL1,但计数范围较工作方式 1 小,其工作原理如图 6-3 所示。

工作方式 3 的特点是:增加了一个独立的计数器,但只能适用于定时器/计数器 0,而且占用了定时器/计数器1的TR1和TF1,所以此时的定时器/计数器1只能用于不需要中断的应用,如作为串行口的波特率发生器。定时器/计数器0工作在工作方式3的原理如图6-4所示。

4种工作方式对溢出处理均相同,加法计数超出范围后,溢出信号将使TCON中的TF0或TF1置位,计数值回到0或初值,重新开始计数。TF0或TF1置位后,可向CPU提出中断请求。TF0和TF1在CPU响应中断后会自动复位,而在禁止中断响应时,也可由软件来复位。

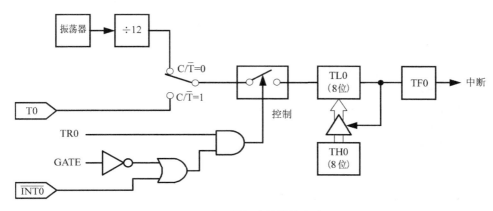

图6-3 定时器/计数器的方式2

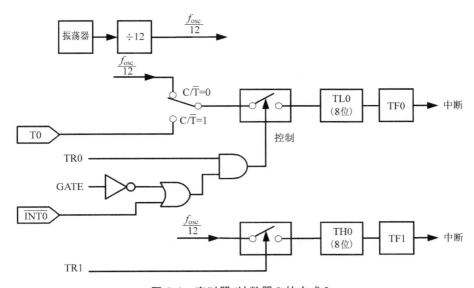

图6-4 定时器/计数器0的方式3

(3) 定时和计数范围的计算

由于内部计数器TH0、TL0和TH1、TL1的溢出值固定不变,所以定时和计数范围只能通过设置初值来控制。下面主要介绍工作方式1和工作方式2的计数范围计算。

① 工作方式1

工作方式1的计数范围为 2^{16} − 初值 = 10000H − 初值 = 65536 − 初值。初值的取值范围为 0000H～0FFFFH，即 0～65535。当初值为 0 时，可得最大计数长度 $N_{\max}=65536$；当初值为 0FFFFH＝65535 时，可得最小计数长度 $N_{\min}=1$。

定时时间 T 为计数范围乘上计数周期，即

$$T=(2^{16}-初值)\times 计数周期=(65536-初值)\times 1/f_{\text{osc}}\times 12=\frac{12\times(65536-初值)}{f_{\text{osc}}}$$

根据定时时间 T 可计算出应设置的初值为

$$初值=65536-T/计数周期=65536-T\times f_{\text{osc}}/12。$$

当晶振频率 $f_{\text{osc}}=12\text{MHz}$ 时，计数周期为 $1\mu s$，当初值为 0 时，可得最大定时时间 $T_{\max}$ 为 $65536\mu s$，即 65.536ms。如果设置定时时间 $T=5\text{ms}=5000\mu s$，则

初值 $=65536-5000\mu s\times f_{\text{osc}}/12=65536-5000\mu s\times 12\text{MHz}/12=60536=0\text{EC78H}$，

即 TH0、TL0 或 TH1、TL1 的初值可设置为 0ECH、78H。

② 工作方式 2

工作方式 2 的计数范围为 $2^8-初值=100\text{H}-初值=256-初值$。初值的取值范围为 000H～0FFH，即 0～255。当初值为 0 时，可得最大计数长度 $N_{\max}=256$；当初值为 0FFH＝255 时，可得最小计数长度 $N_{\min}=1$。

定时时间 T 为计数范围乘上计数周期，即

$$T=(2^8-初值)\times 计数周期=(2^8-初值)\times 1/f_{\text{osc}}\times 12=\frac{12\times(256-初值)}{f_{\text{osc}}}$$

根据定时时间 T 可计算出应设置的初值为

$$初值=256-T/计数周期=256-T\times f_{\text{osc}}/12$$

当晶振频率 $f_{\text{osc}}=12\text{MHz}$ 时，最大定时时间 $T_{\max}$ 只有 $256\mu s$，即 0.256ms。如果设置定时时间 $T=0.1\text{ms}=100\mu s$，则

初值 $=256-100\mu s\times f_{\text{osc}}/12=256-100\mu s\times 12\text{MHz}/12=256-100=156=9\text{CH}$，

即 TH0 或 TH1 的初值可设置为 9CH。

在实际应用过程中，这些范围往往不能满足要求，这就需要通过程序来扩展计数范围和定时范围，此时常要用到中断处理。

6.1.3 52 子系列单片机中的定时器/计数器 2

52 子系列单片机比 51 子系列单片机增加的功能之一是提供了第三个定时器/计数器，即定时器/计数器 2。定时器/计数器 2 除了具有一般的定时和计数功能外，还有捕获和可程控时钟输出等功能。80C52 中的定时器/计数器 2 功能比 8052 有所增加，其应用也越来越普及，下面主要介绍 80C52 中定时器/计数器 2 的结构和工作方式。

1. 结构

80C52 中的定时器/计数器 2 有两个外部输入端(T2 和 T2EX)，两个 8 位的二进制计数器(TL2 和 TH2)，两个重载或捕获寄存器(RCAP2L 和 RCAP2H)和两个内部特殊功能寄存器 T2CON 和 T2MOD。与中断有关的控制位还有中断允许寄存器 IE 中的 ET2 位，中断优先级寄存器 IP 中的 PT2 位。定时器/计数器 2 的中断轮询顺序位于串行口之后，中断入口地址为 002BH。

定时器/计数器 2 的两个外部输入端 T2 和 T2EX 分别借用了 P1.0 和 P1.1。T2CON、

T2MOD、RCAP2L、RCAP2H、TL2 和 TH2 这 6 个寄存器或计数器的内部地址分别为 0C8H～0CDH,复位后,除了 T2MOD 中未定义的各位值不确定外,其余均为 0。T2CON 中的各位可进行位寻址,其他寄存器或计数器的各位不能按位寻址。

(1) T2CON 定时器/计数器 2 的控制寄存器

T2CON 的格式如下(寄存器各位可以位寻址):

寄存器名:T2CON	位名称	TF2	EXF2	RCLK	TCLK	EXEN2	TR2	C/$\overline{T2}$	CP/$\overline{RL2}$
地址:0C8H	位地址	0CFH	0CEH	0CDH	0CCH	0CBH	0CAH	0C9H	0C8H

TF2 是定时器 2 的溢出标记,必须通过软件清"0",而当 RCLK = 1 或 TCLK = 1 时,TF2 就不能被溢出置位。

EXF2 是定时器 2 的外部标记,当捕获或重载发生时置位,由此可作为中断请求信号,但在允许加/减法计数时(即 T2MOD 中的 DCEN = 1),EXF2 不会请求中断。

RCLK 是定时器 2 的接收时钟允许位。RCLK 置位时,定时器 2 可作为串行口模式 1 和 3 时的接收时钟波特率发生器;RCLK 复位时,定时器 1 可作为串行口模式 1 和 3 时的接收时钟波特率发生器。

TCLK 是定时器 2 的发送时钟允许位。TCLK 置位时,定时器 2 可作为串行口模式 1 和 3 时的发送时钟波特率发生器;TCLK 复位时,定时器 1 可作为串行口模式 1 和 3 时的发送时钟波特率发生器。

EXEN2 是定时器 2 的外部允许位。在定时器 2 不用作串行口的波特率发生器时,EXEN2 = 1 可允许外部信号 T2EX 的下降沿触发定时器 2 的重载或捕获;当 EXEN2 = 0 时,则忽略 T2EX 信号。在定时器 2 用作串行口的波特率发生器时,EXEN2 = 1 可允许 T2EX 作为一个外部中断源。

TR2 是定时器 2 的启动/停止控制位。当 TR2 = 1 时,启动定时器 2;当 TR2 = 0 时,停止定时器 2 计时或计数。

C/$\overline{T2}$是定时器 2 的计数/定时选择位。当 C/$\overline{T2}$ = 1 时,选择外部事件计数方式;当 C/$\overline{T2}$ = 0 时,选择定时器方式。

CP/$\overline{RL2}$是定时器 2 的捕获/重载选择位。当 CP/$\overline{RL2}$ = 1 时,允许捕获;当 CP/$\overline{RL2}$ = 0 时,允许重载。

(2) T2MOD 定时器/计数器 2 模式控制寄存器

T2MOD 虽是定时器/计数器 2 模式控制寄存器缩写,但定时器/计数器 2 的工作模式与 T2CON 更为密切,T2MOD 只用了两位,其格式如下(寄存器各位不可位寻址):

寄存器名:T2MOD	位名称	—	—	—	—	—	—	T2OE	DCEN
地址:0C9H	位地址								

T2OE 是定时器 2 的输出允许位,置位后,允许 T2 引脚输出可编程的方波。

DCEN 是定时器 2 的计数方向控制允许位,置位可允许定时器 2 进行加/减计数方式。

T2MOD 是 8×C52 系列单片机所特有的寄存器,8052 单片机没有 T2MOD,故也就没有相应的时钟输出和有加/减法控制的自动重载功能。

2. 工作方式

定时器 2 工作方式有捕获、自动重载、波特率发生器和可编程方波输出方式。定时器 2 工作方式设置主要与 T2CON 中的 CP/$\overline{\text{RL2}}$、TCLK、RCLK 和 T2MOD 的 T2OE、DCEN 有关,不同的工作方式有不同的中断请求标志。

定时器 2 的启动/停止由 T2CON 中的 TR2 控制,T2CON 中的 EXEN2 作为 EXF2 的中断请求允许位。

(1) 捕获(Capture)方式

在捕获方式下,利用外部引脚 T2EX(P1.1)上的下降边沿,可捕获当前 TH2 和 TL2 的 16 位计数值。TH2 和 TL2 的计数信号可来自内部基准时钟,此时的捕获方式可测得引脚 T2EX 上两个下降边沿之间的时间;TH2 和 TL2 计数信号也可来自外部引脚 T2(P1.0)上的脉冲信号,此时的捕获方式可测得在 T2EX 上两个下降边沿期间 T2 上所出现的脉冲数。

定时器 2 在捕获工作方式下的示意图见图 6-5。

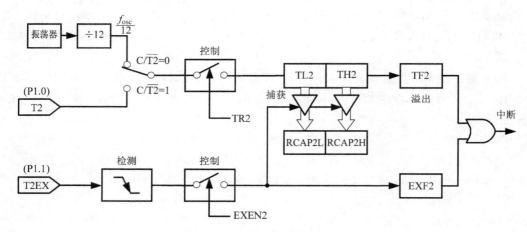

图 6-5 定时器 2 捕获工作方式

捕获工作方式下,T2CON 中的 EXEN2 = 1 时,允许外部引脚 T2EX 上的下降边沿来捕获 TH2 和 TL2 当前的内容,送到 RCAP2H 和 RCAP2L 中,与此同时,置位 T2CON 中的 EXF2 位申请中断。当 EXEN2 = 0 时,禁止 T2EX 起捕获作用。

T2CON 中的 C/$\overline{\text{T2}}$ 位用于选择计数信号的来源,当 C/$\overline{\text{T2}}$ = 0 时选择内部基准信号 $f_{osc}/12$;当 C/$\overline{\text{T2}}$ = 1 时选择外部 T2 上的脉冲信号。

T2CON 中的 TR2 用于启动或停止 TH2、TL2 的计数,TH2 和 TL2 组成 16 位的二进制计数器,其溢出信号送至 T2CON 中的 TF2。

T2CON 中的 EXF2 和 TF2 经逻辑"或"后,作为定时器 2 的中断请求信号。

(2) 自动重载(Auto-reload)方式

自动重载方式也称自动再装入方式,简称重载方式。对 80C52 单片机,可通过 T2MOD 中的 DCEN 位来设置自动重载时的计数方式,DCEN = 0 为加法计数的自动重载方式,DCEN = 1 为可控加/减法计数的自动重载方式。

DCEN = 0 的自动重载方式示意图见图 6-6。在此方式下,TH2、TL2 按加法计数方式工作,外部引脚 T2EX 的下降沿或 TH2、TL2 的溢出信号可作为触发信号,将 RCAP2H、RCAP2L

的内容重新装载到 TH2、TL2 中。

T2CON 中的 EXEN2 = 1 时,允许外部引脚 T2EX 上的下降边沿来重载当前 RCAP2H、RCAP2L 的内容到 TH2、TL2 中,与此同时,置位 T2CON 中的 EXF2 位。EXEN2 = 0 时,禁止 T2EX 作为重载触发信号。

T2CON 中的 C/$\overline{T2}$ 位和 TR2 位的作用同捕获方式,分别用于选择计数信号的来源和启动或停止 TH2、TL2 的计数。

TH2 和 TL2 的溢出信号送至 T2CON 中的 TF2,TF2 和 EXF2 都可作为定时器 2 的中断请求信号。

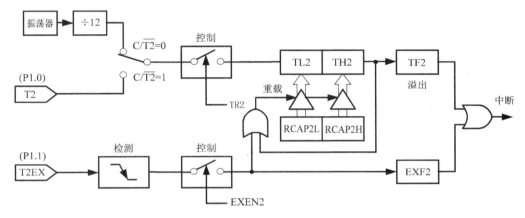

图 6-6　定时器 2 自动重载工作方式(DCEN = 0)

DCEN = 1 的自动重载方式示意图见图 6-7。在此方式下,可通过外部引脚 T2EX 来选择 TH2、TL2 的计数方向。T2EX = 1 时,TH2、TL2 按加法计数方式工作,其内容到达 0FFFFH 后,会产生上溢,上溢信号会将 RCAP2H、RCAP2L 的内容重新装载到 TH2、TL2 中,并置位 TF2。T2EX = 0 时,TH2、TL2 按减法计数方式工作,其内容与 RCAP2H、RCAP2L 相等后,会产生下溢,下溢信号将固定值 0FFH 重新装载到 TH2、TL2 中,并置位 TF2。TF2 可作为定时器 2 中断请求信号。

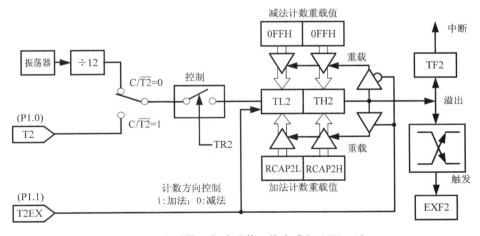

图 6-7　定时器 2 自动重载工作方式(DCEN = 1)

TH2、TL2 的上溢或下溢都会触发翻转 T2CON 中的 EXF2,所以,EXF2 可作为第 17 位的计数位,因此,EXF2 与 TH2、TL2 一起可看作一个 17 位的二进制计数器。此时,EXF2 已不能作为定时器 2 的中断请求信号了。

(3) 波特率发生器(Baud Rate Generator)方式

置位 T2CON 中的 TCLK 或 RCLK 位可将定时器 2 设置为波特率发生器方式,此时,串行口的发送和接收波特率可以不同,如定时器 2 作为发送(或接收)波特率发生器方式,而定时器 1 作为接收(或发送)波特率发生器方式,其工作示意图见图 6-8。

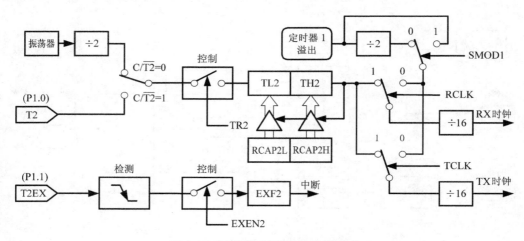

图 6-8　定时器 2 波特率发生器方式

波特率发生器方式与自动重载方式较为类似,TH2 的溢出信号可将 RCAP2H、RCAP2L 的内容重新装载到 TH2、TL2 中,改变 RCAP2H、RCAP2L 的初始值,就可改变溢出率。串行口在方式 1 和方式 3 时的波特率为

$$波特率 = \frac{定时器 2 溢出率}{16}$$

虽然 TH2、TL2 的计数脉冲也可来自外部引脚 T2,但作为波特率发生器方式时,常配置为 T2CON 中的 $C/\overline{T2} = 0$,即定时器 2 的溢出率取决于内部基准时钟。与一般定时工作方式不同,此时的内部基准时钟频率是 $f_{osc}/2$ 而不是 $f_{osc}/12$,波特率的计数公式如下:

$$波特率 = \frac{定时器 2 溢出率}{16} = \frac{f_{osc}}{32 \times (65536 - (RCAP2H, RCAP2L))}$$

另外,波特率发生器方式下,TH2 的溢出信号不再置位 TF2,外部引脚 T2EX 上的下降沿也不会将 RCAP2H、RCAP2L 的内容重载到 TH2、TL2 中,但仍能置位 EXF2,并作为一个额外的外部中断请求信号。

在波特率发生器工作时,不要读写 TH2、TL2,也不能改写 RCAP2H、RCAP2L 的内容,否则会产生异常和影响波特率的精度。只有在复位 TR2,使波特率发生器停止工作时,才能正常访问 TH2、TL2 和修改 RCAP2H、RCAP2L。

(4) 可编程方波输出(Programmable Clock Out)方式

外部引脚 T2(P1.0)既可作为定时器 2 的外部时钟输入端,也可作为一个可编程时钟输出端,输出波形是占空比为 50% 的方波。定时器 2 工作在可编程方波输出方式下的示意图如图 6-9 所示。

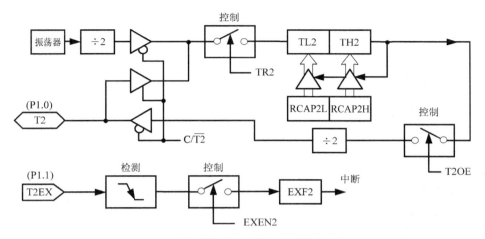

图 6-9 定时器 2 的可编程方波输出方式

在可编程方波输出方式下，T2CON 中的 C/$\overline{T2}$ 必须清"0"，T2MOD 中的 T2OE 必须置位，TR2 用于启动/停止计数。时钟输出频率取决于内部时钟和 RCAP2H、RCAP2L 的内容，计算公式如下：

$$输出频率 = \frac{f_{osc}}{2} \times \frac{1}{(65536-(RCAP2H,RCAP2L))} \times \frac{1}{2}$$
$$= \frac{f_{osc}}{4 \times (65536-(RCAP2H,RCAP2L))}$$

根据公式可推算出方波输出频率的变化范围。例如，当 f_{osc} = 12MHz 时，通过程序可改变输出频率的变化范围为 48.5Hz~3MHz。

与波特率发生器方式一样，在可编程方波输出方式下，定时器 2 的溢出不会产生中断。定时器也可以同时工作在波特率发生器方式和时钟输出方式，但波特率和输出时钟频率不能相互独立，因为它们都要依赖于 RCAP2H、RCAP2L。

6.1.4 定时器与计数器的应用举例

1．定时器的应用

（1）定时器的应用举例 1

功能描述：设单片机的晶振频率 f_{osc} = 12MHz，使用定时器 1 的工作方式 1，在 P1.0 端输出周期为 10ms 的方波，要求使用中断方式设计程序。

源程序主要由三部分组成：

① 定义有关标识符

作为一种良好的设计风格，有关常量和变量（如数据存放单元的地址）的标识符应在程序开始处定义，然后在程序中引用，不宜在程序中直接出现常数。

本例中的常量只有 1 个，即定时初值，可用 T_CONST 表示。根据题意，中断周期 T = 10ms/2 = 5ms = 5000μs，f_{osc} = 12MHz 时，计数周期为 1μs，所以

T_CONST = 65536 − 5000μs × 12MHz/12 = 65536 − 5000 = 60536 = 0EC78H。

T_CONST 可定义如下：
  T_CONST EQU 65536 - 5000

② 定时器/计数器 1 初始化

定时器/计数器 1 初始化内容包括：设置工作方式、设置初值、设置中断允许和优先级，最后启动定时器/计数器 1。

按照模块化设计思想，定时器/计数器 1 的初始化可采用子程序形式，并且要注意两点：

● 设置定时器/计数器 1 工作方式时，不要影响 TMOD 和 TCON 寄存器中原有对定时器/计数器 0 的设置。

● 设置定时器/计数器 1 允许中断位 ET1 在本模块中完成，但设置中断总允许位 EA 应在所有中断初始化程序结束后进行。

另外，在定时常数 T_CONST 引用过程中，可利用汇编程序提供的 HIGH( ) 和 LOW( ) 函数，取出 T_CONST 的高字节和低字节，分别送至 TH1 和 TL1，这样可提高程序的通用性。

定时器/计数器 1 中断（TF1）初始化程序如下：

```
INI_TF1:   MOV    A,TMOD
           ANL    A,#0FH              ;清除 TMOD 中定时器/计数器 1 部分
                                      ;内容
           ADD    A,#00010000B        ;设置 GATE=0; C/T̄=0;M1、M0=01
           MOV    TMOD,A
           MOV    TH1,#HIGH(T_CONST)
                                      ;取 T_CONST 高 8 位送 TH1
           MOV    TL1,#LOW(T_CONST)   ;取 T_CONST 低 8 位送 TL1
           SETB   ET1                 ;设置允许中断
           SETB   PT1                 ;设置高优先级
           SETB   TR1                 ;启动定时器 1
           RET
```

③ 中断服务程序

本例中的中断服务程序比较简单，只需要完成初始化定时常数和在 P1.0 端输出脉冲边沿。由于没有会影响其他单元和 PSW 中标志的指令，故不需要有保护现场和恢复现场的指令。具体的中断服务程序如下：

```
TF1_0:     MOV    TH1,#HIGH(T_CONST)  ;初始化定时常数
           MOV    TL1,#LOW(T_CONST)
           CPL    P1.0                ;利用取反指令，输出脉冲边沿
           RETI
```

(2) 定时器的应用举例 2

功能描述：设单片机的晶振频率为 11.0592MHz，使用定时器 0 的工作方式 2，设计时、分、秒计时器，时、分、秒记录在内部 RAM 中，并在 P1 口输出秒信号，要求使用中断方式设计程序。

与上例类似，源程序可分三部分：

① 定义有关标识符

本例中的常量有 1 个，即定时初值，用 T_CONST 表示。变量有三个，分别记录时、分、

秒,存放时、分、秒的内部 RAM 地址分别用 CL_H、CL_M、CL_S 标识。

根据题意,中断周期由于定时方式 2 的定时间隔非常短,所以必须通过中断服务程序来扩展定时范围。

根据初值计算公式,有

$$T\_CONST = 256 - T \times f_{osc}/12 = 256 - T \times 11.0592\text{MHz}/12 = 256 - T \times 921600$$

T_CONST 的取值范围为 0~255,所以 T 的范围为 256/921600~1/921600。其中 $921600 = 2^{12} \times 3^2 \times 5^2$,T 的范围也可记为 $1/(2^4 \times 3^2 \times 5^2) \sim 1/(2^{12} \times 3^2 \times 5^2)$。

现取 $T = 1/(2^5 \times 2^3 \times 5^2) = 1/32/8/25 = 1/32/200$,则

$$T\_CONST = 256 - (1/32/200) \times 921600 = 256 - 2^4 \times 3^2 = 256 - 144 = 112$$

有关标识符定义的源程序如下:

```
        T_CONST   EQU    256 - 144      ;取 T = 256 - (1/32/200) ×921600
        CL_S      EQU    0AH            ;内部 RAM 中的秒计数单元,范围为 0~59
        CL_M      EQU    0BH            ;内部 RAM 中的分计数单元,范围为 0~59
        CL_H      EQU    0CH            ;内部 RAM 中的时计数单元,范围为 0~23
```

② 定时器/计数器 0 初始化

定时器/计数器 0 初始化内容包括:设置工作方式、初始化计时单元、中断允许和优先级,最后启动定时器/计数器 0。源程序如下:

```
INI_TF0:  MOV    A,TMOD
          ANL    A,#0F0H
          ADD    A,#00000010B    ;设置 GATE =0;C/T̄ =0;M1、M0 =10
          MOV    TMOD,A
          MOV    TH0,#T_CONST
          MOV    TL0,#T_CONST
          MOV    CL_S,#0         ;初始化计时单元
          MOV    CL_M,#0
          MOV    CL_H,#0         ;根据需要下面可增加初始化 BANK1. R7、
                                 ;BANK1. R6 的内容
          SETB   ET0             ;允许中断
          SETB   PT0             ;设置高优先级
          SETB   TR0             ;启动定时器 0
          RET
```

③ 中断服务程序

本例中的中断服务程序要用到一些 RAM 单元,用于存放内部的变量,其中 BANK1. R7 用于 1/200 分频计数,范围为 1~200;BANK1. R6 用于 1/32 分频计数,范围为 1~32。作为输入/输出单元有:秒计数单元 CL_S、分计数单元 CL_M、时计数单元 CL_H。源程序如下:

```
TF0_0:    PUSH   ACC                    ;保护现场
          PUSH   PSW
          MOV    PSW,#00001000B         ;设置工作寄存器组为 BANK1
          DJNZ   R7,TF0_END             ;1/200 分频计数
```

```
                MOV     R7,#200             ;每中断 200 次,进入下面程序
                DJNZ    R6,TF0_END          ;1/32 分频计数
                MOV     R6,#32              ;每中断 200×32 次,进入下面程序
                MOV     P1,CL_S             ;输出秒信号
                MOV     A,#1                ;秒计数
                ADD     A,CL_S
                DA      A
                MOV     CL_S,A
                CJNE    A,#60H,TF0_END
                MOV     CL_S,#0
                MOV     A,#1                ;分计数
                ADD     A,CL_M
                DA      A
                MOV     CL_M,A
                CJNE    A,#60H,TF0_END
                MOV     CL_M,#0
                MOV     A,#1                ;时计数
                ADD     A,CL_H
                DA      A
                MOV     CL_H,A
                CJNE    A,#24H,TF0_END
                MOV     CL_H,#0
    TF0_END:    POP     PSW                 ;恢复现场
                POP     ACC
                RETI
```

2. 计数器的应用

(1) 无门控位的计数器应用举例

功能描述:使用计数器 0,记录 T0 引脚输入的脉冲数,计满 100 个脉冲,则在 P1.0 输出 1 个正脉冲,要求使用中断方式设计程序。

计数常数定义如下:

```
        T_CONST     EQU     10000H - 100
```

定时器/计数器 0 中断初始化程序如下:

```
        INI_TF0:    MOV     A,TMOD
                    ANL     A,#0F0H
                    ADD     A,#00000101B    ;设置定时器 0 工作方式:
                                            ;GATE=0;C/$\overline{T}$=1;M1、M0=01
                    MOV     TMOD,A
                    MOV     TH0,#HIGH(T_CONST)  ;预设脉冲数
                    MOV     TL0,#LOW(T_CONST)
```

```
            CLR     P1.0                    ;初始化 P1.0
            SETB    ET0                     ;允许中断
            SETB    TR0                     ;启动计数器 0
            RET
```
定时器/计数器 0 中断服务程序如下：
```
    TF0_0:  MOV     TH0,#HIGH(T_CONST)      ;初始化定时常数
            MOV     TL0,#LOW(T_CONST)
            CPL     P1.0                    ;利用取反指令,输出脉冲前沿
            NOP                             ;利用空操作,延时
            CPL     P1.0                    ;利用取反指令,输出脉冲后沿
            RETI
```

（2）有门控位的计数器应用举例

功能描述：使用计数器 1，当 $\overline{\text{INT1}}$ 高电平时，记录 T1 引脚输入的脉冲数，累计值在 P1 口输出，当 $\overline{\text{INT0}}$ 有下降沿时，清除累计值，要求使用中断方式设计程序。

计数常数定义如下：
```
    T_CONST EQU     10000H - 1              ;每来一个脉冲就要中断
```
定时器/计数器 1 中断初始化程序如下：
```
    INI_TF1: MOV    A,TMOD
            ANL     A,#0FH
            ADD     A,#11010000B            ;设置定时器 1 工作方式：
                                            ;GATE=1;C/T̄=1;M1、M0=01
            MOV     TMOD,A
            MOV     TH1,#HIGH(T_CONST)      ;预设脉冲数
            MOV     TL1,#LOW(T_CONST)
            MOV     P1,#0                   ;初始化 P1 口
            SETB    ET1                     ;允许中断
            SETB    TR1                     ;启动计数器 0
            RET
```
定时器/计数器 1 中断服务程序如下：
```
    TF1_0:  PUSH    ACC
            PUSH    PSW
            MOV     TH1,#HIGH(T_CONST)      ;初始化定时常数
            MOV     TL1,#LOW(T_CONST)
            MOV     A,P1
            INC     A
            MOV     P1,A                    ;输出累计值
            POP     PSW
            POP     ACC
            RETI
```

外部中断 0 初始化程序如下：
```
INI_INT0:   SETB    IT0         ;设置INT0为下降沿有效
            SETB    EX0         ;设置允许中断
            RET
```
外部中断 0 服务程序如下：
```
IE0_0:      MOV     P1,#0
            RETI
```
在本例中，计数器 1 每计到一个脉冲就可产生中断，所以，T1 引脚也可看作一个外部中断源，这也是一种扩展外部中断源的方法。

6.2 串行通信的基本概念

单片机与外界进行的数据传输按所用数据线的多少可分为串行传输和并行传输。串行传输通常是利用一根数据线，按一位一位顺序发送或接收。并行传输要用到多根数据线，通常利用 8 根数据线按一个字节一个字节地顺序发送或接收。

串行传输方式由于所用传输线少、接口电路简单、成本低等特点，因而是计算机与外部进行数据通信时采用的最主要传输方式。

6.2.1 串行传输方式

串行传输方式根据字符码同步方式的不同，又可分为异步传输和同步传输方式。

1. 异步传输（Asynchronous Transmission）

在异步传输中每个字符的前后有起始信号和终止信号，起始信号又称为"起始位"（Start Bit），其长度为 1 个码元，用数字"0"（也称空号 Space）表示；终止信号又称为"停止位"（Stop Bit），其长度为 1、1.5 或 2 个码元，用数字"1"（也称传号 Mark）表示。在发送的间隙，即线路空闲时，线路保持数字"1"状态。同一字符内部各码元的持续时间都是相对固定的，出现的时刻与起始位同步。这种包括起始位和停止位等在内的一个字符传送基本单位常称为帧。在异步传输中的数据传送格式如图 6-10 所示。

在异步传输中，字符之间的间隔容易区别，但由于发送每个字符都要用起始位和停止位作为开始和结束的标志，占用了时间；每个帧都包含起始位和停止位，帧之间又有一定的间隙，它们占用了传送的时间，所以异步传输不仅传输效率较低，而且传输速率也难以提高。

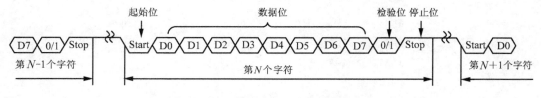

图 6-10 异步传输的数据传送格式

2. 同步传输（Synchronous Transmission）

同步传输又分为无时钟信号线和有时钟信号线两种方式。

无时钟信号线的同步传输，主要通过特殊的数字信号编码，使每一个二进制位或字符都含有同步信号，每一组数据传输的开始，靠同步字符使收发双方同步。由于一组数据中的每个字符已不需要起始位和停止位来同步，因而大大提高了速度。同步字符可由用户选定的某个特殊的字符或二进制序列来表示，收发双方必须使用相同的同步字符，当线路空闲时不断发送同步字符。但由于识别同步字符的硬件比较复杂，在一般单片机应用系统中较少使用。

有时钟信号线的同步传输，是依靠增加一根时钟信号线来实现同步的。传送时也不需要起始位和停止位，传输速率可以做得较高。这种同步传输中数据传送的格式如图 6-11 所示。

图 6-11 有时钟信号线同步传输中的数据传送格式

6.2.2 串行数据通信中的几个问题

数据通信通常涉及数据传输、数据格式和交换技术等。下面主要介绍与串行传输有关的几个问题。

1. 字符格式

字符格式包括数据位的长度、含义和奇偶校验位的定义等。原则上字符格式可以由通信的双方自由制定，但最好能采用标准的字符格式（如采用 ASCII 标准）。字符格式的规定可使通信双方能够对同一种数据理解成同一种意义。

2. 数据传输速率

数据传输速率通常以每秒传输的二进制位数来衡量，单位为比特/秒，常写为 bps（bit per second）。在数据通信中，还常用波特率来表示，波特率通常可看作是每秒钟传送码元个数，其单位为波特（Baud）。对一个码元只能取两种值的二进制数来说，1Baud 就等于 1bps。由于在数据通信中，采用二进制传输的情况比较普遍，故常用波特率来表示数据传输速率。但在对多电平值传输情况下，1Baud 就要大于 1bps 了。

根据波特率或数据传输速率可计算出每个字符或二进制位传输所需的时间。例如，在异步传输中，每帧数据（包括起始位、数据位和停止位）有 10 位，则波特率为 4800bps 时，每秒可传输 480 帧数据，也即 480 字符/秒。由此也可求出每位传送所需的时间为

$$T = 1/4800 \text{ms} \approx 0.208 \text{ms}$$

3. 单工、双工方式

在数据通信系统中，把只能单向进行发送或接收的工作方式叫"单工(Simplex)"；而把双向进行发送或接收的工作方式叫"双工(Duplex)"。在双工方式中又分为"半双工(Half-Duplex,简称 HDX)"和"全双工(Full-Duplex,简称 FDX)"方式。半双工是指两机发送和接收不能同时进行，任一时刻只能发送或者只能接收信息。全双工是指两机发送和接收可同时进行，如图 6-12 所示。

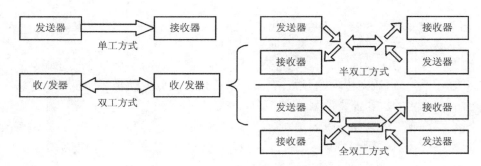

图 6-12　单工、双工方式示意图

4. 数据的校验方法

在通信过程中,不可避免地会有干扰、线路故障等因素的存在。为了保证数据传送的正确性,对数据进行校验是通信中非常重要的环节。常用的校验方法有奇偶校验、累加和校验以及循环冗余码校验等。接收端能用这些方法检测错误,但不能更正错误。如果要使接收端既能检测出错误又能发现错误在什么地方并加以更正,则可采用其他校验码,如海明码校验码就有一定的纠错能力。

最简单的数据校验方法是奇偶校验。采用奇偶校验方法时,发送时在每个数据的最高位之后附加一个奇偶校验位。

这个校验位可以是"1"或"0",以保证整个数据(包括校验位)中的"1"的个数为偶数(偶校验)或为奇数(奇校验)。接收时接收端在接收完一帧数据之后,对每个数据进行校验,如满足事先约定的奇偶性,则表明数据传输正确,否则就表示数据传输出现了错误。

奇偶校验只能提供简单的错误检测,它只能检测到奇数个错误发生,对偶数个错误无能为力。

5. 串行通信接口

在串行通信中数据传输是一位一位传送的,但在计算机内部的数据是并行传送的,所以在传送数据之前,传送端必须把并行数据转换为串行数据。

如果工作在异步通信方式下,发送数据时在数据之前应加上起始位,然后才是要发送的数据,最后再发送奇偶校验位和停止位。接收端在接收数据时先判断是不是起始位,如果是起始位,则不断地一位一位接收,当检测到停止位时,表示一帧数据已结束,接收方将把起始位和停止位删去,进行奇偶校验。如果校验正确,则通知对方发送下一个数据并准备接收下一帧数据;如果校验有错误发生,则要求发送方重发数据。

在实际应用中,可以采用软件或硬件实现以上功能。若采用软件,则占用 CPU 时间,所以一般采用硬件方法。常用的串行通信用的芯片分为不可编程和可编程两类。能完成异步通信的硬件电路称为 UART(Universal Asynchronous Receiver / Transmitter,通用异步接收器/发送器),能完成同步通信的硬件电路称为 USRT(Universal Synchronous Receiver / Transmitter),既能同步又能异步通信的硬件电路称为 USART(Universal Synchronous Asynchronous Receiver / Transmitter)。

MCS-51 单片机有一个可编程的全双工串行通信接口。它可用作异步通信方式(UART),与串行传送信息的外部设备相连接,或用于通过标准异步通信协议进行全双工的 MCS-51 多机系统,也可以作为有同步时钟的同步方式使用。

6．RS-232C 标准

在微机测控系统中，有时采用多机互联才能达到测控要求。各微机之间的传送主要采用串行通信方式，常用的串行通信接口有 RS-232C、RS-423 和 RS-485 等。RS 表示推荐标准（Recommended Standard），RS-232C 是美国电子工业协会 EIA（Electronic Industry Association）公布的串行总线标准，用于微机与微机之间、微机与外部设备之间的数据通信，RS-232C 适用于通信距离一般不大于 15m，传输速率小于 20Kbps 的场合。但事实上，现在的应用早已远远超过这个速度范围。

RS-232C 可以说是相当简单的一种通信标准，最少只需利用三根信号线，便可实现全双工的通信。

（1）RS-232C 信号引脚

RS-232C 总线有 22 根信号线，采用标准的 DB-25 或 DB-9 芯连接器，见图 6-13。表 6-2 给出了 RS-232C 各引脚的助记符和功能。

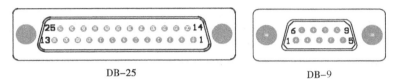

图 6-13　RS-232C 连接器

表 6-2　RS-232C 信号线定义

DB-9	DB-25	助记符	功　　能
1	8	DCD	数据载波检测（Data Carrier Detect）
2	3	RXD	接收数据（Received Data）
3	2	TXD	发送数据（Transmit Data）
4	20	DTR	数据终端就绪（Data Terminal Ready）
5	7	SG	信号地（Signal Ground）
6	6	DSR	数据装置就绪（Data Set Ready）
7	4	RTS	请求发送（Request to Send）
8	5	CTS	清除发送（Clear to Send）
9	22	RI	振铃指示（Ring Indicator）

（2）电气特性及电平转换

微机中的信号电平一般为 TTL 电平，即大于 2.0V 为高电平，低于 0.8V 为低电平。如果在长距离通信时，仍采用 TTL 电平，很难保证通信的可靠性。为了提高数据通信的可靠性和抗干扰能力，RS-232C 采用负逻辑，信号源逻辑"0"（空号）电平范围为 +5～+15V，逻辑"1"（传号）电平范围为 -5～-15V，目的地逻辑"0"电平范围为 +3～+15V，逻辑"1"电平范围为 -3～-15V，噪声容限为 2V，负载电阻为 3～7kΩ，如图 6-14 所示。

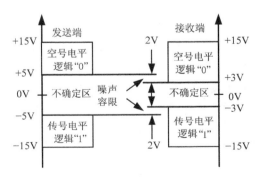

图 6-14　RS-232C 电平信号

通常 RS-232C 总线的逻辑"0"用 +12V 表示,逻辑"1"用 -12V 表示。电平转换目前常用专门集成电路来实现,如采用 MAX232 芯片。

(3) RS-232C 总线连接系统的方法

RS-232C 被设计为连接数据终端设备(Data Terminal Equipment,简称 DTE)与数据通信设备(Data Circuit-terminating Equipment,简称 DCE)之间的连接总线。DTE 可以是一台计算机、数据终端或外部设备,DCE 可以是一台计算机、调制解调器或数据通信设备。DTE 与 DCE、DTE 与 DTE 之间可通过 RS-232C 进行连接。

两台计算机作为 DTE,通过 RS-232C 进行简单的连接,如图 6-15 所示。两台 DTE 连接时,RS-232C 中的 TXD 与 RXD 要交叉相连。这种采用三线制的连接法称为简易连接法。

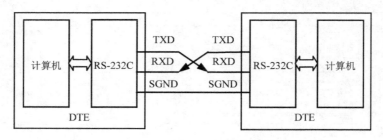

图 6-15　DTE 之间的简单连接

一台计算机作为 DTE,与一台数据设备 DCE,通过 RS-232C 进行简单的连接,如图 6-16 所示。DTE 与 DCE 连接时,RS-232C 中的 TXD 与 RXD 不用交叉相连。

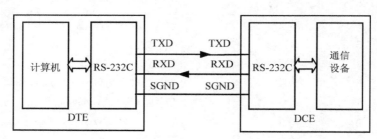

图 6-16　DTE 与 DCE 之间的简单连接

有些设备的 RS-232C 接口设计采用标准连接法,此时需要了解 RS-232C 各信号线的定义,如表 6-3 所示。其中 DCD 数据载波检测、RI 振铃指示仅在传统的电话线路中才会用到。

一个 DTE 设备与一个 DCE 设备的标准连接,需要 DB-9 连接器所有连线一对一连接。两个 DTE 设备之间的标准连接,需要一对数据线和两对握手信号线的交叉连接和信号地的连接,即:RXD-TXD(2 - 3 和 3 - 2)、RTS-CTS(7 - 8 和 8 - 7)、DTR-DSR(4 - 6 和 6 - 4)的交叉连接,SG-SG(5 - 5)的直接连接。有些 RS-232C 驱动软件需要标准连接,检测不到握手信号不能正常工作,为此可将 DTE 设备的两对握手信号线自身连接,即 RTS-CTS(7 - 8)、DTR-DSR(4 - 6)自身相连,驱动软件也就能正常工作了。

表 6-3 RS-232C 各信号线定义

DB-9	助记符	信号方向	功　　能
1	DCD	DTE←DCE	数据载波检测(Data Carrier Detect)
2	RXD	DTE←DCE	接收数据(Received Data)
3	TXD	DTE→DCE	发送数据(Transmitted Data)
4	DTR	DTE→DCE	数据终端就绪(Data Terminal Ready)
5	SG	—	信号地(Signal Ground)
6	DSR	DTE←DCE	数据装置就绪(Data Set Ready)
7	RTS	DTE→DCE	请求发送(Request to Send)
8	CTS	DTE←DCE	清除发送(Clear To Send)
9	RI	DTE←DCE	振铃指示(Ring Indicator)

7. 信号的调制与解调

计算机处理的数字信号一般为只有高低电平之分的矩形波信号,当传送这些数字信号时,要求通信线有很宽的频带。对于近距离通信(一般不超过 20m)可采用直接电缆连接。对于远距离通信,如采用电话线来传送信息,由于电话线的频带很窄,数字信号经过电话线传送后会发生严重的畸变。解决这一问题的方法是采用调制与解调。调制方法常采用调幅、调频、调相等方法。在数字系统中,"调制"是指把数字数据转换为模拟信号,"解调"是指把模拟信号转换为数字数据。

以调频的方法为例,"调制"是指在发送端把数字数据"0"和"1"转换成不同频率的模拟信号,然后再发送到电话线等通信线路上去;"解调"是指在接收端将不同频率的模拟信号还原成数字数据"0"和"1"。通常调制器与解调器做成一个整体,称为调制解调器,即 Modem。

通过 Modem 进行远程通信时的 RS-232C 连接如图 6-17 所示。

图 6-17 利用 Modem 进行远程通信

此时计算机作为 DTE,Modem 作为 DCE,所以,RS-232C 的连接电缆中 TXD 与 RXD 可直接相连,不用交叉。

8. RS-232C 与其他串行接口的转换

由于 RS-232C 异步串行接口标准制定得比较早,应用也非常广泛,曾经是许多计算机的标准配置,但其传输距离近、传输速度低,限制了 RS-232C 的应用范围。为了利用原有 RS-232C 异步串行接口的资源,可以将 RS-232C 接口转换为其他串行接口。常见的是将 RS-232C 转换为 RS-485、USB 接口等。

RS-485 通信接口的时序与 RS-232C 完全兼容,而性能得到了极大的提高。RS-485 的传输距离可达 1km,通信速率可达 1Mbps,并能形成多个设备之间的通信网,有较强的抗干扰能力,在测控系统中得到了广泛应用。单片机上 TTL 电平的串行接口、RS-232C 电平的接口都可通过专门的 RS-485 转换芯片形成 RS-485 通信接口,原先的程序不需要做修改就能继续使用。

RS-232C 通信接口也可通过专门电路转换为 USB 接口,与 PC 计算机相连接。PC 计算机配上相应的驱动软件,则相当于安装上了 RS-232C 通信接口,原先用于 RS-232C 接口的软件都能正常工作,这给开发单片机应用系统带来了极大方便。

6.3　MCS-51 单片机的串行接口

MCS-51 单片机具有一个可编程的全双工串行通信接口,简称"串行口"。它可用作异步通信方式(UART),与串行传送信息的外部设备相连接,或用于通过标准异步通信协议实现全双工的 MCS-51 多机系统,也可以通过同步通信方式,作为移位寄存器使用,以此来扩充 I/O 口。

6.3.1　串行口的电路结构

MCS-51 单片机串行口的结构示意图如图 6-18 所示。

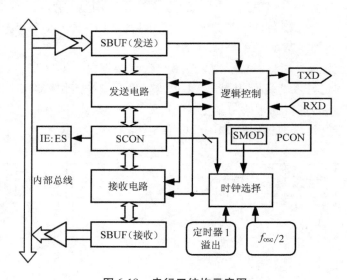

图 6-18　串行口结构示意图

MCS-51 单片机通过引脚 RXD(P3.0,串行数据接收端)和引脚 TXD(P3.1,串行数据发送端)与外界进行数据的串行传输。进行串行通信操作时,需使用三个特殊功能寄存器:SBUF、SCON 和 PCON,见图 6-18。

1. 串行数据缓冲器(Serial Port Data Buffer,**简称** SBUF)

MCS-51 单片机的串行口有两个物理上相互独立的数据缓冲器 SBUF。一个用于发送数据,另一个用于接收数据,它们可同时发送和接收数据。它们有相同名字和地址空间,地址都为 99H,但不会出现冲突,因为它们中的一个只能被 CPU 读出数据,另一个只能被 CPU 写入数据。

访问 SBUF 的指令主要为"MOV A,SBUF"和"MOV SBUF,A"。

2．串行口控制寄存器(Serial Port Control，简称 SCON)

它用于定义串行口的工作方式及实施接收和发送控制。字节地址为 98H，可进行位寻址，SCON 的格式如下：

寄存器名：SCON	位名称	SM0	SM1	SM2	REN	TB8	RB8	TI	RI
地址：098H	位地址	9FH	9EH	9DH	9CH	9BH	9AH	99H	98H

SCON 中的 SM0、SM1 为串行口工作方式选择位。其定义见表 6-4。

表 6-4　串行口工作方式

SM0	SM1	工作方式	功能描述	波特率
0	0	方式 0	8 位同步移位存储器	$f_{osc}/12$
0	1	方式 1	8 位 UART	可变
1	0	方式 2	9 位 UART	$f_{osc}/64$ 或 $f_{osc}/32$
1	1	方式 3	9 位 UART	可变

其中，f_{osc} 为晶振频率。SCON 中的 SM2 为多机通信控制位。在方式 2 或方式 3 中，设置 SM2＝1，则 RI 置位取决于第 9 位数据位 RB8。如接收到的 RB8＝0，则不置位 RI（即不提出中断请求）；如接收到的 RB8＝1，则置位 RI（即提出中断请求）。如设置 SM2＝0，当接收到有效数据后，RI 就会置位，而与数据中的 RB8 无关。SM2 与 RB8 的配合使用，可实现多机通信。

多机通信时，对接收端来说，设置 SM2＝1，可接收 RB8＝1 的特定数据，不接收 RB8＝0 的数据；设置 SM2＝0，可接收所有数据。对发送端来说，RB8＝1 的数据可发送到所有接收端，RB8＝0 的数据只可发送到已设置 SM2＝0 的接收端。

在方式 0 时，SM2 必须为 0。在方式 1 中，当 SM2＝1，则只有接收到有效停止位时，才置位 RI。

SCON 中的 REN 为接收允许控制位。由软件置位来表示允许接收，也可由软件清"0"来禁止接收。

SCON 中的 TB8 为发送数据的第 9 位。在方式 2 或方式 3 中，要发送的第 9 位数据，根据需要由软件置"1"或清"0"。例如，可约定作为奇偶校验位，或在多机通信中作为区别地址帧或数据帧的标志位。

SCON 中的 RB8 为接收数据的第 9 位。在方式 0 中不使用 RB8。在方式 1 中，若 SM2＝0，RB8 为接收到的停止位。在方式 2 或方式 3 中，RB8 为接收到的第 9 位数据。

SCON 中的 TI 为发送中断标志。在方式 0 中，第 8 位发送结束时，由硬件置位。在其他方式中，发送停止位前，由硬件置位。TI 置位既表示一帧信息发送结束，同时也申请中断，可根据需要，用软件查询的方法，获得数据已发送完毕的信息，也可用中断的方式来发送下一个数据。TI 必须用软件清"0"。

SCON 中的 RI 为接收中断标志位。在方式 0 中，当接收完第 8 位数据后，由硬件置位。在其他方式中，在接收到停止位的中间时刻，由硬件置位（例外情况见于 SM2 的说明）。RI 置位表示一帧数据接收完毕，可用查询或者用中断的方法获得。RI 也必须用软件清"0"。

SCON 中的 TI 或 RI 置位后会通过中断允许寄存器 IE 中的 ES 位向 CPU 发出中断请求。

3. 电源控制寄存器（Power Control，简称 PCON）

PCON 字节地址为 87H，主要是为了在 CHMOS 的 80C51 单片机上实现电源控制而附加的。但其中最高位 SMOD 却是用于串行口的，它用于串行口方式 1、方式 2 和方式 3 中波特率的倍率控制。

PCON 寄存器的格式如下（寄存器各位不可位寻址）：

寄存器名：PCON	位名称	SMOD	—	—	—	GF1	GF0	PD	IDL
地址：087H	位地址	—	—	—	—	—	—	—	—

6.3.2 串行口的工作方式

MCS-51 单片机串行口的工作过程与设置的工作方式有关，不同的工作方式体现在 RXD、TXD 引脚的时序也不同。MCS-51 单片机串行口可编程为 4 种工作方式，其中方式 3 与方式 2 基本相同，只是其波特率可调。现对方式 0、方式 1 和方式 2 分述如下。

1. 方式 0

方式 0 为同步移位寄存器输入/输出方式，是带时钟线的同步传输方式。串行口的 SBUF 作为同步移位寄存器使用。发送时，SBUF 相当于一个并入串出的移位寄存器；接收时，SBUF 相当于一个串入并出的移位寄存器。串行数据从 RXD(P3.0) 脚上输入或输出，同步脉冲从 TXD(P3.1) 脚上引出。

方式 0 时的串行口内部结构示意图如图 6-19 所示。

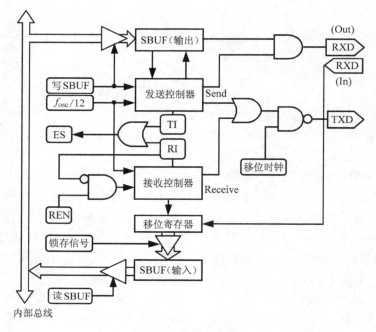

图 6-19　串行口方式 0

(1) 发送过程(输出)

串行数据从 RXD 引脚输出，TXD 引脚输出移位脉冲。CPU 将数据写入发送寄存器时，立即启动发送，将 8 位数据以 $f_{osc}/12$ 的固定波特率从 RXD 输出，低位在前，高位在后。发送完一帧数据后，发送中断标志 TI 由硬件置位。发送下一个数据之前必须先用软件将 TI 清"0"。发送时序如图 6-20 所示。

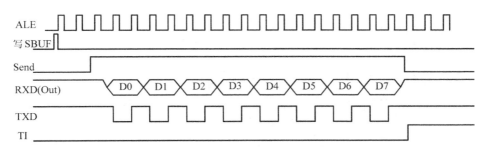

图 6-20　串行口方式 0 发送时序

(2) 接收过程(输入)

在 RI=0 的条件下，置位允许接收控制位 REN，启动一次接收过程。此时，RXD 为串行数据输入端，TXD 仍为同步移位脉冲输出端。当接收到第 8 位数据时，将数据移入接收寄存器，并由硬件置位 RI。接收下一个数据之前必须先用软件将 RI 清"0"。接收时序如图 6-21 所示。

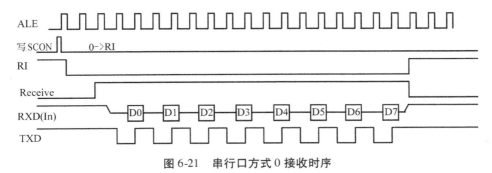

图 6-21　串行口方式 0 接收时序

(3) 方式 0 的波特率

方式 0 的波特率固定不变，仅与 CPU 晶振频率 f_{osc} 有关，波特率为 $f_{osc}/12$。从前面波形图中也可看出，方式 0 时，TXD 输出的时钟频率为 ALE 的 1/2。

在工作方式 0 下，通过外接移位寄存器可以扩展 I/O 口，也可以外接同步输入/输出设备。

2．方式 1

方式 1 为波特率可变的 8 位异步通信接口方式。发送或接收一帧信息，包括 1 个起始位、8 个数据位和 1 个停止位。方式 1 时的串行口内部结构示意图如图 6-22 所示。

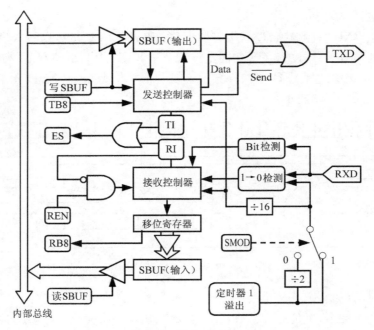

图 6-22 串行口方式 1

(1) 发送过程(输出)

发送数据时,CPU 执行一条写 SBUF 的指令就启动发送,数据从 TXD 引脚输出,发送完一帧数据时,由硬件置位中断标志 TI。发送时序如图 6-23 所示。

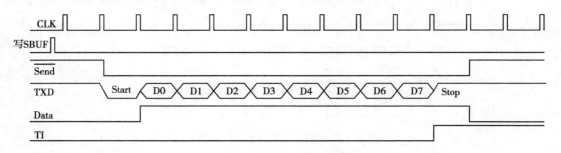

图 6-23 串行口方式 1 发送时序

(2) 接收过程(输入)

当 REN = 1 时,接收器对 RXD 引脚进行采样,采样脉冲频率是所选波特率的 16 倍。当采样到 RXD 引脚上出现从高电平"1"到低电平"0"的负跳变时,就启动接收器接收数据。如果接收到的不是有效起始位,则重新检测负跳变。

接收器按"三中取二"原则(接收的值是三次采样中至少有两次相同的值)来确定采样数据的值以保证采样接收准确无误。

在最后一个移位脉冲结束后,且满足以下两个条件:
- RI = 0。
- SM2 = 0 或接收到停止位,则接收到的数据才有效。

接收到的有效 8 位数据送入接收 SBUF 中,停止位进入 RB8,并由硬件置位中断标志

RI；否则接收到的数据将被舍去，RI 也不置位，接收器重新检测 RXD 引脚。

在方式 1 接收时，应先用软件清"0" RI 和 SM2 标志。接收时序如图 6-24 所示。

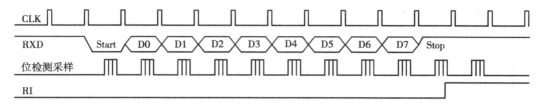

图 6-24　串行口方式 1 接收时序

3．方式 2

方式 2 为固定波特率的 9 位 UART 方式。发送或接收的一帧信息中包括 1 个起始位、9 个数据位和 1 个停止位。它比方式 1 增加了一位可程控为 1 或 0 的第 9 位数据。方式 2 的串行口内部结构示意图如图 6-25 所示。

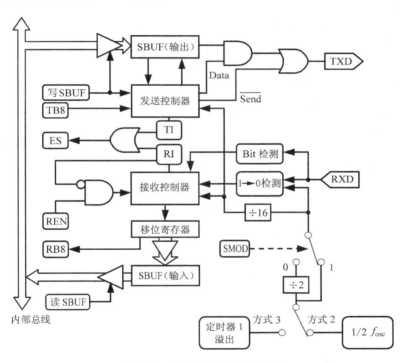

图 6-25　串行口方式 2 和方式 3

（1）发送过程（输出）

发送的串行数据由 TXD 端输出。附加的第 9 位来自 SCON 寄存器的 TB8 位，用软件置位或复位。它可作为多机通信中地址/数据信息的标志位，也可以作为数据的奇偶校验位。当 CPU 执行一条数据写入 SBUF 的指令时，就启动发送器发送。发送完一帧信息后，置位中断标志 TI。发送时序如图 6-26 所示。

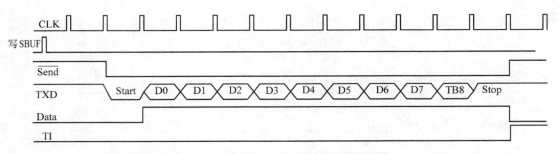

图 6-26　串行口方式 2 和方式 3 发送时序

（2）接收过程（输入）

在 REN = 1 时，串行口采样 RXD 引脚，当采样到"1"至"0"的跳变时，确认为起始位，就开始接收一帧数据。

在最后一个移位脉冲结束后，且满足以下两个条件：
- RI = 0；
- SM2 = 0 或接收到的第 9 位数据为"1"。

则接收到的数据才有效，接收到的有效 8 位数据送入接收 SBUF 中，第 9 位进入 RB8，并由硬件置位中断标志 RI；否则接收到的数据将被舍去，RI 也不置位，接收器重新检测 RXD 引脚。接收时序如图 6-27 所示。

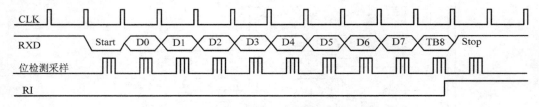

图 6-27　串行口方式 2 和方式 3 接收时序

4. 工作方式比较

MCS-51 单片机串行口的 4 种工作方式比较见表 6-5。

表 6-5　串行口工作方式比较

工作方式	功能描述	特　点
方式 0	8 位同步移位寄存器	利用外接移位寄存器可扩展并行的输入/输出接口，传输速率较高，为 $f_{osc}/12$，不可调
方式 1	8 位 UART	可用于多种波特率的串行异步传输，但要占用定时器 1，波特率可变
方式 2	9 位 UART	可实现多机之间的串行异步传输，或有奇偶检验的双机串行异步传输，波特率只有两种可选，为 $f_{osc}/32$ 或 $f_{osc}/64$
方式 3	9 位 UART	同方式 2，但要占用定时器 1，波特率可变

5. 波特率选择

如前所述，在串行通信中，收发双方的数据传输率（波特率）要有一定的约定。MCS-51 单片机串行口波特率取决于晶振频率 f_{osc}、PCON 寄存器中的 SMOD 位和工作方式。在串行口的 4 种工作方式中，方式 0 是固定的，方式 2 的波特率只有两种可选，而方式 1 和方式 3

的波特率是可变的,由定时器 1 的溢出率控制。定时器 1 作为波特率发生器,通常工作方式 2,即为自动重装入初值的 8 位定时器模式(具体参见定时器/计数器工作方式的说明),其溢出率为定时时间的倒数:

$$定时器 1 溢出率 = \frac{1}{计算周期 \times (2^8 - 定时器 1 的初值)} = \frac{f_{osc}}{12 \times [256 - (TH1)]}$$

MCS-51 单片机串行口 4 种工作方式的波特率计算如表 6-6 所示。

表 6-6 串行口波特率(与原教材表 6-7 相同)

工作方式	波特率	说 明
方式 0	$f_{osc}/12$	固定为晶振频率 f_{osc} 的 1/12
方式 1	$\frac{2^{SMOD}}{32} \cdot \frac{f_{osc}}{12[256-(TH1)]}$	可变,与 PCON 寄存器中的 SMOD 位、定时器 1 溢出率有关
方式 2	$\frac{2^{SMOD}}{64} \cdot f_{osc}$	两种选择,与 PCON 寄存器中的 SMOD 位有关
方式 3	$\frac{2^{SMOD}}{32} \cdot \frac{f_{osc}}{12[256-(TH1)]}$	与 PCON 寄存器中的 SMOD 位、定时器 1 溢出率有关

表 6-7 列出了异步串行传输时常用波特率的设置方法。

表 6-7 异步串行传输常用波特率

工作方式	波特率	f_{osc}	SMOD	定时器 1 初值(方式 2)
方式 0	1Mbps	12MHz	—	—
方式 2	187.5kbps	12MHz	0	—
方式 2	375kbps	12MHz	1	—
方式 1、3	19200bps	11.0592MHz	1	TH1 = 256 - 3 = 253 = 0FDH
方式 1、3	9600bps	11.0592MHz	0	TH1 = 256 - 3 = 253 = 0FDH
方式 1、3	4800bps	11.0592MHz	0	TH1 = 256 - 6 = 250 = 0FAH
方式 1、3	2400bps	11.0592MHz	0	TH1 = 256 - 12 = 244 = 0F4H
方式 1、3	1200bps	11.0592MHz	0	TH1 = 256 - 24 = 232 = 0E8H
方式 1、3	10420bps	12MHz	0	TH1 = 256 - 3 = 253 = 0FDH
方式 1、3	4464bps	12MHz	0	TH1 = 256 - 7 = 249 = 0F9H
方式 1、3	2404bps	12MHz	0	TH1 = 256 - 13 = 243 = 0F3H
方式 1、3	1202bps	12MHz	0	TH1 = 256 - 26 = 230 = 0E6H

从表中可看出,当 CPU 晶振频率取 11.0592MHz 时,容易精确得到 19200bps、9600bps、4800bps、2400bps 和 1200bps 等常见波特率。

对 8052 系列,串行口的波特率还可通过定时器/计数器 2 来设置。

6.3.3 串行口应用举例

1. 移位寄存器工作方式的应用

MCS-51 单片机串行口方式 0 为移位寄存器工作方式,外接一个串入并出的移位寄存器,就可以扩展一个并行输出口,如图 6-28 所示;外接一个并入串出的移位寄存器,就可以扩展一个并行输入口,如图 6-29 所示。这种利用移位寄存器来扩展并行口的连线简单,扩展接口数量仅受传输速度的制约,扩展接口数增加,平均传输速度会降低。另外,串行输出过程中,并行数据输出也会出现短暂移位变化,如要避免出现这种现象,可选用带有锁存器的串入并出移位寄存器 74HC595 芯片,并增加输出选通信号。

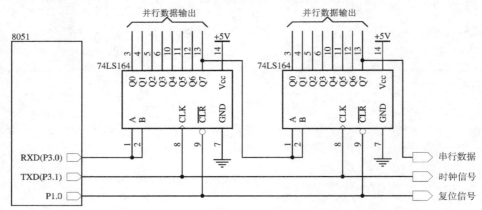

图 6-28 利用 74LS164 扩展并行输出口

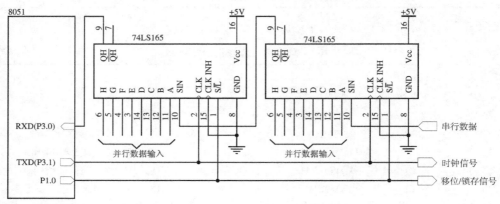

图 6-29 利用 74LS165 扩展并行输入口

2. 点对点通信的应用

利用异步串行传输可实现点对点的通信。单片机本身的 TTL 电平难以进行远距离传输,因此,在传输距离超过几米时,就需要采用有一定驱动能力的接口电路,如 RS-232C、RS-422A/RS-423A 和 RS-485 接口等。

下面介绍利用串行口方式 1 实现的异步串行传输演示例子。具体电路如图 6-30 所示。

电路中采用了电平转换芯片 MAX232,使传输的电信号符合 RS-232C 规范。A 机为发送端,B 机为接收端,传送波特率为 9600bps。

A 机有一个启动按键 START,按下 START 键开始发送数据,B 机有三个作为指示器的发光二极管 V1、V2、V3,分别表示接收中(BUSY)、接收正确(OK)和接收错误(ERR)。

A 机发送的数据区存放在外部数据存储器 1000H 为起始地址的存储区内,发送字节数小于 255 个。B 机接收的数据区存放在外部数据存储器 1100H 为起始地址的存储区内,长度小于 256 个。

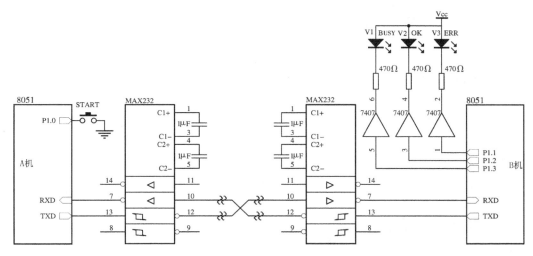

图 6-30　串行口用于点对点通信

A 机发送过程：当检测到按下 START 键后，先向 B 机发送 2 个 ESC 控制符（ASCII 码的值为 27 或 1BH），然后发送数据区内的 ASCII 码，采用奇校验，当遇到回车（CR）控制符后，发送结束，再次等待按下 START 键，重复前面过程。

B 机接收过程：等待接收 A 机发来的字符，如收到 ESC 控制符（ASCII 码的值为 27 或 1BH），进入接收状态，发出 BUSY 指示信号，开始接收数据，遇到回车（CR）控制符或接收字符已达 255 个，表示接收结束。如接收过程中，发现奇校验错，则在接收结束时，发出 ERR 指示信号，否则发出 OK 指示信号。如接收过程中，又收到 ESC 控制符，则之前接收到的数据作废，重新开始接收，并计数。

A 机各源程序之前，定义了有关标志符：

```
A_START   BIT   90H      ;定义按键输入位为 P1.0
F_START   BIT   00H      ;定义按键标志位
DAT_ST    EQU   1000H    ;定义数据区首址
ESC       EQU   27       ;定义 ESC 控制码
CR        EQU   13       ;定义回车控制码
```

位标志符定义的伪指令"BIT"，在有些汇编系统中用"EQU"来代替。

A 机的初始化程序流程图如图 6-31 所示。其中包括设置工作方式和初始化基本变量两部分工作。

A 机初始化程序：

```
INI_A:  MOV  TMOD,#20H   ;置定时器 1 工作方式 2
        MOV  TL1,#0FDH   ;设置波特率为 9600bps
                         ;假定晶体振荡采用 11.0592MHz
        MOV  TH1,#0FDH
        SETB TR1         ;启动定时器 1
        MOV  SCON,#40H   ;置串行口工作方式 1
        MOV  PCON,#00H
```

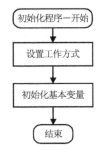

图 6-31　A 机的初始化程序流程图

```
            MOV     C,A_START      ;初始化基本变量
            MOV     F_START,C
            ...                    ;其他初始化程序
```

A 机的等待发送 W_SND 子程序流程图如图 6-32 所示。其中调用了发送数据 S_DAT 子程序。

等待发送子程序:
```
    W_SND:  MOV     C,F_START      ;取上次 START 状态
            MOV     F0,C           ;临时存入 F0
            MOV     C,A_START      ;检测 START 按键
            MOV     F_START,C      ;保存 START 按键状态
            CPL     C              ;本次 START 状态取反
            ANL     C,F0           ;START 出现 1→0,则 C
            JNC     W_S_ED         ;为"1",如 START 键未
            LCALL   S_DAT          ;按下,则退出发送数据
    W_S_ED: RET
```

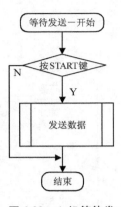

图 6-32 A 机等待发送子程序流程图

A 机发送数据 S_DAT 子程序流程图如图 6-33 所示。待发送数据区的首址为 DAT_ST,其中调用了发送字符 S_CHR 子程序。

发送数据子程序:
```
    S_DAT:  MOV     A,#ESC         ;发送两个 ESC 字符
            LCALL   S_CHR
            MOV     A,#ESC
            LCALL   S_CHR
            MOV     DPTR,#DAT_ST   ;准备发送数据
            MOV     R0,#00H        ;预置发送长度为
                                   ;256 个字符
    S_D_1:  MOVX    A,@DPTR        ;取字符:A←字符
            LCALL   S_CHR          ;发送 A 中字符
            XRL     A,#CR
            JZ      S_D_ED         ;是 CR 字符则退出
            INC     DPTR           ;调整指针
            DJNZ    R0,S_D_1       ;长度未超过则继续
    S_D_ED: RET
```

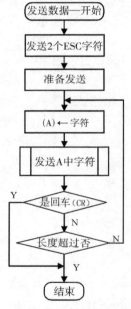

图 6-33 A 机发送数据子程序流程图

A 机发送字符 S_CHR 子程序流程图如图 6-34 所示。其中,待发送的字符存放在 A 中,通过程序查询发送标志位 TI 来判断当前字符是否发送结束,没有使用中断方式。

发送字符子程序:
```
    S_CHR:  MOV     C,P            ;CY←奇偶校验位 P
            MOV     TB8,C
            MOV     SBUF,A         ;发送一个字符
```

```
S_CHR2:   JBC     TI,S_CHR1      ;等待发送结束
          SJMP    S_CHR2
S_CHR1:   RET
```

另外,在 B 机各源程序之前,也应先定义有关标志符:

```
    F_ERR    BIT    91H          ;定义 ERR 标志为 P1.1
    F_OK     BIT    92H          ;定义 OK 标志为 P1.2
    F_BUSY   BIT    93H          ;定义 BUSY 标志为 P1.3
    DAT_ST   EQU    1100H        ;定义数据区首址
    ESC      EQU    27           ;定义 ESC 控制码
    CR       EQU    13           ;定义回车控制码
```

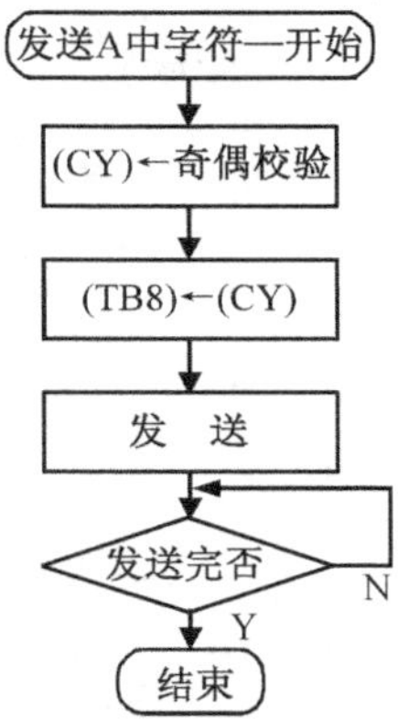

B 机的初始化程序流程图如图 6-35 所示。其中包括设置工作方式和初始化基本变量两部分工作,设置工作方式同 A 机一样。

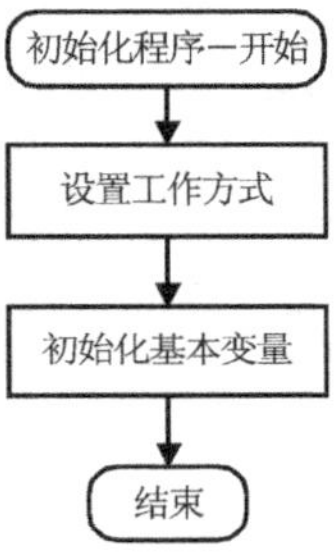

B 机初始化程序:

```
INI_B:    MOV     TMOD,#20H      ;置定时器 1 工作方式 2
          MOV     TL1,#0FDH      ;设置波特率为 9600bps,
                                 ;假定晶体振荡采用
                                 ;11.0592MHz
          MOV     TH1,#0FDH
          SETB    TR1            ;启动定时器 1
          MOV     SCON,#40H      ;置串行口工作方式 1
          MOV     PCON,#00H      ;置 SMOD=0
          SETB    F_ERR          ;初始化基本变量
                                 ;关闭三个指示灯
          SETB    F_OK           ;相应的位为"1"
                                 ;则指示灯关闭
          SETB    F_BUSY
          …                      ;其他初始化程序
```

B 机的等待接收 W_RCE 子程序流程图如图 6-36 所示。其中调用了接收字符 R_CHR 和接收数据 R_DAT 两个子程序。

等待接收子程序:

```
W_RCE:    LCALL   R_CHR          ;接收字符
          XRL     A,#ESC         ;有 ESC 输入?
          JNZ     W_R_ED         ;不是 ESC 字符,则退出
          LCALL   R_DAT          ;接收数据
W_R_ED:   RET
```

B 机接收数据 R_DAT 子程序流程图如图 6-37 所示。接收数据区首址为 DAT_ST,其中调用了接收字符 R_CHR 子程序。

接收数据子程序:

```
R_DAT:    SETB    F_ERR          ;初始化接收标记
```

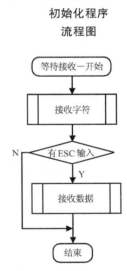

图 6-34 A 机发送字符子程序流程图

图 6-35 B 机初始化程序流程图

图 6-36 B 机等待接收子程序流程图

```
            SETB    F_OK
            CLR     F_BUSY      ;打开 BUSY 指示灯,表
                                ;示进入接收状态
            MOV     DPTR,#DAT_ST
            MOV     R0,#00H     ;R0 为接收字符倒计数
                                ;单元
            MOV     R2,#00H     ;R2 为接收字符数单元
    R_D_1:  LCALL   R_CHR       ;接收字符:A←字符
            MOV     B,A         ;保存接收的字符
            XRL     A,#ESC
            JZ      R_DAT       ;是 ESC 字符则重新开
                                ;始接收
            MOV     A,B         ;恢复原来的值
            XRL     A,#CR
            JZ      R_D_3       ;是 CR 字符则接收结束
            MOV     A,B         ;保存数据
            MOVX    @DPTR,A
            MOV     C,P         ;进行校验,P 为奇校
                                ;验位
            ANL     C,F0        ;F0 保存了 RB8
            JC      R_D_2       ;P 和 RB8 都为 1
                                ;表示无错
            MOV     C,P
            ORL     C,F0        ;C←P∨RB8
            JNC     R_D_2       ;P 和 RB8 都为 0
                                ;表示无错
            CLR     F_ERR       ;有错,则设置 ERR
                                ;指示灯
    R_D_2:  INC     DPTR        ;调整指针
            DJNZ    R0,R_D_1    ;长度未超过则继续
    R_D_3:  SETB    F_BUSY      ;结束处理:关闭
                                ;BUSY 指示灯
            RET
```

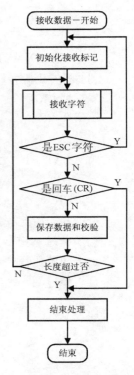

图 6-37 B 机接收数据子程序流程图

B 机接收字符 R_CHR 子程序流程图如图 6-38 所示。其中通过程序查询接收标志位 RI 来判断当前字符是否成功接收,没有使用中断方式。

接收字符子程序:

```
    R_CHR:  JNB     RI,R_CHR    ;等待接收
            MOV     A,SBUF      ;接收数据送 A
```

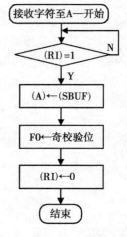

图 6-38 B 机接收字符子程序流程图

```
           MOV     C,RB8
           MOV     F0,C           ;RB8 送 F0
           CLR     RI             ;清除接收标志
           RET
```

3．多机串行通信的应用

在一些分布式控制系统中，一台微机无法胜任工作，这时常采用一台主机和多台从机构成分布式控制系统。主机能与各从机实现通信，但从机之间不能直接通信，从机之间交换信息必须通过主机间接进行。这种主从式的多机通信结构如图6-39所示。

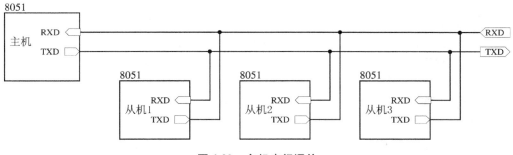

图 6-39　多机串行通信

由于主机与所有从机都相连，主机发出的信息，所有从机都能收到，任何一台从机都可能向主机发送信息，因此，多机通信时要解决两个基本问题：对主机来说，有选择性地与从机通信；对从机来说，如何区别主机是否要与本机通信。

主机与从机之间通信的信息分为两类：地址信息和数据信息。通过地址信息可区别不同的从机。

利用串行口的工作方式2或方式3可实现主从式的多机通信。

串行口的工作方式2和方式3中要用到第9位数据，以此来区别地址类和数据类信息。并利用SM2的设置来标志接收状态。

串行口工作在方式2或方式3时，当SM2=0，只要RI=0就能响应接收的中断请求；当SM2=1，不仅要求RI=0，并且要求接收到的第9位数据也为1时，才能响应接收的中断请求。

因此，对主机，SM2总设为0，表示一直可以接收从机发出各种帧格式的数据。对从机，平时设SM2=1，表示只能接收主机发送的第9位为1的帧格式数据（这种帧格式的数据常称为"寻址指令"）；当某从机可以与主机进行数据传输时，可设SM2=0，此时从机可接收主机发送的第9位为0的帧格式数据。

（1）状态描述

主从式的多机通信时，主机与从机的状态描述如下：

● 主机发送寻址指令到所有从机，此时传输的帧格式为：8位地址+"1"。

所有从机接收到寻址指令后，RI=0，RB8=1，由于从机的SM2=1，对寻址指令都能响应。响应后进行地址比较，与本机地址相等者为被寻址从机，否则为未被寻址从机。对被寻址从机，将设置SM2=0，未被寻址从机仍保持SM2=1。

● 主机与被寻址从机进行收发数据，此时传输的帧格式为：8位数据+"0"。

所有从机收到主机发来的数据后，RI=0，RB8=1。对被寻址从机，因为 SM2=0，所以能响应主机发来的数据。对未被寻址从机，因为 SM2=1，不响应接收到的数据。

主机的 SM2 一直为 0，所以总能响应从机发来的数据。正常情况下，被寻址的从机只有一个，且未被寻址的从机不会主动向主机发送数据，此时收到的数据将被认为是被寻址的从机发出的。

● 主机与被寻址从机收发数据结束。

根据约定被寻址的从机在收到特定的数据或规定长度数据传输结束后，自行退出收发状态，将 SM2 设置为 1，与其他未被寻址的从机一样继续等待主机的寻址指令。

（2）有关说明

主机发送的数据所有从机都能收到，即所有从机都能响应地址帧，而数据帧只有被寻址的从机才会响应。（所谓"会响应"，是指能由硬件提出中断请求。）

所有从机都能向主机发送数据，为避免冲突应保证同一时刻只能有一台从机向主机发送数据，这可通过软件来解决，只有主机通过寻址指令指定的从机可向主机发送数据。

被寻址从机与主机之间可进行收与发的双向通信，如何确定收发以及收发的结束，还需有另外的约定，如定义发送指令、接收指令和应答信号的格式，这些帧应与寻址指令不同，也不能与一般数据格式相同，并能由被寻址从机识别。

远距离通信时，单片机串口的 TTL 电平不能胜任，需转换为如 RS-485 接口电平。

对复杂的多机通信系统，主机还可以由 PC（个人计算机）来担任，各从机仍由单片机系统组成，通过 RS-485 串行接口进行通信。

习　题　六

1. MCS-51 中的定时器/计数器由哪些部分组成？
2. MCS-51 中计数器的计数信号应该如何选择和控制？
3. TMOD 中的 GATE 和 C/$\overline{\text{T}}$ 位有什么控制作用？
4. 什么情况下 $\overline{\text{INT0}}$ 会对定时器/计数器 0 有控制作用？
5. MCS-51 中两个 8 位计数器如何级联？计数范围如何确定？
6. MCS-51 中定时器/计数器的四种计数工作方式各有什么特点？
7. 定时器/计数器 0 工作在方式 2 时计数范围是多少？定时时间与计数初值有什么关系？
8. 设 MCS-51 单片机的晶振频率为 12MHz，使用定时器 1 的工作方式 1，在 P1.0 端输出周期为 100ms 的方波，使用中断方式设计程序，试写出相应的初始化程序和中断服务程序。
9. 对上题，在 P1.0 端输出周期为 100ms 方波的同时，还要在 P1.1 端输出周期为 10s 的方波，试写出相应的初始化程序和中断服务程序。
10. 使用计数器 0，记录 T0 引脚输入的脉冲数，计满 200 个脉冲，则对内部 RAM 单元 COUNT 进行加 1 操作，使用中断方式设计程序，试写出初始化程序和中断服务程序。
11. 使用计数器 1，当 $\overline{\text{INT1}}$ 高电平时，记录 T1 引脚输入的脉冲数，每计满 100 个脉冲，则对内部 RAM 单元 COUNT 进行加 1 操作，当 P1.0 为低电平时，清除累计值，使用中断方式设计程序,试写出初始化程序和中断服务程序。

12. 利用定时器/计数器可以实现数字频率计的功能。具体方法是,将 T0 设置为定时器,T1 设置为计数器(待测信号接 T1 引脚)。启动定时器/计数器工作后,在单位时间到达时读取 T1 的内容即为频率值。设单片机时钟频率为 12MHz,单位时间为 1s,试编写数字频率计的程序。频率值存放于 F_HIGH 和 F_LOW 单元,以便进行后续处理。

13. 串行传输方式有哪两种?各有什么特点?

14. 什么是数据通信系统中的单工、半双工和双工方式?

15. RS-232C 总线的逻辑电平有何规定?

16. 什么情况下要用调制解调器?

17. 两台计算机作为 DTE,通过 RS-232C 进行连接时,TXD 与 RXD 为什么要交叉相连?

18. MCS-51 单片机的串行口由哪些部分组成?

19. MCS-51 单片机串行口的四种工作方式各有什么特点?

20. 在串行通信中采用偶校验,若传送的数据是 5AH,则其奇偶检验位为多少?

21. MCS-51 单片机串行口在工作方式 0 和工作方式 1 下,能否同时进行发送和接收操作?

22. MCS-51 单片机串行口在使用晶振频率 f_{osc} 为 12MHz 时,能否设置 4800bps 波特率?

23. 试用中断方式修改 6.3.3 中介绍的"点对点通信的应用"程序。

24. 利用 MCS-51 单片机进行多机串行通信时,主机能否同时向多台从机发送数据?如有部分从机地址相同,会产生什么现象?

第 7 章 输入/输出口的扩展

单片微机系统经常被设计成智能测控系统,此时系统需通过多个输入端口获取各类信息,同时也需通过输出端口驱动各种执行机构,以及向外部传送各种信息。由于单片机自身的端口资源有限,往往不能满足这些要求,这就需要进行外部输入/输出端口的扩展。本章将介绍基本的并行输入/输出端口的扩展方法和常用的串行口扩展方法。

7.1 并行输入/输出口扩展的地址分配

MCS-51 单片机内部有四个 8 位并行 I/O 端口。它们的内部结构及其功能前面章节已做过介绍。从其实际应用的情况分析,这四个 8 位并行 I/O 端口往往不能满足系统实际应用的要求,因此需要扩展输入/输出端口。

MCS-51 不像 8086 微机系统那样将外部存储器和 I/O 端口分别编址,它采用的是将 MCS-51 的外部 RAM 和 I/O 端口统一编址。也就是说,外部 I/O 端口与外部 RAM 合用单片机外部数据存储器 64KB 的寻址空间。所以,CPU 没有独立的 I/O 端口指令,而是像访问外部数据存储器那样访问扩展的 I/O 端口,对端口进行读/写操作。

MCS-51 外部数据存储器的寻址空间为 64KB,只要把这些地址分出一部分供外部扩展 I/O 端口使用,就足以扩展相当多的 I/O 端口。如图 7-1 所示的地址分配中,64KB 的前 32KB 作为外部 RAM 使用,后 32KB 作为外部 I/O 端口使用。在实际使用中要正确地使用译码器,使之能准确地选择到所需的地址单元。如图 7-2 所示的就是根据图 7-1 所示的地址分配的一个应用实例,当 P2.7 为低电平时,所有操作均针对外部 32KB 的 RAM (62256);当 P2.7 为高电平时,根据送出的具体地址,对扩展的 I/O 端口操作。

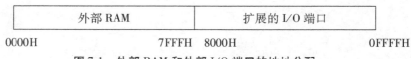

图 7-1 外部 RAM 和外部 I/O 端口的地址分配

由于扩展的外部 I/O 端口是借用了外部数据存储器的地址空间,所以对外部 I/O 端口的访问均应采用 MOVX 类指令。

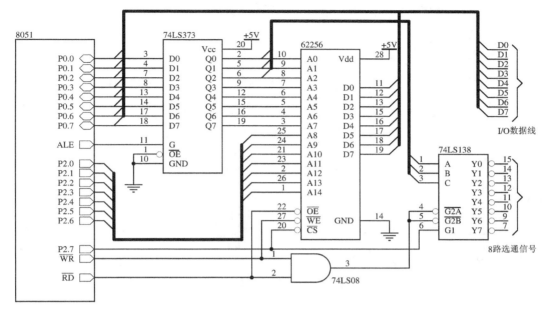

图 7-2 外部 32KB RAM、外部 I/O 端口与 8051 的硬件连接

7.2 并行接口的扩展

MCS-51 系统中，P0 口即是标准的双向 I/O 端口，也具有地址总线、数据总线的复用功能。许多并行接口的扩展都是通过 P0 口进行的。由于 P0 口的总线复用功能是通过分时进行的，故构成输出口时，接口电路应具有锁存功能。在构成输入口时，根据输入数据是常态还是暂态，要求接口电路应具有三态缓冲或锁存选通。掌握数据输入/输出的读/写时序是并行接口扩展的关键。

利用地址总线、数据总线以及读写控制线来扩展并行接口会增加许多连线，如果数据传输速度没有特殊要求，利用串行移位寄存器来扩展并行接口，可减少许多连线。下面分别介绍并行输出口、并行输入口和串行/并行转换的输入/输出接口的扩展。

7.2.1 并行输出口的扩展

通过 P0 口扩展输出口时，锁存器被视为外部 RAM 的一个单元。输出口通常采用由 D 触发器构成的锁存器。如图 7-3 所示的电路是 8051 外扩 8 位输出口的三个实例，其中图 7-3(a)所示的是利用 74LS373 实现一个并行 8 位输出口的扩展，图 7-3(b)介绍的是运用 74LS273 实现一个并行 8 位输出口的扩展，图 7-3(c)表示的是采用 74LS377 实现一个并行 8 位输出口的扩展。

74LS373、74LS273、74LS377 的引脚图及功能表分别如图 7-4、图 7-5、图 7-6 所示。74LS373 是一片具有输出控制的 8D 锁存器，将输出控制接低电平，使之始终允许输出，CPU 利用 $\overline{WR}$ 信号和一根地址线共同控制它的使能端，在执行"MOVX @DPTR,A"指令时，将数据送入 74LS373。例如，在图 7-3(a)中需将数据 5AH 送至 74LS373 的 Q 端，就可以用如下指令实现：

  MOV DPTR,#7FFFH   ;输出口地址 7FFFH 对应 P2.7 为 0
  MOV A,#5AH
  MOVX @DPTR,A

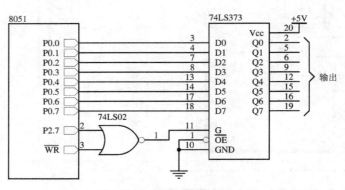

(a) 使用74LS373扩展输出口

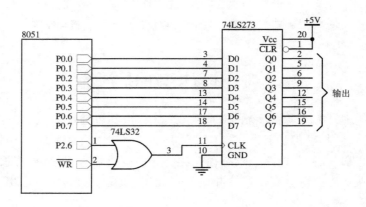

(b) 使用74LS273扩展输出口

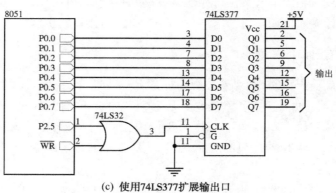

(c) 使用74LS377扩展输出口

图 7-3 使用 74LS373、74LS273、74LS377 扩展输出口的硬件图

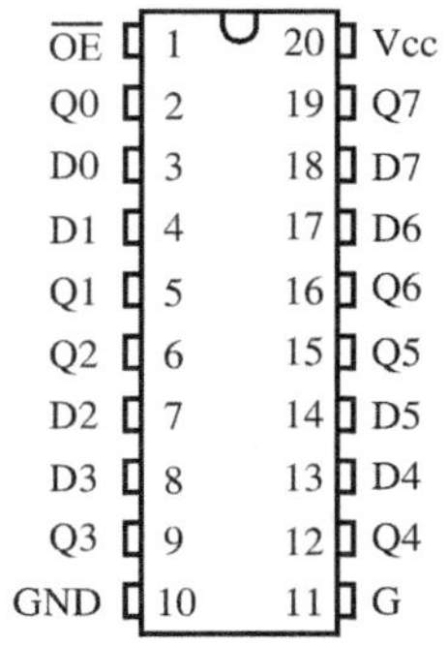

第 7 章 输入/输出口的扩展

图 7-4 74LS373 引脚排列及引脚功能

输出使能 $\overline{OE}$	控制 G	输入 D	输出 Q
H	X	X	高阻
L	H	L	L
L	H	H	H
L	L	X	保持不变

图 7-5 74LS273 引脚排列及引脚功能

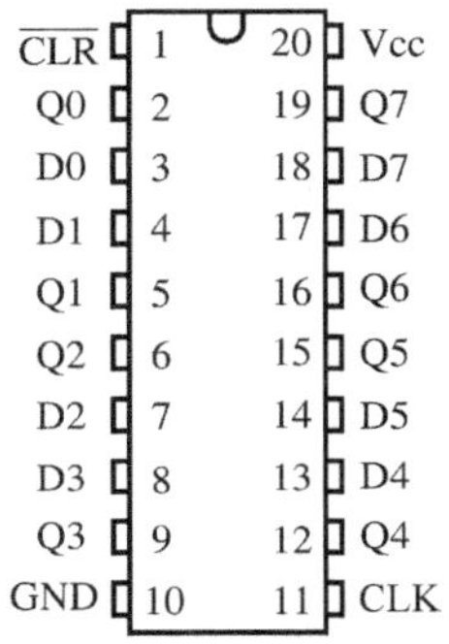

清零 $\overline{CLR}$	时钟 CLK	输入 D	输出 Q
L	X	X	L
H	↑	L	L
H	↑	H	H
H	H 或 L	X	保持不变

图 7-6 74LS377 引脚排列及引脚功能

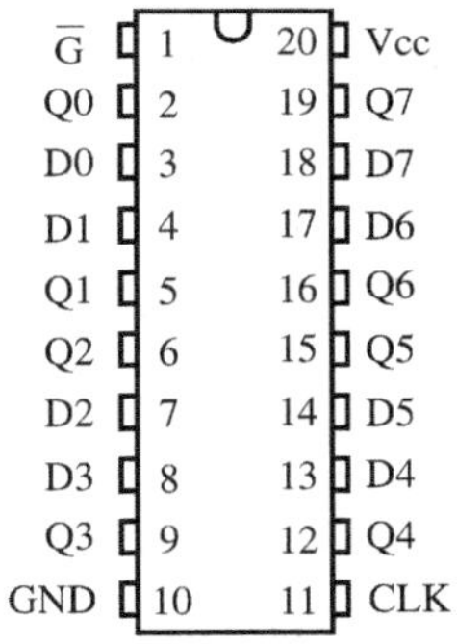

控制 $\overline{G}$	时钟 CLK	输入 D	输出 Q
H	X	X	保持不变
L	↑	L	L
L	↑	H	H
L	L	X	保持不变

74LS373 的功能较强,由于它具有输出控制,所以它还可以用作扩展输入口,它的用法将在下一节介绍。

74LS273 是一片带清除端的 8D 触发器,将它的清除端 $\overline{CLR}$ 接至 +5V,则清除端无效。用 $\overline{WR}$ 信号和一根地址线共同控制该电路 CLK 端,同样在执行"MOVX @DPTR,A"指令时,将数据送入 74LS273。

74LS377 是一片带锁存允许的 8D 触发器,将锁存允许端 $\overline{G}$ 接地,使之一直处于允许锁存状态。它的 CLK 端操作功能完全与 74LS273 相同。

另外,74LS373 和 74LS377 带有内部驱动器,驱动能力比 74LS273 强。

如图 7-3 所示的电路中的控制线分别采用了 P2.5、P2.6、P2.7 和 $\overline{WR}$ 信号,对应的地址可以取 0DFFFH、0BFFFH、7FFFH，而实际使用时往往采用译码电路实现控制，这样能使 CPU 的硬件资源得到更合理的分配使用。

7.2.2 并行输入口的扩展

如图 7-7 所示的电路是 8051 外扩 8 位输入口的三个实例。如图 7-7(a)所示的是利用 74LS244 实现的一个并行 8 位输入口的扩展，如图 7-7(b)所示的是利用 74LS373 实现一个并行 8 位输入口的扩展，如图 7-7(c)所示的是利用 74LS245 实现一个并行 8 位输入口的扩展。

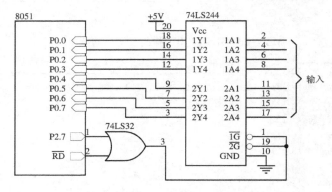

(a) 使用74LS244扩展输入口

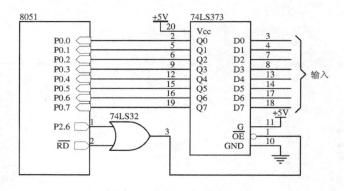

(b) 使用74LS373扩展输入口

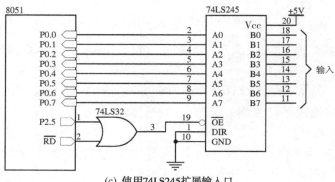

(c) 使用74LS245扩展输入口

图 7-7　使用 74LS244、74LS373、74LS245 扩展输入口的硬件图

74LS244 可以作为缓冲器、驱动器使用，它的引脚图和功能表如图 7-8 所示。按图 7-7(a)所示的电路从扩展的输入口输入数据，可用以下两条指令完成：

  MOV DPTR,#7FFFH
  MOVX A,@DPTR

由于 74LS373 具有输出允许控制，因此它既可以用作扩展输出口，又可以用作扩展输入口。将它的控制端接高电平，使之一直处于锁存允许状态。在执行对外部数据存储器读操作指令时将数据读入 CPU。

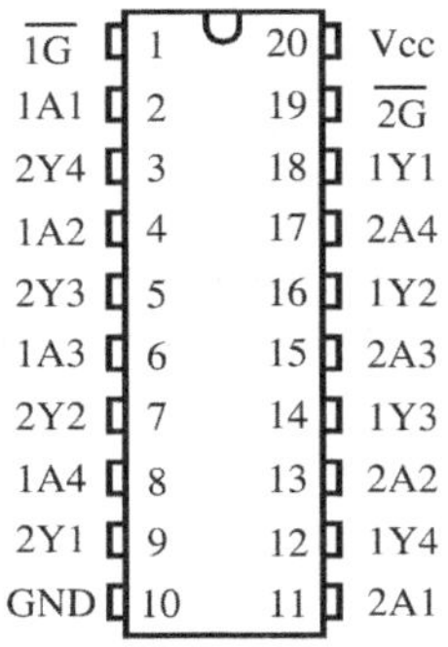

控制 $\overline{G}$	输入 A	输出 Q
H	X	高阻
L	L	L
L	H	H

图 7-8 74LS244 引脚排列及引脚功能

8 位总线收发器 74LS245 除了可以作为输入口使用外，更多的情况是作为总线驱动器使用，其引脚图和功能表如图 7-9 所示。由于 MCS-51 单片机的 P0 口只能以灌电流方式驱动 8 个 LSTTL 电路，因此当扩展的外部 RAM 和 I/O 端口超过它的负载能力时需加接总线驱动器。

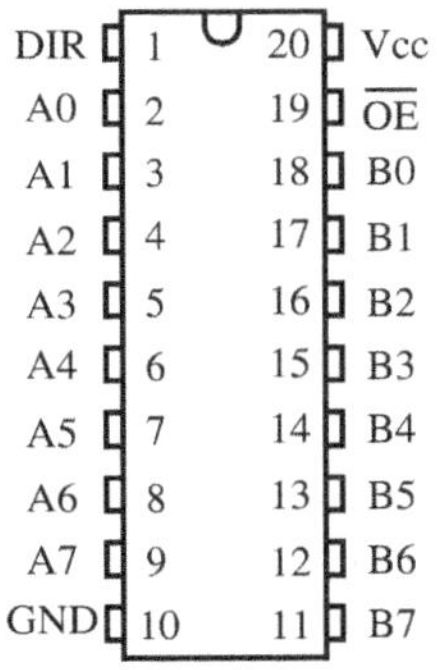

输出允许 $\overline{OE}$	方向控制 DIR	功 能
H	X	A与B端均处于高阻状态
L	L	A端为输出，B端为输入
L	H	A端为输入，B端为输出

图 7-9 74LS245 引脚排列及引脚功能

如图 7-10 所示的电路就是利用 74LS245 实现总线驱动器的一个应用实例。当出现 $\overline{RD}$ 或 $\overline{WR}$ 信号时就选中了 74LS245 的输出允许端 $\overline{OE}$。$\overline{RD}$ 信号用来控制 74LS245 数据的传送方向，当无 $\overline{RD}$ 信号时，数据传送的方向是 A→B；而出现 $\overline{RD}$ 信号时，数据传送的方向是 B→A。

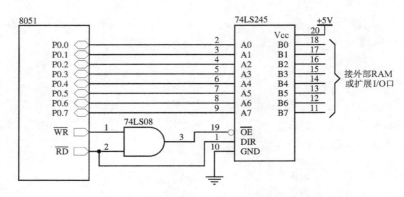

图 7-10　74LS245 作总线驱动器的硬件图

需要指出的是，现在有许多 8051 兼容单片机，如 C8051F120 单片机采用贴片封装，芯片上已扩展了 8 个并行端口，可供应用系统设计时选用，但前面介绍的并行接口的扩展原理仍可为系统设计借鉴。

7.3　可编程输入/输出芯片 8255

MCS-51 单片机是 Intel 公司的产品，Intel 公司提供了许多配套的可编程 I/O 接口芯片，理解 MCS-51 单片机与这些可编程接口的连接，对掌握单片机与其他可编程 I/O 接口的连接有很大帮助。如表 7-1 所示的是 MCS-51 单片机常用的外围接口芯片，本节仅对 8255 进行介绍。

表 7-1　Intel 公司常用外围可编程 I/O 芯片一览表

型号	器件名称
8255	可编程外围并行接口
8155	带 I/O 端口及定时器的静态 RAM
8243	I/O 端口扩展接口
8279	可编程键盘/显示器接口
8251	可编程通信接口
8253	可编程定时器/计数器
8259	可编程中断控制器

8255 是用 Intel MCS-80/85 系列的通用可编程并行输入/输出接口芯片。它也可以和 MCS-51 单片机系统相连，以扩展 MCS-51 系统的 I/O 端口，8255 与 MCS-51 单片机相连时是作为外部 RAM 单元来处理的。它具有三个 8 位并行输入/输出端口，具有三种工作方式，可通过程序来改变其工作方式，因而其使用起来灵活方便，通用性强，可以作为单片机与多种外围设备连接时的中间接口电路。

7.3.1　8255 的内部结构

8255 的内部结构框图如图 7-11 所示。

第 7 章 输入/输出口的扩展

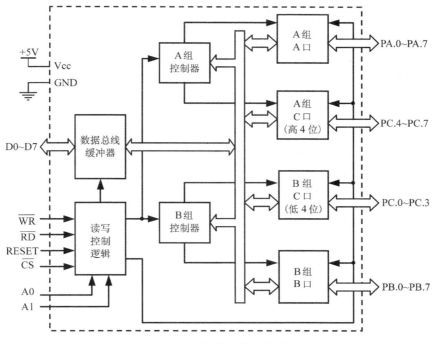

图 7-11　8255 的内部结构框图

它由以下几部分组成：

（1）端口 A、B、C

8255 具有三个 8 位并行端口：端口 A、端口 B、端口 C，每个端口都可以通过编程来选择决定其输入或输出，但每个端口在功能上又具有不同的特点。

● 端口 A：一个 8 位数据输出锁存器/缓冲器和一个 8 位数据输入锁存器。
● 端口 B：一个 8 位数据输入/输出锁存器/缓冲器和一个 8 位数据输入缓冲器。
● 端口 C：一个 8 位数据输出锁存器/缓冲器和一个 8 位数据输入缓冲器（输入不带锁存）。

通常 A 口、B 口作为数据输入/输出端口，C 口作为控制或状态信息端口，通过对"工作方式控制字"的编程，可以将 C 口分成两个 4 位端口，每个端口有一个 4 位锁存器，分别与 A 口和 B 口配合使用，作为控制信号输出或状态信号输入。

（2）A 组和 B 组控制电路

这是两组根据 CPU 的命令字控制 8255 工作方式的电路。其控制寄存器接收 CPU 输出的命令字，然后分别决定 A 组和 B 组的工作方式，也可以根据 CPU 的命令字对端口 C 的每一位实现按位"复位或置位"。

A 组控制电路控制 A 口和 C 口的高 4 位（PC.4 ~ PC.7）。

B 组控制电路控制 B 口和 C 口的低 4 位（PC.0 ~ PC.3）。

（3）数据总线缓冲器

数据总线缓冲器是一个三态双向 8 位缓冲器，它是 8255 与系统数据总线之间的接口，用来传送数据、指令、控制命令以及外部状态信息。

（4）读/写控制逻辑

读/写控制逻辑电路接收 CPU 送来的控制信号：$\overline{RD}$、$\overline{WR}$、RESET、$\overline{CS}$ 以及地址信号 A1、

A0，然后根据控制信号的要求，将端口数据送往 CPU，或者将 CPU 送来的数据写入端口。

7.3.2 8255 的引脚功能及端口选择

8255 共有 40 个引脚，采用双列直插式封装，如图 7-12 所示。8255 端口选择功能表见表 7-2。

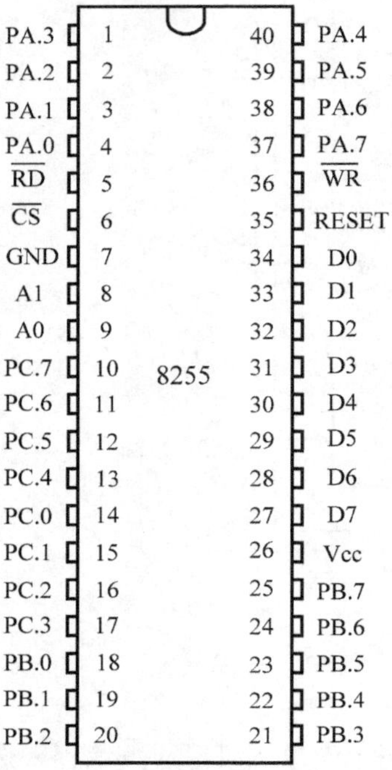

```
PA.3  [ 1       40 ] PA.4
PA.2  [ 2       39 ] PA.5
PA.1  [ 3       38 ] PA.6
PA.0  [ 4       37 ] PA.7
RD    [ 5       36 ] WR
CS    [ 6       35 ] RESET
GND   [ 7       34 ] D0
A1    [ 8       33 ] D1
A0    [ 9       32 ] D2
PC.7  [ 10  8255 31 ] D3
PC.6  [ 11      30 ] D4
PC.5  [ 12      29 ] D5
PC.4  [ 13      28 ] D6
PC.0  [ 14      27 ] D7
PC.1  [ 15      26 ] Vcc
PC.2  [ 16      25 ] PB.7
PC.3  [ 17      24 ] PB.6
PB.0  [ 18      23 ] PB.5
PB.1  [ 19      22 ] PB.4
PB.2  [ 20      21 ] PB.3
```

图 7-12 8255 引脚排列

表 7-2 8255 的端口选择功能表

$\overline{CS}$	A1	A0	$\overline{RD}$	$\overline{WR}$	D7～D0 数据传送方向
0	0	0	0	1	端口 A→数据总线
0	0	0	1	0	端口 A←数据总线
0	0	1	0	1	端口 B→数据总线
0	0	1	1	0	端口 B←数据总线
0	1	0	0	1	端口 C→数据总线
0	1	0	1	0	端口 C←数据总线
0	1	1	0	1	无效
0	1	1	1	0	数据总线→控制寄存器
0	×	×	1	1	数据总线为三态
1	×	×	×	×	数据总线为三态

8255 的各引脚功能如下：

D7～D0：数据总线。D7～D0 是 8255 与 CPU 之间交换数据、控制字/状态字的总线，通常与系统的数据总线相连。

$\overline{CS}$：片选信号线，低电平有效。当 $\overline{CS}$ 为低电平时，8255 被选中。

$\overline{RD}$：读信号线，低电平有效。当 CPU 发出 $\overline{RD}$ 信号时，数据允许读出。

$\overline{WR}$：写信号线，低电平有效。当 CPU 发出 $\overline{WR}$ 信号时，将允许数据写入 8255。

RESET：复位信号线，高电平有效。复位后将清除控制寄存器并置所有端口（A、B、C）呈输入状态。

A1、A0：地址线。用来选择 8255 的端口，具体定义如表 7-3 所示。

PA.7～PA.0：A 口输入/输出线。

PB.7～PB.0：B 口输入/输出线。

PC.7～PC.0：当 8255 工作于方式 0 时，C 口成为输入/输出线；当 8255 工作在方式 1 或方式 2 时，C 口将分别成为 A 口和 B 口的联络控制线。

7.3.3 8255 的控制字、状态字和三种工作方式

8255 有两个控制字和一个状态字。在 A1、A0 为 11 时可以对两个控制字进行编程。若控制字的最高位为 1，表示的是工作方式控制字；若控制字的最高位为 0，表示的是按位置

数控制字。

1. 工作方式控制字

工作方式控制字的定义如图 7-13 所示。它用于规定端口的工作方式，其中 D2～D0 定义 B 组，D6～D3 定义 A 组。

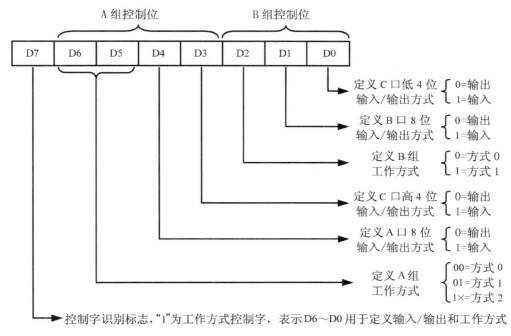

图 7-13　8255 工作方式控制字

2. 按位置数控制字

按位置数控制字的定义如图 7-14 所示。按位置数控制字用于对端口 C 的 I/O 引脚的输出进行控制。其中通过对 D3～D1 这三位进行编程指示输出的位数，D0 表示输出的数据。"0"表示输出低电平，"1"表示输出高电平，显然 C 具有位操作功能。

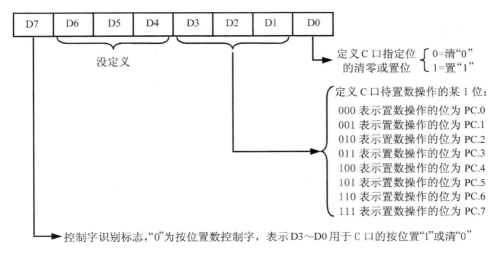

图 7-14　8255 按位置数控制字

3. 状态字

8255 没有专门的状态字，而是当 8255 工作在方式 1 和方式 2 时读取 C 口数据，即得到状态字。如图 7-15 所示的就是状态字各位的含义。当 A 口、B 口均工作在方式 1 时，状态字的有效信息位不满 8 位，所缺的位即为对应端口 C 引脚的输入电平。

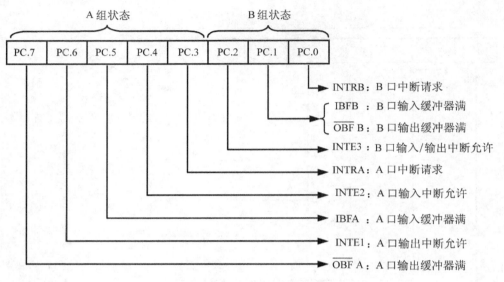

图 7-15 8255 的状态字

4. 工作方式 0（基本输入/输出）

当工作方式控制字被定义为如图 7-16 所示的情况，8255 工作在方式 0，方式 0 是一种最简单的输入/输出方式。8255 工作在方式 0 时，三个端口共 24 条引脚可分成四组（PA.7~PA.0、PB.7~PB.0、PC.7~PC.4、PC.3~PC.0），三个端口都可以通过编程来确定其输入或输出，而端口 C 可以分为两部分来设置传送方向，每部分为 4 位。这种方式适用于无条件传送数据的方式。方式 0 共 16 种不同的输入/输出结构组合，如表 7-3 所示。

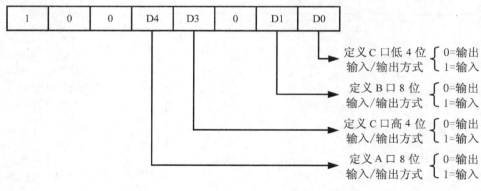

图 7-16 方式 0 控制字格式

表 7-3 方式 0 输入/输出结构组合

序号	控制字								A 组		B 组	
	D7	D6	D5	D4	D3	D2	D1	D0	十六进制	A 口	C 口高 4 位	B 口	C 口低 4 位
0	1	0	0	0	0	0	0	0	80	输出	输出	输出	输出
1	1	0	0	0	0	0	0	1	81	输出	输出	输出	输入
2	1	0	0	0	0	0	1	0	82	输出	输出	输入	输出
3	1	0	0	0	0	0	1	1	83	输出	输出	输入	输入
4	1	0	0	0	1	0	0	0	88	输出	输入	输出	输出
5	1	0	0	0	1	0	0	1	89	输出	输入	输出	输入
6	1	0	0	0	1	0	1	0	8A	输出	输入	输入	输出
7	1	0	0	0	1	0	1	1	8B	输出	输入	输入	输入
8	1	0	0	1	0	0	0	0	90	输入	输出	输出	输出
9	1	0	0	1	0	0	0	1	91	输入	输出	输出	输入
10	1	0	0	1	0	0	1	0	92	输入	输出	输入	输出
11	1	0	0	1	0	0	1	1	93	输入	输出	输入	输入
12	1	0	0	1	1	0	0	0	98	输入	输入	输出	输出
13	1	0	0	1	1	0	0	1	99	输入	输入	输出	输入
14	1	0	0	1	1	0	1	0	9A	输入	输入	输入	输出
15	1	0	0	1	1	0	1	1	9B	输入	输入	输入	输入

5．工作方式 1（选通输入/输出）

如图 7-17 所示的工作方式控制字表示 8255 工作在方式 1。方式 1 是一种选通的输入/输出工作方式。在这种方式下，选通信号与输入/输出数据一起传送，由选通信号对数据进行选通，其基本功能可概括如下：

● 三个端口分为两组（A 组、B 组），每组含有一个 8 位数据口和一组控制/状态线。
● 8 位数据口可以输入也可以输出，输入/输出均可锁存。
● A 组或 B 组中只有一个口被定义为方式 1，则余下的端口可以工作在方式 0。
● 若 A 口、B 口均工作在方式 1，C 口中还剩下 2 位，这 2 位可以通过编程来确定其输入或输出。8255 工作在方式 1 时，其输入/输出结构状态字的格式如表 7-4 所示。

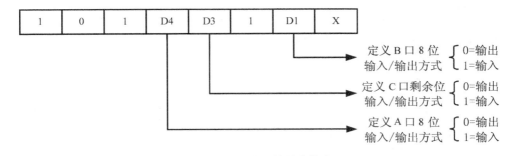

图 7-17 方式 1 控制字格式

表 7-4 8255 工作在方式 1 时不同输入/输出方式下的状态字

C 口各位定义	A 组为输入方式 B 组为输入方式	A 组为输入方式 B 组为输出方式	A 组为输出方式 B 组为输入方式	A 组为输出方式 B 组为输出方式
PC.0	INTRB	INTRB	INTRB	INTRB
PC.1	IBFB	$\overline{OBFB}$	IBFB	$\overline{OBFB}$
PC.2	$\overline{STBB}$	$\overline{ACKB}$	$\overline{STBB}$	$\overline{ACKB}$
PC.3	INTRA	INTRA	INTRA	INTRA
PC.4	$\overline{STBA}$	$\overline{STBA}$	I/O	I/O
PC.5	IBFA	IBFA	I/O	I/O
PC.6	I/O	I/O	$\overline{ACKA}$	$\overline{ACKA}$
PC.7	I/O	I/O	$\overline{OBFA}$	$\overline{OBFA}$

当任何一个口工作在方式 1 输入时,其控制联络信号如图 7-18 所示。由图可见 A 口和 B 口都有 $\overline{STB}$、IBF、INTR 三个信号。

$\overline{STB}$(Strobe):选通输入。这是由外设送来的信号,低电平时由外设将数据送入 8255 的输入锁存器。

IBF(Input Buffer Full):输入缓冲器满信号。该信号是 8255 提供给外设的联络信号,当它为高电平时,表示数据已输入到数据锁存器,它由 $\overline{STB}$ 的下降沿置位,由 $\overline{RD}$ 信号的上升沿复位。

INTR(Interrupt Request):中断请求信号。高电平有效,由 8255 发出,向 CPU 发中断请求,要求 CPU 读取外设送给 8255 的数据。当 $\overline{STB}$、IBF、INTE2(中断允许)均为高电平时,INTR 为高。中断请求信号由 CPU 发出的 $\overline{RD}$ 信号的下降沿复位。

INTE:中断允许控制位。A 口的中断允许控制位 INTE2 由 PC.4 的置位/复位来控制,INTE2 = 1 允许 A 口中断。B 口的中断允许控制位 INTE3 由 PC.2 的置位/复位来控制,INTE3 = 1 允许 B 口中断。

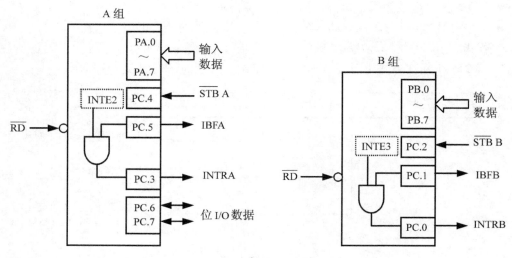

图 7-18 方式 1 输入组态

方式 1 的输入时序如图 7-19 所示。

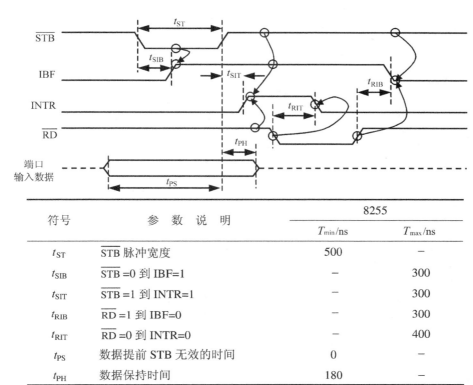

图 7-19　方式 1 输入时序

符号	参　数　说　明	8255	
		T_{min}/ns	T_{max}/ns
t_{ST}	$\overline{STB}$ 脉冲宽度	500	—
t_{SIB}	$\overline{STB}$=0 到 IBF=1	—	300
t_{SIT}	$\overline{STB}$=1 到 INTR=1	—	300
t_{RIB}	$\overline{RD}$=1 到 IBF=0	—	300
t_{RIT}	$\overline{RD}$=0 到 INTR=0	—	400
t_{PS}	数据提前 STB 无效的时间	0	—
t_{PH}	数据保持时间	180	—

当外设的数据送至 8255 的数据线上时，由外设用选通信号$\overline{STB}$把数据送入 8255 的输入锁存器，$\overline{STB}$的宽度至少为 500ns。$\overline{STB}$信号经过时间 t_{SIB} 后，IBF 信号有效，提供给外设，阻止外设继续输入新的数据，该信号也可供 CPU 查询。当$\overline{STB}$信号结束恢复为高电平后，经过 t_{SIT} 后发出 INTR 信号（当 INTE = 1 时），当 CPU 收到 INTR 信号响应中断，发出$\overline{RD}$信号，把数据读入 CPU。在$\overline{RD}$信号有效后，经过 t_{RIT} 清除中断请求。当$\overline{RD}$信号结束，数据已读入 CPU，$\overline{RD}$信号的上升沿又使 IBF 输出为 0，表示输出缓冲器已空，通知外设可以输入新的数据。

当 8255A 口、B 口工作在方式 1 输出时，其组态如图 7-20 所示。

各控制信号的功能如下：

$\overline{OBF}$（Output Buffer Full）：输出缓冲器满信号。低电平有效，它是 8255 输出给外部设备的联络信号，当它为低电平时，表示 CPU 已经把数据输出给指定的端口，外设可以将数据取走。它由 CPU 送出的$\overline{WR}$信号结束时的上升沿置"0"（有效），由$\overline{ACK}$信号的下降沿置"1"（无效）。

$\overline{ACK}$（Acknowledge）：外设响应信号。低电平有效，该端为低电平时表示 CPU 输出给 8255 的数据已由外设读取。

INTR：中断请求信号。高电平有效，表示 CPU 输出给 8255 的数据已由外设读取，请求 CPU 继续输出数据。中断请求的条件是$\overline{ACK}$、$\overline{OBF}$和 INTE（中断允许）均为高电平，CPU 发出的$\overline{WR}$信号的下降沿将撤除中断请求信号。

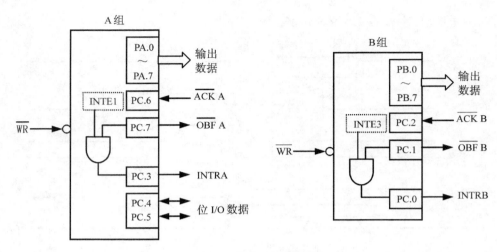

图 7-20 方式 1 输出组态

INTE1：由 PC.6 的置位/复位控制。

INTE3：由 PC.2 的置位/复位控制。

方式 1 的输出时序如图 7-21 所示。在中断控制方式下，输出过程是由 CPU 响应中断开始的。在中断服务程序中，CPU 在输出数据的同时发出 $\overline{WR}$ 信号，$\overline{WR}$ 信号一方面撤除 INTR（经过 t_{WIT}），另一方面 $\overline{WR}$ 信号的上升沿使 $\overline{OBF}$ 有效，通知外设读取数据。在 $\overline{WR}$ 信号上升沿后经过 t_{WB} 后数据输出。外设读取 8255 数据的同时，发出 $\overline{ACK}$ 信号，该信号一方面使 $\overline{OBF}$ 无效（经过 t_{AOB}），另一方面在 $\overline{ACK}$ 信号的上升沿使 INTR 有效（经过 t_{AIT}），从而发出新的中断请求，通知 CPU 继续输出数据。

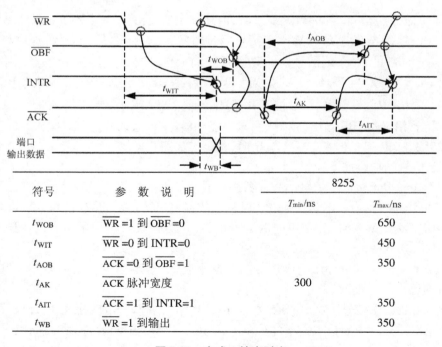

符号	参数说明	8255 T_{min}/ns	8255 T_{max}/ns
t_{WOB}	$\overline{WR}=1$ 到 $\overline{OBF}=0$		650
t_{WIT}	$\overline{WR}=0$ 到 INTR=0		450
t_{AOB}	$\overline{ACK}=0$ 到 $\overline{OBF}=1$		350
t_{AK}	$\overline{ACK}$ 脉冲宽度	300	
t_{AIT}	$\overline{ACK}=1$ 到 INTR=1		350
t_{WB}	$\overline{WR}=1$ 到输出		350

图 7-21 方式 1 输出时序

6．工作方式 2（带选通的双向 I/O）

通过图 7-22 所示的控制字格式，可设定端口 A 工作于方式 2，即 A 口成为一个双向 I/O 端口，并借用端口 C 的五条引脚作为通信联络线。方式 2 的基本功能如下：
- 方式 2 仅适合于 A 口；
- 有一个 8 位双向数据输入/输出端口（A 口）和一个 5 位控制信号端口（C 口）；
- 输入和输出均锁存。

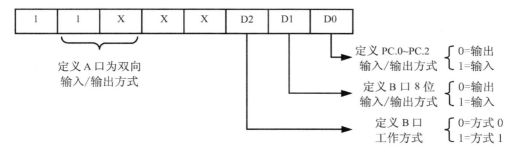

图 7-22　方式 2 控制字格式

C 口的状态字格式随 B 口的工作方式不同而不同，具体见表 7-5。

表 7-5　C 口的状态字格式随 B 口的工作方式不同而不同

A 口	B 口	C 口							
		PC.7	PC.6	PC.5	PC.4	PC.3	PC.2	PC.1	PC.0
方式 2	方式 0 输入	$\overline{OBFA}$	$\overline{ACKA}$	IBFA	$\overline{STBA}$	INTRA	I/O 由工作方式控制字 D0 决定		
	方式 0 输出	$\overline{OBFA}$	$\overline{ACKA}$	IBFA	$\overline{STBA}$	INTRA			
	方式 1 输入	$\overline{OBFA}$	$\overline{ACKA}$	IBFA	$\overline{STBA}$	INTRA	$\overline{STBB}$	IBFB	INTRB
	方式 1 输出	$\overline{OBFA}$	$\overline{ACKA}$	IBFA	$\overline{STBA}$	INTRA	$\overline{ACKB}$	$\overline{OBFB}$	INTRB

方式 2 组态如图 7-23 所示。

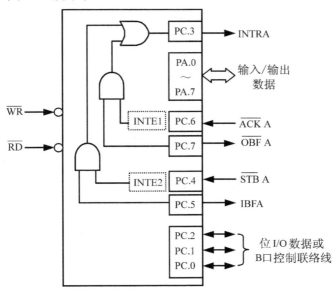

图 7-23　方式 2 组态

双向 I/O 端口控制信号的功能如下。

INTR：中断请求信号，高电平有效。8255 工作于方式 2 时可用于向 CPU 发中断请求。

$\overline{OBFA}$：输出缓冲器满信号。低电平有效，当它为低电平时，表示 CPU 已把数据输出到 A 口。

$\overline{ACKA}$：外设响应信号。低电平有效，当它为低电平时，启动 A 口的三态输出缓冲器，送出数据，$\overline{ACK}$ 信号的上升沿是数据已输出的回答信号。

INTE1：是一个与输出缓冲器相关的中断允许触发器，由 PC.6 的置位/复位来控制。

$\overline{STBA}$：选通输入。低电平有效，由外设送来的输入选通信号，用来将数据送入输入锁存器。

IBFA：输入缓冲器满信号。高电平有效，当它为高时，表示外设已将数据送入输入锁存器。

INTE2：是一个与输入缓冲器相关的中断允许触发器，由 PC.4 的置位/复位来控制。

8255 的 A 口工作在方式 2 时的时序如图 7-24 所示。它实质上是方式 1 的输入与输出方式的组合，因此各个时间参数的意义也相同。输出由 CPU 执行输出数据和发出 $\overline{WR}$ 信号开始，输入由选通信号开始。

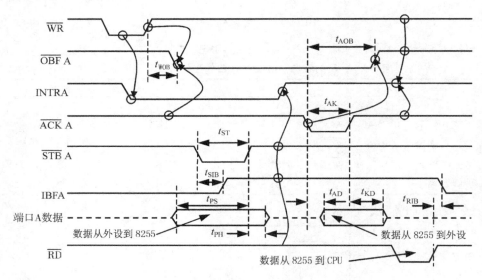

图 7-24 方式 2 的时序图

如果一个并行外部设备既可作为输入设备，又可作为输出设备，并且输入/输出操作又不会同时进行，那么就可利用 8255 的 A 口与外设相连，并使 A 口工作在方式 2，会非常合适。

当 A 口工作于方式 2 时，B 口可工作于方式 0 或方式 1。此时 C 口的高 5 位作为 A 口的控制联络线，而低 3 位则根据 B 口的工作方式来确定其是作为控制联络线还是作为 I/O 端口线。

7.3.4 MCS-51 单片机与 8255 的接口

MCS-51 单片机与 8255 的接口逻辑相当简单，图 7-25 给出了一种接口原理图。8255 的数据总线 D7~D0 和 8051 P0 口相连，8255 的片选信号 $\overline{CS}$、A0、A1 分别和 8051 的 P2.7、A0、A1 相连，所以 8255 的 A 口、B 口、C 口和控制口地址分别为 7FFCH、7FFDH、7FFEH、7FFFH。8255 的读写线 $\overline{WR}$、$\overline{RD}$ 分别和 8051 的 $\overline{WR}$、$\overline{RD}$ 引脚相连。8255 的复位端 RESET 建议与 8051 的复位端 RESET 分开，所采用的 RC 电路时间常数应比 8051 的复位时间稍短一些。

7.3.5 8255 编程举例

在实际的应用系统中,必须根据外围设备的类型选择 8255 的工作方式,并且在初始化程序中把相应的控制字写入。下面根据图 7-25 所示的原理图,举例说明 8255 的编程方法。图中各端口的地址如下:

A 口:7FFCH。B 口:7FFDH。C 口:7FFEH。控制口:7FFFH。对应的地线 A15=0,A1A0 分别为 00、01、10、11。

假设要求 8255 的 A 组、B 组均工作在方式 0,且 A 口作为输入口,B 口和 C 口作为输出口,则初始化及输入/输出数据的程序如下:

```
MOV    A,#90H              ;方式0,A 口输入,B 口、C 口输出
MOV    DPTR,#7FFFH         ;控制口地址送到 DPTR
MOVX   @DPTR,A             ;工作方式控制字送工作方式寄存器
MOV    DPTR,#7FFCH         ;A 口地址送 DPTR
MOVX   A,@DPTR             ;从 A 口读数据
…
MOV    DPTR,#7FFDH         ;B 口地址送 DPTR
MOV    A,#DATA1            ;要输出的数据送 A
MOVX   @DPTR,A             ;将数据送 B 口输出
…
MOV    DPTR,#7FFEH         ;C 口地址送 DPTR
MOV    A,#DATA2            ;要输出的数据送 A
MOVX   @DPTR,A             ;将数据送 C 口输出
…
```

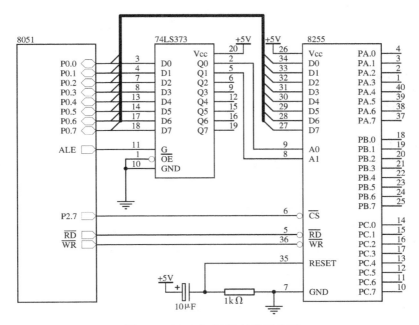

图 7-25 8051 与 8255 的接口电路

假设 8255 C 口的 8 位中的任一位,均可用指令实现置位或复位。例如,把 C 口的第 4 位 PC.3 置 1,相应的按位置数控制字为 000000111B = 07H。程序如下:

```
MOV     DPTR,#7FFFH        ;控制口地址送 DPTR
MOV     A,#07H             ;控制字送 A
MOVX    @DPTR,A            ;控制字送控制寄存器 PC.3 = 1
```

如果想把 C 口的第 5 位 PC.4 复位,相应的控制字为 00001000B = 08H,程序如下:

```
MOV     DPTR,#7FFFH        ;控制口地址送 DPTR
MOV     A,#08H             ;控制字送 A
MOVX    @DPTR,A            ;控制字送控制寄存器 PC.4 = 1
```

8255 接口芯片在 MCS-51 单片机应用系统中曾被广泛应用于连接外部设备,如打印机、键盘、显示器以及作为控制信息的输入/输出端口中。

现在仍有许多其他的可编程 I/O 芯片,他们的使用与 8255 有许多共同点。使用时需要了解:有哪些控制寄存器、状态寄存器和数据寄存器?如何设置它们的工作方式?如何读取它们的状态信息?如何读取/写入 I/O 的数据?

7.4 异步串行接口的扩展

虽然并行接口是单片机的最基本的接口,但由于使用的传输线多,容易产生干扰,故超过一定距离的数据传输通常采用串行传输。串行传输方式根据字符码同步方式的不同,又可分为异步传输和同步传输方式(第 6 章),其中异步传输虽然传输效率较低,传输速率也不高,但传输协议简单,并且单片机串行接口都支持异步传输,故在实际使用中异步传输仍有广泛应用。

常见的异步传输标准有 RS-232C 和 RS-485,其中 RS-232C 已在第 6 章中有介绍。RS-232C 由于传输距离和传输速度性能不高,不太适应多点之间的异步串行传输,所以常用 RS-485 来取代。

7.4.1 RS-485 标准

鉴于 RS-232C 存在的许多不足,EIA 在 1977 年制定了新标准 RS-449。新标准除了与 RS-232C 兼容外,在传输速率、传输距离、电气性能方面有了很大提高。RS-449 标准有多个子集,分别为 RS-422A、RS-423A 和 RS-485。其中 RS-485 是 RS-422A 的变型。

RS-485 扩展了 RS-422A 的性能,允许一个发送器驱动 32 个负载设备。负载设备可以是被动发送器、接收器或收发器(发送器和接收器的组合)。RS-485 电路允许共用电话线通信。电路结构是在平衡连接电缆两端有终端电阻(120Ω),在平衡电缆上挂发送器、接收器、组合收发器。RS-485 最大传输距离可达 1200m,传输速率可达 100kbps(1200m) ~ 10Mbps(12m)。

RS-485 的时序与 RS-232C 完全兼容,除了传输距离远和传输速率高外,还能形成多点通信,并有较强的抗干扰能力,因而得到了广泛应用。

RS-485 采用平衡差分传输技术,即每路信号都使用一对以地为参考的正负信号线,信号传输原理如图 7-26(b)所示。由图可见,平衡驱动器有两个输出端,一个为 $+V_T$,另一个为 $-V_T$。差分接收器对其输入端的信号进行差分运算。图 7-26(b)中信号传送过程中受到的电磁干扰远比图 7-26(a)中的要小。

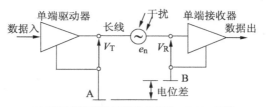

(a) 采用单端驱动器和接收器的 RS-232 标准

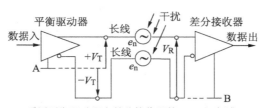

(b) 采用平衡驱动器和差分接收器的 RS-485 标准

图 7-26　RS-232、RS-485 连接方式比较

7.4.2　RS-485 接口的扩展

单片机系统中使用 RS-485 时,通常需要使用 RS-485 收发器芯片。如 MAX48X/49X 系列收发器,其有如下主要特点:

- +5V 单电源供电。
- 低功耗:工作电流 120～500μA;静态电流 120μA(MAX483/487/488/489)或 300μA(MAX481/485/490/491)。
- 关闭方式:MAX481/483/487 三种型号有关闭方式(驱动器和接收器处于静止状态),在此方式下,只消耗 0.1μA 电流。
- 通信传输线上最多可挂 128 个收发器(MAX487)。
- 使用不同型号电路可方便组成半双工或全双工通信电路。
- 共模输入电压范围: -7～+12V。
- 驱动器过载保护。

下面分别介绍几种典型的工作电路。

1. 半双工通信

MAX481/483/485/487 用于半双工通信的典型工作电路如图 7-27 所示。图中 R_t 为匹配电阻,传输线为双绞线。

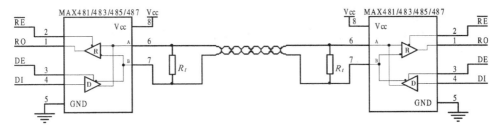

图 7-27　MAX 481/483/485/487 实现半双工通信的典型电路

2. 全双工通信

MAX489/491 可组成全双工通信,典型工作电路如图 7-28 所示。

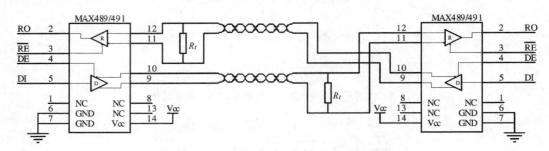

图 7-28　MAX489/491 实现全双工通信的典型电路

3. 通信网络

由 MAX48×/49× 系列收发器组成的差分平衡系统,抗干扰能力强,传输数据可以从千米以外得到恢复,因此特别适用于远距离通信。利用它可组成满足 RS-485 标准的通信网络。

MAX481 可用于总线(母线、合用线)系统。如图 7-29 所示为一典型 RS-485 半双工通信网络,图中驱动器有使能控制端 DE。当驱动器被禁止时,输出端 Y、Z 为高阻态,因而接收器具有高的输入阻抗,所以处于禁止状态的驱动器和多个接收器挂在传输线上不会影响信号的正常传输,故多个驱动器和接收器可共享一公用传输线。

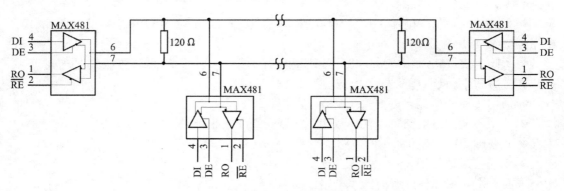

图 7-29　典型 RS-485 半双工通信网

图中各驱动器分时使用传输线(不发送数据的驱动器应被禁止)。网络上可挂 32 个站(MAX481/MAX483/MAX485)。如果使用 MAX487 作为站的收发器,由于其输入阻抗是标准接收器的 4 倍,故网上可挂 $32 \times 4 = 128$ 个站。

由 MAX489/MAX491 可组成全双工 RS-485 通信网,其线路连接如图 7-30 所示。

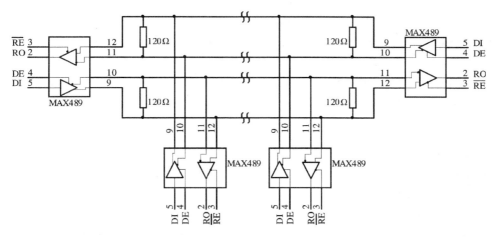

图 7-30　MAX489/491 全双工通信网

7.4.3　异步串行接口与 PC 的通信

1. 单片机与 PC 的串行通信

单片机应用系统无论是在开发过程中，还是在实际应用过程中，经常需要与 PC 通信。由于 PC 与外部通信的方式很少采用并行方案，都以串行通信为主。早期的 PC 配置有 RS-232C 接口，现在都由 USB 接口来取代。另外，PC 的以太网络接口虽然也属于串行接口，与 32 位的 MCU 通信也比较方便，但单片机由于存储容量、运行速度资源的限制，难以采用以太网络与 PC 通信。所以，单片机与 PC 的通信主要采用异步串行接口。

单片机与 PC 的串行通信方案主要有：单片机通过 USRT/USB 接口与 PC 通信、通过 RS-232C 与 PC 通信、通过 RS-485 与 PC 通信。这些方案的核心是 USRT/USB 转换电路。

单片机与 PC 的串行通信通常会用到 USB 接口。USB（Universal Serial Bus，通用串行总线）是计算机和外部设备进行通信连接的最常用的接口。USB 采用一个主设备与多个从设备的连接结构，它是一种半双工同步串行接口。它具有数据传输速率高、接口体积小、支持热插拔等特点，但 USB 传输距离较短，也只有几米，常作为 PC 与外部设备进行通信连接的"桥梁"。USB 除了能与键盘、鼠标、移动硬盘、U 盘、智能手机、数码相机等电子设备连接外，也能与智能仪器、数据采集系统连接。

2. 单片机利用 USRT/USB 接口与 PC 通信

单片机通常都含有通用异步接收器/发送器（USRT），通过 USRT/USB 转换电路，形成 USB 接口，然后与 PC 连接。

USRT/USB 转换电路通常由专用集成电路组成，常见的有：PL2303TA、CP2102、CH340/CH341、FT232 等。下面以 FT232 为例，介绍 USRT/USB 转换电路的功能与连接。

FT232 芯片集成了 EEPROM，可用于 I/O 的配置以及存储 USB 的序列号和产品描述等信息。FT232 芯片整合了电平转换器，使其 I/O 端口电平支持 2.8～5V 的宽范围。FT232 能自行产生时钟，无须外挂晶振钟振；内部整合了上电复位电路；I/O 管脚驱动能力强，可驱动多个设备或者较长的数据线；数据传输速率达 $300\sim3\times10^6$ bps，有较好的适应性和兼容性。

FT232 一方面将 USRT 的 TTL 电平信号(包括由 RS422、RS485、RS232 接口信号转换的 TTL 信号)转换为 USB 接口的电信号,另一方面通过虚拟 COM 端口(VCP),让 PC 将 USB 接口看成通用的异步串行接口 COM 端口。这样 PC 就可以通过一些串口助手软件,与单片机进行串行通信,PC 上应用软件也可以按 USRT 串行通信协议与单片机进行数据传输。

单片机利用 USRT/USB 接口与 PC 通信的电原理图见图 7-31。

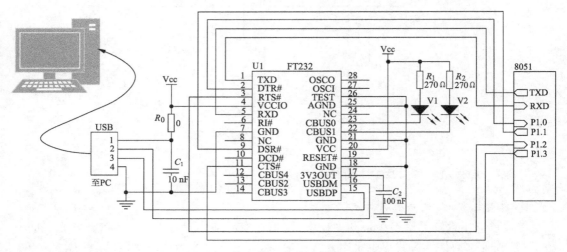

图 7-31 单片机利用 USRT/USB 接口与 PC 通信

USRT/USB 接口也有许多商品化模块,如图 7-32 所示。单片机应用系统可以通过接插件连接使用。

图 7-32 USRT/USB 接口模块

也有一些新型的单片机直接将 USRT/USB 接口集成在芯片里,按异步串口工作方式通过 USB 接口与 PC 通信。

3. 单片机通过 RS-232C 与 PC 通信

单片机的串口通过电平转换,扩展为 RS-232C 接口,然后与配置 RS-232C 的 PC 通信。如果 PC 没有配置 RS-232C 接口,可利用 RS-232C/USB 转换模块,将 RS-232C 接口转换为 USB 接入 PC。

单片机利用 RS-232C/USB 接口与 PC 通信的电原理图见图 7-33。通常 RS-232C 之间的通信间距要比 USB 之间的大。前者的通信距离有数十米,而后者只有数米。

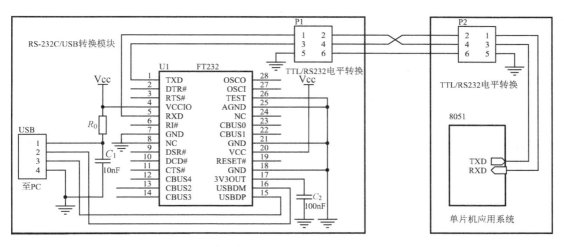

图 7-33 单片机利用 RS-232C/USB 接口与 PC 通信

4. 单片机利用 RS-485/USB 接口与 PC 通信

由于 RS-232C 通信速度不高,传输距离近,抗干扰能力弱,难以适用超过上百米的数据通信。如改用 RS-485 接口,可提高传输速度和传输距离。

单片机的串口通过电平转换,扩展为 RS-485 接口。由于普通 PC 一般不配置 RS-485 接口,所以在 PC 端需要使用 RS-485/USB 转换模块,将 RS-485 接口转换为 USB 接口,就能接入 PC 了。

而对工业控制用的计算机(简称工控机),包括采用 PC 架构的工控机,通常都配置 RS-485 接口,单片机扩展的 RS-485 接口也很方便与工控机通信。

单片机利用 RS-485/USB 接口与 PC 通信的电原理图见图 7-34。

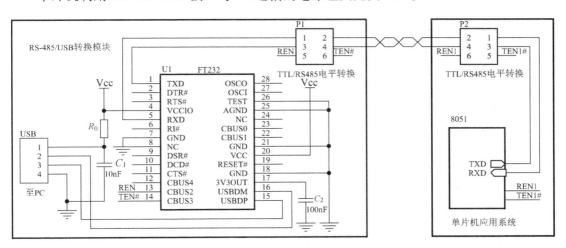

图 7-34 单片机利用 RS-485/USB 接口与 PC 通信

7.5 同步串行接口的扩展

7.5.1 SPI 接口

SPI(Serial Peripheral Interface)串行外围设备接口技术是早期 Motorola 公司推出的一种同步串行通信接口。SPI 采用主从模式(Master Slave)架构,通常 SPI 总线上有一个主设备(Master)和一个或多个从设备(Slave)。单片机通常作为 SPI 总线上的主设备。

由于 SPI 的硬件电路简单,推出历史较长,应用比较广泛,支持 SPI 总线的外围器件很多,如 RAM、EEPROM、A/D 和 D/A 转换器、实时时钟、LED/LCD 驱动器以及无线电音响器件等。

SPI 总线的传输速率取决于连接的芯片,可以实现全双工传输,传输速率比较高,可达几百千比特/秒至几兆比特/秒。虽然从名称上看,SPI 总线是外设之间的接口,但通常用于芯片间的数据传输,不太适宜远距离和系统级之间的连接,也不太适合用于多个主设备之间的通信。

1. SPI 信号线

标准的 SPI 总线有 4 根信号线:MISO(Master In/Slave Out)、MOSI(Master Out/Slave In)、SCK(Serial Clock)和$\overline{SS}$(Slave Select)。连接到 SPI 的有主设备和从设备,两者连接到 SPI 总线的信号线方向有所不同,利用 SPI 总线一个主设备与多个从设备进行数据通信的连接示意图如图 7-35 所示,各信号线的方向见表 7-6。

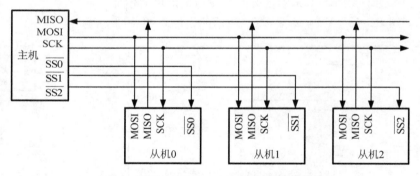

图 7-35 利用 SPI 总线进行数据通信的连接

表 7-6 SPI 总线信号线

引脚	方式	SPI 功能
MISO	主器件	串行数据输入(到 SPI 总线)
	从器件	串行数据输出(来自 SPI 总线)
MOSI	主器件	串行数据输出(来自 SPI 总线)
	从器件	串行数据输入(到 SPI 总线)

续表

引脚	方式	SPI 功能
SCK	主器件	时钟输出(到 SPI 总线)
	从器件	时钟输入(来自 SPI 总线)
$\overline{SS}$	主器件	选择从器件(到 SPI 总线),低电平有效
	从器件	待选中(来自 SPI 总线),低电平有效

2. SPI 工作原理

SPI 包括三个主要组成部分：移位寄存器、发送缓冲器和接收缓冲器,如图 7-36 所示。

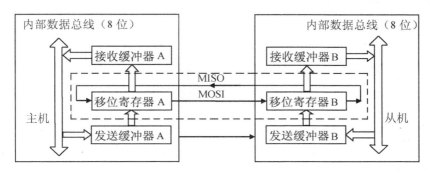

图 7-36 SPI 工作原理

发送缓冲器与 SPI 内部数据总线相连,写入 SPI 的数据通过数据总线装入发送缓冲器,然后自动装入移位寄存器。接收缓冲器也与数据总线相连,接收到的数据可以从接收缓冲器读出。移位寄存器负责收发数据,有移入和移出两个端口,分别与收和发两条通信线路连接,通信双方的移位寄存器和移入/移出端口构成一个环形结构(图 7-36 中的虚线框)。

以主机给从机发送数据为例的 SPI 半双工通信的操作过程如下：

a. 主机 CPU 经过数据总线把欲发送的数据写入发送缓冲器 A,该数据随即被自动装入移位寄存器 A 中。

b. 发送过程启动,主机送出时钟脉冲信号 SCK,有效数据从寄存器 A 中一位一位地移入寄存器 B 内(同时寄存器 B 中的数据也一位一位地移入移位寄存器 A 中,由于是半双工通信,因此被移入的数据一般为无效数据,可以不理睬)。

c. 8 个时钟脉冲后,时钟停顿,8 位数据全部移入寄存器 B 中,随即被自动装入接收缓冲器 B,并且将接收缓冲器 B 满标志位置位(由此也可触发接收中断)。

d. 从机 CPU 检测到该标志位(或响应中断)后,即读取接收缓冲器 B 中的数据,完成一个字节的单向通信过程。

SPI 全双工通信的操作过程如下：

a. 主机把欲发送给从机的数据写入发送缓冲器 A 中,随即该数据被自动装入移位寄存器 A 中；同时,从机把欲发送给主机的数据写入发送缓冲器 B 中,随即该数据被自动装入移位寄存器 B 中。

b. 主机启动发送过程,送出时钟脉冲信号 SCK,寄存器 A 中的数据经过 MOSI 引脚一位一位地移入寄存器 B 内；同时,寄存器 B 中的数据经过 MISO 引脚一位一位地移入寄存器 A 内。

c. 8 个时钟脉冲过后,时钟停顿,寄存器 A 中的 8 位数据全部移入寄存器 B 中,随即又被自动装入接收缓冲器 B,并且将从机接收缓冲器 B 满标志位置位(一般还能引发中断);同理,寄存器 B 中的 8 位数据全部移入寄存器 A 中,随即又被自动装入接收缓冲器 A,并且将主机接收缓冲器 A 满标志位置位(可利用该标志来触发中断)。

d. 主机 CPU 检测到接收缓冲器 A 满标志位(或响应中断)后,就可以读取接收缓冲器 A;同样地,从机 CPU 检测到接收缓冲器 B 满标志位(或响应中断)后,就可以读取接收缓冲器 B,完成一个字节的互换通信过程。

3. 时序

SPI 主要利用 MISO、MOSI、SCK 三线进行同步数据传输,所以也称三线串行同步传输,其原理与 National Semiconductor 公司的 Microwire 串行总线相同,不过 Microwire 总线的三个信号线分别称为 DI(Data In)、DO(Data Out)和 CLK,对 Microwire/Plus 总线还增加了一根与 $\overline{SS}$ 类似的片选信号线,称为 $\overline{CS}$。目前,有许多与 SPI 总线兼容的器件,所用的信号线记为 DI、DO、CLK 和 $\overline{CS}$。在许多控制系统中,常利用 SPI 的三线串行同步方式进行单片机与 I/O、RAM、EEPROM 器件之间的数据通信。

了解 SPI 的时序是掌握其应用的关键。SPI 总线的时钟工作方式根据时钟相位(CKPHA)和时钟极性(CKPOL)又有四种方式,如图 7-37 所示。使用较为广泛的是方式 SPI0 (CKPOL = 0,CKPHA = 0)和方式 SPI3(CKPOL = 1,CKPHA = 1)。主从设备要求采用相同的时钟工作方式。

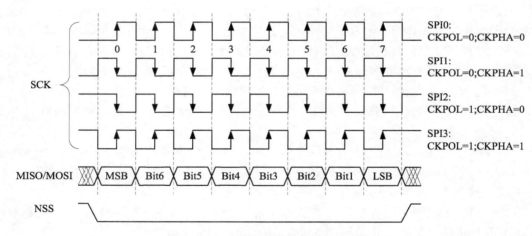

图 7-37 SPI 总线的四种时钟工作方式

SPI 主设备在读写期间,从设备的 $\overline{SS}$(或 $\overline{CS}$)应处于选中状态(即低电平)。在 SPI0 方式下,主设备输出 SCK 低电平,从设备输出的数据放到 MISO(或 DI)上,而主设备输出的数据放到 MOSI(或 DO),主设备在 SCK 的前沿(上升沿)时,接收 MISO(或 DI)上的 1 位数据,而从设备接收 MOSI(或 DO)上的 1 位数据;在 SCK 的后沿(下降沿)时,从设备输出的数据放到 MISO(或 DI)上,主设备输出的数据放到 MOSI(或 DO)。经过连续 8 个 CLK 脉冲,传输 1 个字节的数据(最高位在前)。图 7-38 为 SPI 总线传输数据实例,此时主器件向从器件先后写入 08H、45H 数据,而在后一字节读取从器件数据 67H 的时序图。数据的读写均在 SCK

的前沿(上升沿)时有效。

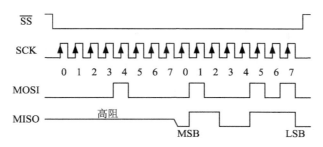

图 7-38　SPI 总线传输数据实例

由于 SPI 总线没有指定的流控制和应答机制，为保证可靠性，可通过其他途径确认是否接收到数据。

4．单片机的 SPI 模拟实现

新型的单片机已带有片内的 SPI 接口，不过一般单片机也可以通过普通 I/O 口来模拟实现 SPI。图 7-39 为单片机与 SPI 接口器件的连接示意图。

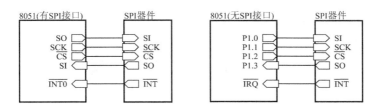

图 7-39　采用 SPI 接口器件与单片机的连接

有些 SPI 器件并没有中断请求信号线，例如单片机模拟实现 SPI 与 8Kbits 的 EEPROM 存储器 X25F008 的连接图如图 7-40 所示。

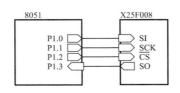

图 7-40　单片机模拟实现 SPI 与 X25F008 的连接图

模拟实现 SPI 的单片机程序如下：

（1）MCU 串行输入子程序 SPIIN

从 X25F008 接收 8 位数据并放入寄存器 R0 中的子程序如下：

```
SPIIN:   SETB   P1.1          ;使 P1.1(时钟)输出为 1
         CLR    P1.2          ;选择从机
         MOV    R1,#08H       ;置循环次数
SPIIN1:  CLR    P1.1          ;使 P1.1(时钟)输出为 0(产生下降沿)
         NOP                  ;延时
         NOP
```

	MOV	C,P1.3	;从机输出 SO 送进位 C
	RLC	A	;左移至累加器 ACC
	SETB	P1.1	;使 P1.0(时钟)输出为 1
	DJNZ	R1,SPIIN1	;判断是否循环 8 次(8 位数据)
	MOV	R0,A	;8 位数据送 R0
	RET		

(2) MCU 串行输出子程序 SPIOUT

将 MCS-51 单片机中 R0 寄存器的内容传送到 X25F008 的程序如下：

SPIOUT:	SETB	P1.1	;使 P1.1(时钟)输出为 1
	CLR	P1.2	;选择从机
	MOV	R1,#08H	;置循环次数
	MOV	A,R0	;8 位数据送累加器 ACC
SPIOUT1:	CLR	P1.1	;使 P1.1(时钟)输出为 0
	NOP		;延时
	NOP		
	RLC	A	;左移至累加器 ACC 最高位至 C
	MOV	P1.0,C	;进位 C 送从机输入 SI 线上
	SETB	P1.1	;使 P1.1(时钟)输出为 1(上升沿)
	DJNZ	R1,SPIOUT1	;判断是否循环 8 次(8 位数据)
	RET		

(3) MCU 串行输入/输出子程序 SPIIO

将 MCS-51 单片机 R0 寄存器的内容传送到 X25F008 的 SPISI 中,同时从 X25F008 的 SPISO 接收 8 位数据至累加器的程序如下：

SPIIO:	SETB	P1.1	;使 P1.1(时钟)输出为 1
	CLR	P1.2	;选择从机
	MOV	R1,#08H	;置循环次数
	MOV	A,R0	;8 位数据送累加器 ACC
SPIIO1:	CLR	P1.1	;使 P1.1(时钟)输出为 0(下降沿)
	NOP		;延时
	NOP		
	MOV	C,P1.3	;从机输出 SPISO 送进位 C
	RLC	A	;左移至累加器 ACC 最高位至 C
	MOV	P1.0,C	;进位 C 送从机输入
	SETB	P1.1	;使 P1.1(时钟)输出为 1(上升沿)
	DJNZ	R1,SPIIO1	;判断是否循环 8 次(8 位数据)
	RET		

7.5.2 I^2C 总线

I^2C 总线(Inter Integrated Circuit Bus,IIC Bus)是 PHILIPS 公司首先推出的芯片间同步

串行传输总线。I²C 总线与另一个串行总线系统管理总线(System Management Bus,SMBus)基本类似,都是两线式串行总线。

I²C 总线通过串行数据线 SDA 和串行时钟线 SCL 这两个信号线就可实现半双工串行数据传输。在 I²C 总线上可以挂接各种类型的外围器件。例如,RAM、EEPROM、I/O 扩展、A/D、D/A、日历/时钟和许多彩电芯片等。

I²C 的传输速率可达 100kbps(Standard-mode)、400kbps(Fast-mode)、3.4Mbps(High-speed mode),但 I²C 属于芯片级总线,不适宜远距离和系统级之间的连接。

1. I²C 总线的特点

I²C 总线与 USART 和前述的 SPI 相比,在硬件结构、组网方式和软件编写等方面都有很大的不同,主要体现在如下方面:

- 只用 2 根连线,大大简化了系统硬件设计。
- 具有一定的应答机制,提高了传输的可靠性。
- 便于扩展,容易实现按模块设计,易更换、升级和维修。
- 功耗低,电源电压范围宽,抗干扰性能较好。
- I²C 总线为半双工传输,传输速率受一定限制。

2. I²C 总线的结构与原理

I²C 串行总线有两根信号线:一根是双向的数据线 SDA;另一根是时钟线 SCL。所有接到 I²C 总线上的器件,其串行数据都接到总线的 SDA 线,各器件的时钟线都接到总线的 SCL 线。SDA 和 SCL 都是双向 I/O 线,器件地址由硬件设置,通过软件寻址可避免器件的片选线寻址。

连接到 I²C 串行总线上的器件(或设备)有主和从之分。总线上的数据传输由主器件控制。它发出启动信号启动数据的传输,发出停止信号结束传输,此外还发出时钟信号。被主器件寻访的器件都称为从器件。

为了进行通信,每个接到 I²C 总线上的器件都有一个唯一的地址,以便于主器件寻访。主器件和从器件的数据传输是双向的,可以由主器件发送数据到从器件,也可以由从器件发到主器件。凡是发送数据到总线的器件称为发送器,从总线上接收数据的器件称为接收器。

I²C 总线上允许连接多个主器件和从器件。为了保证数据可靠地传输,任一时刻总线只能由某一台主器件控制,通常主器件是微处理器。为了妥善解决多台微处理器同时启动数据传输(总线控制权)的冲突,可通过仲裁决定由哪一台微处理器控制总线。I²C 总线也允许连接不同传输速率的器件。

图 7-41 中的 I²C 总线上连接了 2 个微处理器、1 个 LCD 驱动器、1 个 RAM 或 EEPROM、1 个门阵列和 1 个 ADC 芯片。

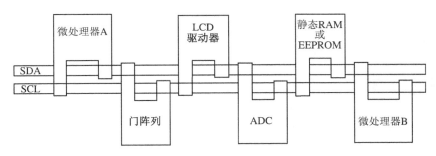

图 7-41　I²C 总线的连接

为了避免总线信号的混乱,要求各器件连接到总线的输出端必须是开漏输出或集电极开路输出的结构。器件与总线的接口电路如图 7-42 所示。

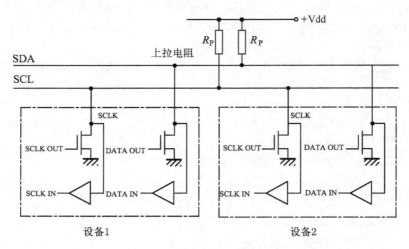

图 7-42　器件与 I^2C 总线的接口电路

器件上的数据线 SDA、时钟线 SCL 是双向的,输出电路用 SDA 向总线上发送数据,输入电路从 SDA 接收总线上的数据。作为控制总线数据传输的主器件要通过 SCL 输出电路发送时钟信号,同时要检测总线上 SCL 上的电平以决定什么时候发送下一个时钟脉冲电平;作为接受主器件命令的从器件,要按总线上的 SCL 的信号发出或接收 SDA 上的信号,也可以向 SCL 线发出低电平信号以延长总线时钟信号周期。

总线空闲时,因各器件都是开漏输出,上拉电阻 R_P 使 SDA 和 SCL 线都保持高电平。任一器件输出的低电平都使相应的总线信号线变低。总线的高电平不是固定的,它由 Vdd 电平决定。

3．时序

(1) I^2C 数据总线传输

在 I^2C 总线上,数据传输过程中,有两种特定的情况分别定义为"开始"条件和"停止"条件,记为"S"和"P",如图 7-43 所示。

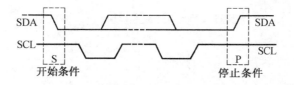

图 7-43　I^2C 总线的"开始"条件和"停止"条件

当 SCL 保持"高",SDA 由"高"变为"低"时为开始条件;SCL 保持"高",SDA 由"低"变为"高"时为停止条件。开始和停止条件由主控器产生。使用硬件接口可以很容易地检测开始和停止条件,具有这种接口的微处理器必须以每时钟周期至少两次对 SDA 取样以检测这种变化。

SDA 线上的数据在时钟"高"期间必须是稳定的,只有当 SCL 线上的时钟信号为低时,数据线上的"高"或"低"状态才可以改变。输出到 SDA 线上的每个字节必须是 8 位,每次传输的字节数不受限制,但每个字节必须有一个应答为 ACK。

如果某接收器件在完成其他功能(如内部中断)前不能完整接收另一数据的字节时,它可以保持时钟线 SCL 为低,以促使发送器进入等待状态;当接收器准备好接受数据的剩余字节并释放时钟线 SCL 后,数据传输继续进行。I^2C 数据总线的传输时序如图 7-44 所示。

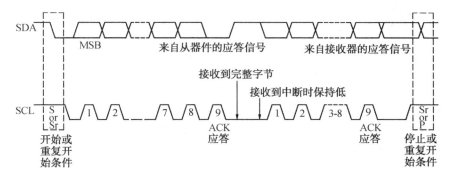

图 7-44 I^2C 数据总线传输时序

数据传输具有应答是必须的。与应答对应的时钟脉冲由主控器产生,发送器在应答期间必须下拉 SDA 线。当寻址的被控器件不能应答时,数据保持为高,接着主控器产生停止条件终止传输。在传输过程中,在用到主控接收器的情况下,主控接收器必须发出一数据结束信号给被控发送器,后者必须释放数据线,以允许主控器产生停止条件。

在 I^2C 总线上传输数据时的应答时序如图 7-45 所示。

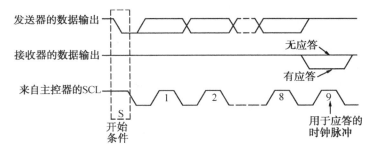

图 7-45 I^2C 总线上传输时的应答时序

(2)数据传输

在 I^2C 总线上每次的传输数据由起始条件 S、从器件地址、读写控制 R/$\overline{W}$ 位、被访问单元地址、若干字节数据和应答信号 A 组成。I^2C 总线在开始条件后的首字节为从器件的地址。I^2C 总线以广播呼叫方式寻址总线上的所有器件。在写操作的时序中,应答信号由从器件发出,由主器件检测,如检测到"0"表示从器件有应答,否则表示从器件无应答或不能再接收主器件数据。在读操作的时序中,首字节的地址应答信号仍由从器件发出,但后面的读数据时序中,应答信号由主器件发出。

图 7-46 所示的是 I^2C 总线上主器件对地址为 1100101 的从器件写入 2 字节 2AH 和 69H 的时序。

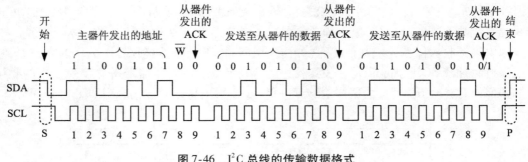

图 7-46　I^2C 总线的传输数据格式

由于 I^2C 总线上可能挂接多个器件,它必须具有多主控能力,可以对发生在 SDA 线上的总线竞争进行仲裁,其仲裁原则是这样的:当 2 个主器件同时想占用总线时,如果某个主器件发送高电平,而另一个主器件发送低电平,则发送电平与此时 SDA 总线电平不符的那个器件将自动关闭其输出级。

4. 单片机模拟实现 I^2C 总线

对带有 I^2C 总线硬件接口的单片机(如 C8051F0XX 系列、PHILIPS 的 87LPC7XX 系列、MICROCHIP 的 PIC6XX 系列等)而言,单片机通过 I^2C 总线与带有 I^2C 总线硬件接口的器件的连接非常方便。在选定合适的 I^2C 总线接口器件之后,主要是编写作为主器件的单片机的数据传输程序。

当不带 I^2C 总线接口的单片机要与带有 I^2C 总线硬件接口的器件进行连接时,一般用单片机 I/O 端口中的 2 位 I/O 口线模拟 I^2C 总线的 SCL 和 SDA,然后用软件来模拟 I^2C 的总线操作。

下面以不带 I^2C 总线的 MCS-51 系列单片机扩展一片采用 I^2C 总线接口的 64KB EEP-ROM 芯片 24C512 为例,说明 MCS-51 系列单片机 I^2C 总线的模拟。

24C512 是 8 引脚 I^2C 总线的 EEPROM,容量为 64KB,具有体积小、接口简单、容量大、掉电数据不丢失等特点,广泛用于智能仪表中数据存储。

图 7-47 为单片机 AT89C2051 与 24C512 通过 I^2C 总线连接的接口电路图,其中 24C512 的 SCL 和 SDA 分别连接单片机的 P1.1 和 P1.0。

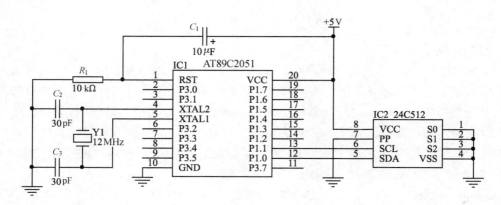

图 7-47　单片机 AT89C2051 与 24C512 通过 I^2C 总线连接的接口电路

与图 7-47 对应的应用程序如下(因 24C512 的存储容量为 64KB,因此软件采用 DPTR 间接寻址)。

```
        SCL     EQU     P1.1            ;P1.1 模拟 SCL
        SDA     EQU     P1.0            ;P1.0 模拟 SDA
        FADDR   EQU     0A0H            ;24C512 芯片地址及写控制字
;**************************
;       发启动信号
START:  SETB    SDA             ;置 SDA 为高
        SETB    SCL
        JNB     SDA,START       ;等待稳定,起始条件锁定时间大于 4μs
        JNB     SCL,START       ;等待稳定,起始条件建立时间大于 4.7μs
        CLR     SDA             ;SDA 从高到低变化,发出 START 信号
        CLR     SCL             ;锁住总线,准备发数据
        RET
;**************************
;       发停止信号
STOP:   CLR     SDA             ;置 SDA 为低
        NOP
        NOP
        SETB    SCL             ;发送结束条件的时钟信号
        NOP
        NOP
        SETB    SDA             ;结束总线
        RET
;**************************
;       确认信号程序
MACK:   CLR     SDA             ;置 SDA 为低
        NOP
        NOP
        SETB    SCL             ;发应答信号时钟脉冲
        NOP
        NOP
        CLR     SCL             ;锁住总线
        RET
;**************************
;       非确认信号程序
NMACK:  SETB    SDA             ;置 SDA 为高
        NOP
        NOP
```

```
            SETB    SCL              ;发应答信号时钟脉冲
            NOP
            NOP
            CLR     SCL              ;锁住总线
            RET
;**************************
;           检查确认位子程序 CACK
CACK:       SETB    SDA              ;置 SDA 为高,释放总线
            NOP
            NOP
            SETB    SCL              ;发出时钟脉冲,读入确认位
            CLR     SCL              ;锁定时钟
            NOP
            NOP
            MOV     C,SDA            ;确认位移入进位标记 C
            JC      CAKC             ;判断确认位,为高继续判断
            RET
;**************************
;           从 24C512 中移出 8 位数据程序
;           A—读出的数据
SHIN:       PUSH    B                ;保护寄存器 B
            MOV     B,#8             ;设置循环次数
SHIN1:      SETB    SDA              ;置 SDA 为高,释放总线
            NOP
            NOP
            SETB    SCL              ;发出时钟脉冲,读出一位数据
            NOP
            NOP
            MOV     C,SDA            ;数据移入进位标记
            RLC     A                ;数据移入累加器 A
            CLR     SCL              ;锁定时钟
            DJNZ    B,SHIN1          ;数据未读完,跳转
            POP     B                ;恢复寄存器 B
            RET
;**************************
;           向 24C512 移入 8 位数据程序
;           A—被写数据
SHOUT:      PUSH    B                ;保护寄存器 B
SHOUT1:     MOV     B,#8             ;设置循环次数
```

```
SHOUT2:     RLC     A               ;累加器最高位移入进位标记 C
            MOV     SDA,C           ;数据送出数据口线
            NOP
            NOP
            SETB    SCL             ;发出时钟脉冲,写入一位数据
            NOP
            NOP
            CLR     SCL             ;锁定时钟
            DJNZ    B,SHOUT2        ;数据未写完,跳转
            POP     B
            RET
; **************************
;       向 24C512 写一字节数据
;       DPTR—被写数据地址
;       A—被写数据
WR_BYTE:    PUSH    ACC             ;保护被写数据
            LCALL   START           ;发出启动信号
            MOV     A,#FADDR
            LCALL   SHOUT           ;写入 24C512 芯片地址及写控制字
            LCALL   CACK            ;检查确认信号(以下同)
            MOV     A,DPH           ;被写数据的高 8 位地址
            LCALL   SHOUT
            LCALL   CACK
            MOV     A, DPL          ;被写数据的低 8 位地址
            LCALL   SHOUT
            LCALL   CACK
            POP     ACC             ;恢复被写数据
            LCALL   SHOUT           ;写入数据
            LCALL   CACK
            LCALL   STOP
            RET
; **************************
;       由 24C512 读一字节数据
;       DPTR—待读数据的地址
;       A—读出的数据
RD_BYTE:    LCALL   START           ;发出启动信号
            MOV     A,#FADDR
            LCALL   SHOUT           ;写入 24C512 芯片地址及写控制字
            LCALL   CACK
```

```
            MOV     A,DPH           ;被写数据的高 8 位地址
            LCALL   SHOUT
            LCALL   CACK
            MOV     A,DPL           ;被写数据的低 8 位地址
            LCALL   SHOUT
            LCALL   CACK
            LCALL   START           ;重新输出启动信号,改变数据方向
            MOV     A,#FADDR        ;取芯片地址
            SETB    ACC.0           ;设置数据方向为"读"
            LCALL   SHOUT
            LCALL   CACK
            LCALL   SHIN
            LCALL   NMACK           ;返回非确认信号
            LCALL   STOP
            RET
;***************************
```

习 题 七

1. MCS-51 的 I/O 口扩展是利用其哪一部分地址空间实现的？这与一般计算机的扩展技术有什么不同？

2. 能否只用 74LS273 通过 MCS-51 的 P0 口扩展输入口？为什么？

3. 由于扩展的外部 I/O 端口借用了外部数据存储器的地址空间,所以对外部 I/O 端口的访问均应采用什么类 MOV 指令？

4. 图 7-3 电路中的控制线还分别采用了 P2.6、P2.5,那么使用的指令"MOV DPTR,#7FFFH"需要修改,为什么？

5. 8255A 的控制字起什么作用？

6. 8255A 的三种工作方式各有什么特点？

7. 若 8051 的 P2.0、P2.1、P2.7 分别接 8255 的 A0、A1、$\overline{CS}$,试编写对 8255 的初始化程序,以规定下列功能:8255 的 A 口为方式 1 输入；PC.6、PC.7 为输出；B 口为方式 0 输入；PC.0、PC.1、PC.2 为输出。

8. 设 8255A 的控制口地址为 7FFFH,请画出 8051 单片机与 8255A 的接口电路图,并编写初始化程序,使三个数据端口均工作在方式 0,且 A 口、B 口为输入,C 口为输出。

9. 已知单片机系统中用 8255A 作为输入/输出接口,A 口、B 口和 C 口外接了 24 个发光二极管的正极(负极均接地)。编写程序,将片内 30H 和 31H 单元的内容分别送到端口 A 和端口 B,然后使 PC.6 为 1(设控制口地址为 7FFFH)。

10. 若 8255A 的端口 A、B 均工作在方式 0 下,端口 A 作为输入口,采集 8 个开关的状态,端口 B 作为输出口,把开关状态通过 8 只 LED 发光管显示,画出硬件接口电路并编写程序实现上述功能,设 8255A 的端口地址为 0200H~0206H。

11. 设 8255A 端口 A 的地址为 400H,端口 B 的地址为 402H,控制寄存器的地址为 406H,编写初始化程序,设置端口 A 和端口 B 均工作在方式 0,其中端口 A 为输入口,端口 B 为输出口,并且画出利用 A 口和 B 口组成一个 8×8 的键盘矩阵电路图。

12. 对可编程 I/O 芯片使用时需要了解哪些内容?

13. 试比较 RS-485 与 RS-232C 有什么异同之处?

14. 试比较 SPI 与 I^2C 接口各有什么特点?

15. 请画出 SPI 总线上主器件向从器件先后写入 0AH、85H 数据,在后一字节读取从器件数据 5AH 的时序图。

16. 请画出 I^2C 总线上主器件对地址为 1010110 的从器件写入 2 个字节 65H 和 9AH 的时序图。

第 8 章
单片机键盘接口

键盘是计算机不可缺少的输入设备,是实现人机对话的纽带。按其结构形式可分为机械式键盘和触摸屏键盘。机械式键盘又可分为非编码式键盘和编码式键盘,前者用软件方法产生键码,后者用硬件方法产生键码。本章主要介绍非编码式键盘、编码式键盘和触摸屏技术。重点介绍键盘的基本工作原理、键的识别方法以及单片机键盘接口技术。

8.1 非编码式键盘

8.1.1 键盘的基本工作原理

键盘实质上是一组按键开关的集合。通常,按键所用开关为机械弹性开关,均利用机械触点的合、断作用。

最简单的键盘如图 8-1 所示,它也被称为独立式按键,其中,每个键对应 I/O 端口的一位,没有键闭合时,各位均处于高电平。当有一个键按下时,就使对应位接地而成为低电平,而其他位仍为高电平。这样,CPU 只要检测到某一位为"0",便可判别出对应键已经按下。

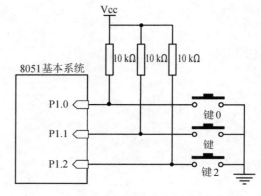

图 8-1 最简单的独立式键盘结构

但是,用图 8-1 的结构来设计的独立式键盘有一个很大的缺点,就是当键盘上的键较多时,引线太多,占用的 I/O 端口也太多。比如,一个有 64 个键的键盘,采用这种方法来设计时,就需要 64 条连线,即需用 8 个 8 位并行端口。所以,这种简单结构只用在仅有几个键的小键盘中。

通常使用的键盘结构是矩阵式的,如图 8-2 所示。设有 $M \times N$ 个键,那么,采用矩阵式结构后,便只要 $M + N$ 条引线就行了。比如,有 $8 \times 8 = 64$ 个键,那么,只要用 16 条引线便可以完成键盘的连接。

下面以 $3 \times 3 = 9$ 个键为例,简略地说明矩阵式结构键盘的工作原理。如图 8-2 所示,这个矩阵分为 3 行 3 列,如果第 4 号键按下,则第 1 行线和第 1 列线接通而形成通路。如果第 1 行线接为低电平,则由于键 4 的闭合,会使第 1 列线也为低电平。矩阵式键盘工作时,就是按照行线和列线上的电平来识别闭合键的。

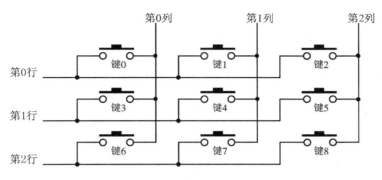

图 8-2 键盘的矩阵式结构

8.1.2 键的识别方法

为了识别键盘上的闭合键,通常采用两种方法,一种称为行扫描法;另一种称为线反转法。

1. 行扫描法的原理

如图 8-3 所示,假定 A 键被按下,称之为被按键或闭合键。这时键盘矩阵中 A 点处的行线和列线相通。

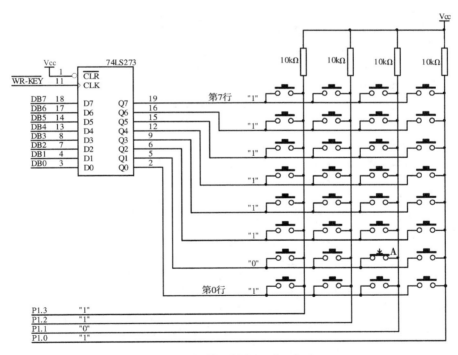

图 8-3 扫描法键盘识别示意图

行扫描法识别闭合键的原理如下:先使第 0 行输出"0",其余行输出"1",然后检查列线信号。如果某列有低电平信号,则表明第 0 行和该列相交位置上的键被按下;否则说明没有键被按下。此后,再将第 1 行输出"0",其余行为"1",然后检查列线中是否有变为低电平的线。如此往下逐行扫描,直到最后一行。在扫描过程中,当发现某一行有键闭合时,就可停止扫描,然后根据行线和列线位置,识别此刻被按下的是哪一个键。

实际应用中,一般先快速检查键盘中是否有某个键已被按下,然后确定具体按下了哪个键。为此,可以使所有各行同时为低电平,再检查是否有列线也处于低电平。这时,如果列线上有一位为0,则说明必有键被按下,再用扫描法确定具体位置。

2. 线反转法的原理

扫描法要逐行扫描查询,当被按下的键处于最后一行时,则要经过多次扫描才能最后获得此按键所处的行列值。而线反转法则显得很简练,无论被按键是处于第1行还是最后一行,均只需经过两步便能获得此按键所在的行列值,线反转法的原理如图8-4所示。

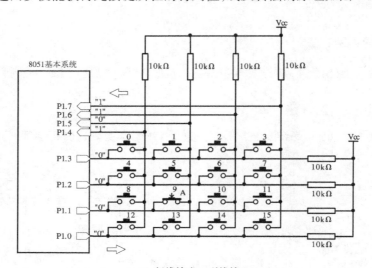

(a) 行线输出,列线输入

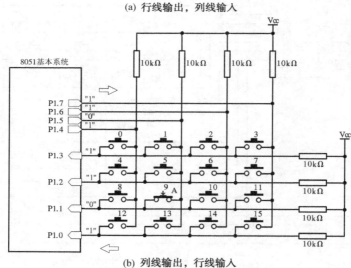

(b) 列线输出,行线输入

图8-4 线反转法的工作示意图

从图中可以看到,用线反转法识别闭合键时,要将行线接一个并行口,先让它工作在输出方式;将列线也接到一个并行口,先让它工作在输入方式。输出端口往各行线上全部送

"0",然后从输入端口读入列线的值。如果此时有某个键被按下,则必定会使某一列线值为"0"。然后对两个并行端口进行方式设置,使接行线的并行端口工作在输入方式,而使接列线的并行端口工作在输出方式,并且将刚才读得的列线值从并行端口输出,再读取行线的输入值,那么在闭合键所在的行线上的值必定为"0"。这样,当一个键被按下时,必定可以读得唯一的一对行列值。

比如图 8-4 中标号为 9 的键闭合,则第一次往行线输出全"0"后,读得列值为 P1.7~P1.4=1101,第二次从列线输出刚才读得的值后,会从行线上读得行值为 P1.3~P1.0=1101,于是行值和列值合起来得到一个数值 11011101 即 0DDH,这个值对应了键 9,它一定是唯一的。因此,根据读得的行值和列值为 0DDH 便可确定按下的为键 9。

3. 键盘接口及程序设计

图 8-5 为一个 8×3 矩阵键盘通过 74LS273 与 8051 的接口电路原理图。P1.0~P1.2 口为输入端口,接键盘列线;P0 口经 74LS273 接键盘行线。输出控制信号由 P2.0 和 $\overline{WR}$ 合成。当两者同时为低电平时,或门输出"0",将 P0 口输出的扫描码锁存到 74LS273。P1 口读到的是列线的状态,当 P1.0~P1.2 读到的值不是 111B 时表示有键按下。下面介绍键盘扫描程序,本程序中用延时 10ms 子程序进行软件消抖;通过设置处理标志来区分闭合键是否已经处理过;用计算方法得到键码,高 4 位代表行,低 4 位代表列。

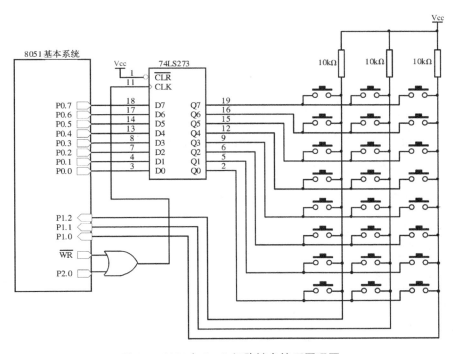

图 8-5 8051 与 8×3 矩阵键盘接口原理图

键盘扫描子程序中完成如下几个功能:

① 判断键盘上有无键按下

其方法为 P0 口输出全"0",读 P1 口状态,若 P1.0~P1.2 为全"1",则说明键盘无键按下;若不全为"1",则说明键盘有键按下。

② 消除按键抖动的影响

其方法为：在判断有键按下后，用软件延时的方法延时 10ms，再判断键盘状态，如果仍为有键按下状态，则认为有一个确定的键按下，否则当作按键抖动处理。有关消除按键抖动问题，后面还将详细讨论。

③ 求按键位置

根据前面介绍的扫描法，进行逐行置"0"扫描，最后确定按键位置。

④ 键闭合一次仅进行一次按键的处理

方法是等待按键释放之后，再进行按键功能的处理操作。

键盘扫描程序的流程图如图 8-6 所示。

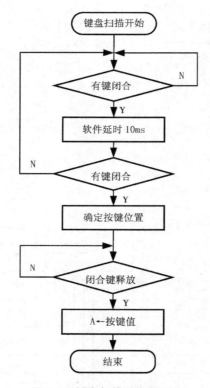

图 8-6　键盘扫描程序流程图

各功能程序如下：

键盘扫描主程序 KEY_SCAN，不断扫描键盘直到有一键被按下，最后键值存于 A 中返回。键值是以键号进行编码所得的值。

```
        KEY_SCAN:   LCALL   KEY_ON      ;判断有无键按下
                    JZ      KEY_SCAN    ;无键按下,继续扫描
                    LCALL   DL10MS      ;延迟10ms进行消抖
                    LCALL   KEY_ON      ;再判有无键按下
                    JZ      KEY_SCAN    ;是键抖动,继续扫描
                    LCALL   KEY_P       ;调确定键位置子程序
```

	ANL	A,#0FFH	
	JZ	KEY_SCAN	;A=0,出错继续扫描
	LCALL	KEY_CODE	;对按键编码
	PUSH	ACC	;保护A,A中为键编码值
KEY_OFF:	LCALL	KEY_ON	;等待,直到按键被释放为止
	JZ	KEY_OFF	
	POP	ACC	;恢复A
	RET		;返回

;判定有无键按下子程序 KEY_ON:

KEY_ON:	MOV	A,#00H	;全扫描字00H
	MOV	DPTR,#0FEFFH	;74LS273 地址 0FEFFH 送 DPTR
	MOVX	@DPTR,A	;74LS273 输出全扫描字
	MOV	A,P1	;P1口状态读入A中
	ORL	A,#0F8H	;取低3位
	CPL	A	;A取反
	RET		;A<>0,表示有手键按下

;延时 10ms 子程序 DL10MS(设时钟为 6MHz):

DL10MS:	MOV	R7,#05H	
HLOOP1:	MOV	R6,#0F9H	
HLOOP2:	NOP		
	NOP		
	DJNZ	R6,HLOOP2	
	DJNZ	R7,HLOOP1	
	RET		

;确定按键位置子程序 KEY_P。用扫描法,R2、R3 保存行、列信息,最后将键的
;位置存放于 A 中,高 4 位是行号,低 4 位是列号

KEY_P:	MOV	R7,#0FEH	;键盘第1行置0
	MOV	A,R7	
L_LOOP:	MOV	DPTR,#0FEFFH	;74LS273 口地址送 DPTR
	MOVX	@DPTR,A	;扫描字送 74LS273
	MOV	A,P1	;读入P1口状态
	ORL	A,#0F8H	
	MOV	R6,A	;R6中暂存所读列值
	CPL	A	;A取反
	JNZ	KEY_C	;按键在此行,转 KEY_C
NEXT:	MOV	A,R7	;当前扫描字送A
	JNB	ACC.7,NO_KEY	;第8行扫描完,未发现按键,返回
	RL	A	;循环左移得下一扫描字
	MOV	R7,A	;保存于R7中

```
                LJMP    L_LOOP              ;开始下一行扫描
NO_KEY:         MOV     A,#00H              ;置无按键码00H
                RET                         ;返回
;找出R7、R6中为0的位,此位即为按键所在行、列位,R3、R2中保存行、列值
KEY_C:          MOV     R2,#00H             ;初始化R2、R3
                MOV     R3,#00H
                MOV     R5,#03H             ;共3列
                MOV     A,R6                ;列状态送A
AGAIN1:         JNB     ACC.0,OUT1          ;ACC.0位为0,转OUT1
                INC     R2
                RR      A                   ;循环右移
                DJNZ    R5,AGAIN1           ;8列未测试完继续
OUT1:           INC     R2
                MOV     R5,#08H             ;共8行
                MOV     A,R7                ;行状态送A
AGAIN2:         JNB     ACC.0,OUT2          ;ACC.0位为0,转OUT2
                INC     R3
                RR      A
                DJNZ    R5,AGAIN2
OUT2:           INC     R3
                MOV     A,R3                ;行号送A
                SWAP    A                   ;行号置于高4位
                ADD     A,R2                ;列号置于低4位
                RET                         ;返回
;键编码子程序KEY_CODE
;本子程序根据键位置找出键的编号
;键编号是依据键的位置顺序指定的一个号码,以便于执行散转指令
;由于是矩阵键盘,键编号通常可根据键所在行和列的位置来确定
;对图8-5所示的8×3键盘,行号可调整为0~7,列号可调整为0~2
;则键编号可用行号乘以3再加上列号所得结果
KEY_CODE:       PUSH    ACC                 ;保存A
                ANL     A,#0FH              ;屏蔽行号
                MOV     R7,A                ;行号送R7
                DEC     R7
                POP     ACC                 ;恢复A
                SWAP    A                   ;A中高、低4位交换列号
                ANL     A,#0FH              ;屏蔽列号
                DEC     A
                MOV     B,#03H              ;3送B
```

MUL	AB	;行号乘以3
ADD	A,R7	;加上列号,得到键编号
RET		;返回

4. 双功能及多功能键的设计

在设计单片机应用系统时,为了简化硬件线路,总希望用较少的按键获得较多的控制功能。对于矩阵键盘,我们只需增加一个上、下挡键,就可使同一按键具有两个功能,这就是双功能键的设计。如图8-7所示,当上/下挡键控制开关处于上挡时,按键为上挡功能;当控制开关处于下挡时,按键为下挡功能。

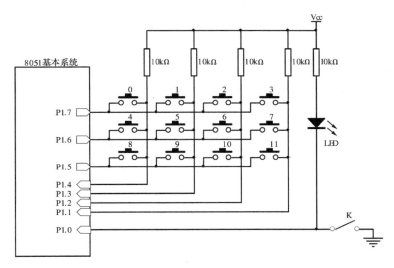

图8-7 双功能键原理图

程序运行时,键盘扫描子程序应不断测试P1.0口线的电平状态,根据此电平状态的高低,赋予同一个键两个不同的键码,从而由不同的键码转入不同的键功能子程序;或者同一个键只赋予一个键码,但根据上、下挡标志,相应转入上、下挡功能子程序。

上述双功能键的实现用到了硬件开关,即根据上/下挡开关的状态决定是执行上挡功能还是下挡功能。其中发光二极管用于指示当前键盘响应的是上挡功能还是下挡功能。该例子中,软件编程起了很大的作用。受此启发,我们可以不用上/下挡硬件开关,运用软件的方法让一键具有多功能。例如,我们可以用一个RAM单元功能状态计数器,再定义一个功能切换键,按下一次功能切换键,内部状态计数器计数一次,根据状态计数器的计数值,就能确定其他按键当前应具有的功能。当然这种状态计数最好与显示器结合起来使用,以便知道当前状态计数值。可以说,在这一方面软件功能比硬件功能更强大,它可以让同一个键具有更多的功能。

复合键是用软件实现一键多功能的另一途径。所谓复合键,就是两个或两个以上键的组合。当这些键同时被按下的时候,才能转去执行相应的功能程序。但实际情况是不可能做到真正的"同时按下",它们的时间差别可以长到50ms左右。解决"同时按下"的策略是,定义一个或两个引导键,这些引导键单独按下时没有什么意义,只执行空操作,只有和其他键配合,同时按下时,才形成一个复合键,执行相应复合键的功能。这种操作只需先按住引导键不放,再按下其他功能键即可,而不管"不同时"多长时间,都将执行复合键功能。我们在微机键盘上看到的"Ctrl""Shift""Alt"键均是引导键的例子。

采用多功能键应根据具体需求而定,虽然按键减少了,功能多了,但操作变得复杂了,操作时间长了,程序也变得复杂了。另外,由于同时允许有多个按键按下,这就需要考虑行线与列线多处短接带来的影响。

5. 抖动和重键问题的解决

在进行键盘设计时,除了对键码的识别以外,还有两个问题需要解决,一个是抖动问题,另一个是重键与连击问题。

(1)抖动问题

由于机械触点的弹性作用,一个机械按键开关在闭合时不会马上稳定地接通,在断开时也不会一下子断开。因而,在开关闭合及断开的瞬间均伴随有一连串的抖动电信号,如图 8-8 所示。抖动时间的长短由按键的机械特性决定,一般为 5～10ms,这是一个很重要的时间参数,在很多场合都要用到。

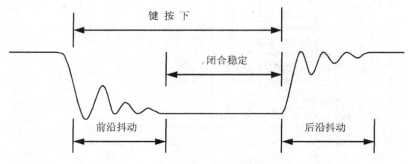

图 8-8　按键抖动信号波形

(2)消除按键抖动的措施

消除键抖动主要采用软件方法,下面将介绍常用的软件延时法消除键抖动,具体方法是:在第一次检测到有键按下时,执行一段延时 10ms 的子程序后再确认该电平是否仍保持闭合状态电平,如果保持闭合状态电平则确认为真正有键按下,从而消除了抖动的影响。如前面图 8-6 所示的流程图就采用了软件延时的方法来实现消抖。

用简单的循环指令来实现软件延时,会有许多不足,最大的缺点是浪费了 CPU 的宝贵资源,大大影响了系统的实时性。一种改进的做法是利用定时中断服务程序来检测按键状态,当连续几次的时间间隔测到相同状态,才认为按键处于稳定状态,这时才进行按键识别处理。其他还有诸如利用标志位来消除按键抖动等方法。

(3)重键与连击问题的处理

① 重键

所谓重键,就是指有两个或多个键同时闭合。出现重键时,如果用行扫描法或线反转法来读取键码值,读取值中会出现多个"0",于是就产生了到底是否给予识别和识别哪一个键的问题。对其处理完全由软件编程决定,可采取如下一些措施。

当发现有键按下时,经 10ms 延时去除抖动后,程序转入定位按键位置阶段。如果用扫描法进行按键定位,则所有的行均应扫描一次,以确定按下的是单键还是多键,并定出各按键具体的行、列位置。

如果是单键,则以此键为准,其后(指等待此键释放的过程中)其他的任何按键均无效。这只要让程序在以后的操作中不再进行按键定位处理,只注视所有按键都释放这一结果即可。

如果是多键,则可视此次按键无效,或多键都有效,按扫描顺序,将识别出的按键依次存入缓冲区中以待处理。

可以说,对重键的处理,完全由软件编程决定。不过单片机系统毕竟资源有限,交互能力较弱,通常总是采取单键按下有效、多键同时按下无效的策略。

② 连击

所谓连击,就是一次按键产生多次击键的效果。上面我们对键盘的编程中,都有等待按键释放的处理,其出发点就是为了消除连击,使得一次按键只产生一次键功能的执行。否则的话,键功能程序的执行次数将是不可预知的,可以成百上千次,这完全由按键时间决定。如同复合键是对多重按键的利用一样,连击也是可以利用的。利用单片机的定时器,我们可以对按键从按下到释放期间进行计时,以决定此次按键产生多少次击键的效果,如每秒2次、10次等。利用连击,只要按住一键不放,屏幕或显示器上便会不断地出现相同的字符,其结果就好像是我们在不断地击同一个键一样。连击对于用计数法设计的多功能键特别有效。例如,我们设计了一个"10"功能键,其初始状态是0,这时如果要让此键执行功能4,则必须不断地击此功能键4次,如果要执行功能8,则必须不断地击此功能键8次,显得很烦琐。如果利用连击,则只需按住此键不放,让其计数到所需值后再释放此键即可。当然必须有显示程序配合,连击频率也应根据情况适当选取,以便能容易控制按键产生的次数。

8.2 编码式键盘

前面我们介绍了非编码式键盘,它是采用软件方法,如用行扫描法或线反转法来检查键盘状态,当发现有按键后,通过程序识别键。而编码式键盘则不同,它是采用硬件方法,由键盘编码器电路确定哪一个键已按下,并由键盘编码器电路直接给出该键的键编码,而且能消抖和解决重键问题。CPU通过读取键盘编码器电路送来的键编码信号进行相应的处理,常用的扫描式键盘编码器芯片如zlg7289A。

8.2.1 编码式键盘专用电路 zlg7289A

zlg7289A 是一片具有串行接口的可同时驱动 8 位共阴式数码管(或 64 只独立 LED)的显示驱动芯片,该芯片同时还可连接多达 64 键的键盘矩阵,完成 LED 显示、键盘接口的全部功能。

zlg7289A 内部含有译码器,可直接接收 BCD 码或 16 进制码,并同时具有两种译码式。此外,还具有多种控制指令,如消隐、闪烁、左移、右移、段寻址等。

zlg7289A 具有片选信号,可方便地实现多于 8 位的显示或多于 64 键的键盘接口。

8.2.2 采用单片机设计编码式键盘电路

采用专用编码式键盘电路设计,虽然可以简化键盘电路,减轻 CPU 的工作负担,提高系统的工作效率,但是这些电路均有一个不足,即指令多、编程复杂,给使用者带来了诸多不便。近年来由于单片机的发展迅速,且功能强大,价格低廉,所以采用单片机设计编码式键盘电路就显示出其优越性。设计者可以根据系统的特点,自定义两个 CPU 之间的接口协议,调试时可以分别调试,互不干扰。两个 CPU 之间的信息传递可以采用串行通信,也可以采用并行通信。

如图 8-9 所示的是采用单片机设计编码式键盘电路的一个例子,两个 CPU 的通信采用串行接口。它采用行扫描法,利用 8051 单片机的 P0 口和 P2 口组成了 8×8 共 64 个键的键盘电路,其中 P2 口作为行扫描的输出口,P0 口作为输入口。当 CPU 捕捉到按键后便定义该键的编码信息,同时通过串行口向主 CPU 申请中断处理,并传送相应的键编码信息。当遇到主 CPU 不能及时响应中断时,单片机可以将键编码信息暂存,等待主 CPU 响应,用这种方式存储的键个数远远大于 8279 的 8 个键。采用 8 位二进制编码,一个字节可以定义 256 个键,所以 CPU 之间的数据传送量很少。由于单片机处理数据、存储数据的能力很强,所以如键消抖、双键或 n 个键保护等功能非常容易实现。假如两个 CPU 之间采用并行通信,其接口也很简单,握手线一般只需 2 根。

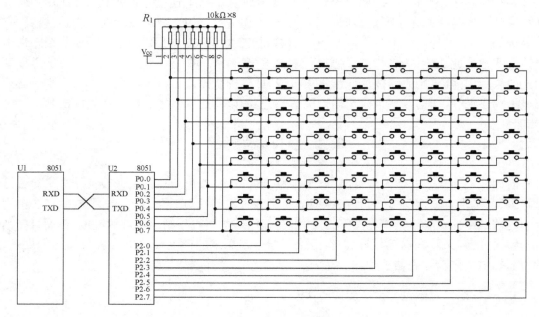

图 8-9 采用单片机组成编码式键盘

8.3 触摸屏技术

触摸屏由安装在显示器屏幕前面的检测部件和触摸屏控制器组成。当手指或其他物体触摸安装在显示器前端的触摸屏时,所触摸的位置由触摸屏控制器检测,并通过接口(如 RS-232 串行口、USB 等)送到主机。

在单片机应用系统的设计中,触摸屏作为一个重要的人机对话通道,越来越多地被采用。触摸屏作为一种新的计算机输入设备,它的特点是简单、方便,触摸屏具有坚固耐用、反应速度快、节省空间、灵活多变、易于交流等许多优点。利用这种技术,在不同的状态下,可以显示不同的键盘形状和图文。用户只需用手指轻轻地指碰仪器显示屏上的图符或文字就能操作,从而使人机交互更为直截了当,这种技术极大地方便了那些不懂仪器操作的用户。本节将介绍一些有关触摸屏的基础知识。

8.3.1 触摸屏的工作原理

人们使用触摸屏时需用手指或其他物体触碰触摸屏,然后系统根据手指触摸的图标或菜单位置来定位选择信息输入。触摸屏由触摸检测部件和触摸屏控制器组成;触摸检测部件安装在显示器屏幕前面,用于检测用户触摸位置,接收后送触摸屏控制器;而触摸屏控制器的主要作用是从触摸点检测装置上接收触摸信息,并将它转换成触点的坐标,再送给CPU,同时它也能接收从 CPU 发来的命令并加以执行。

从技术原理分析触摸屏,可分为五种:矢量压力传感型触摸屏、电阻型触摸屏、电容型触摸屏、红外线型触摸屏、表面声波型触摸屏。其中矢量压力传感型触摸屏已被淘汰;红外线型触摸屏价格低廉,但其外框易碎,且容易产生光干扰;电容型触摸屏综合性能好但驱动电路复杂,目前在高端仪表设备中使用较多;电阻型触摸屏定位准确,但价格颇高,且怕刮易损;表面声波型触摸屏解决了以上各种触摸屏的缺陷,适于各种场合,缺憾是屏表面的水滴、尘土会使触摸屏变得迟钝,甚至不工作。下面对各种类型触摸屏分别作一原理性的介绍。

1. 电阻型触摸屏

电阻型触摸屏是利用触摸屏表面随着所受压力的变化,产生屏幕凹凸变形而引起的电阻变化来实现精确定位的触摸屏技术。电阻型触摸屏的屏体是一块与显示器表面非常配合的多层复合薄膜,由一层玻璃或有机玻璃作为基层,表面涂有一层透明的导电层 OTI(氧化铟),上面再盖有一层外表面经硬化处理、光滑防刮的塑料层,它的内表面也涂有一层 OTI,在两层导电层之间有许多细小(小于千分之一英寸)的透明隔离点把它们隔开绝缘。当手指触碰屏幕,两层 OTI 导电层出现一个接触点,因其中一面导电层接通 Y 轴方向的 5V 均匀电压场,使得侦测层的电压由零变为非零,控制器侦测到这个电压后,进行 A/D 转换,并将得到的电压值与 5V 相比,即可得触摸点的 Y 轴坐标,同理得出 X 轴的坐标,这就是电阻型触摸屏的基本原理。电阻型触摸屏根据引出线数多少,分为四线、五线等多线电阻型触摸屏。五线电阻型触摸屏的 A 面是导电玻璃而不是导电涂覆层,导电玻璃的工艺使其寿命得到极大的提高,并且可以提高透光率。

当电阻型触摸屏的 OTI 涂层较薄时容易脆断;若涂得太厚,又会降低透光且形成内反射,从而降低清晰度。OTI 外虽加了一层薄塑料保护层,但依然容易被锐利物件所破坏。另外,由于经常被触动,表层 OTI 使用一定时间后会出现细小裂纹,甚至变形,如其中一点的外层 OTI 受破坏而断裂,便失去作为导电体的作用。

电阻型触摸屏具备以下性能特点:
- 它们都是一种对外界完全隔离的工作环境,不怕灰尘、水汽和油污。
- 可以用任何物体来触摸,可以用来写字画画,这是它们比较大的优势。
- 电阻型触摸屏的精度只取决于 A/D 转换的精度,因此都能轻松达到 4096×4096。

2. 电容型触摸屏

电容型触摸屏技术是利用人体的电流感应进行工作的。电容型触摸屏是一块四层复合玻璃屏,玻璃屏的内表面和夹层各涂有一层 ITO(氧化铟锡),最外层是一薄层矽土玻璃保护层,夹层 ITO 涂层作为工作面,四个角上引出四个电极,内层 ITO 为屏蔽层,以保证良好的工作环境。当手指触摸在金属层上时,由于人体电场,用户和触摸屏表面形成一个耦合电容,对于高频电流来说,电容是直接导体,于是手指从接触点吸走一个很小的电流。这个电流分别从触摸屏的四角上的电极中流出,并且流经这四个电极的电流与手指到四角的距离成正比,控制器通过对这四个电流比例的精确计算,得出触摸点的位置。

电容型触摸屏的类型分为表面式电容型触摸屏和投射式电容型触摸屏两种。

常用的是表面式电容型触摸屏,它的工作原理简单、价格低廉、设计电路简单,但难实现多点触控。投射式电容型触摸屏具有多指触控的功能。这两种电容型触摸屏都具有透光率高、反应速度快、寿命长等优点;缺点是随着温度、湿度的变化,电容值会发生变化,导致工作稳定性差,时常会有漂移现象,需要经常校对屏幕,且不可佩戴普通手套进行触摸定位。

3. 红外线型触摸屏

红外线型触摸屏由装在触摸屏外框上的红外线发射器与接收感测元件构成,在屏幕表面,形成红外线探测网,任何触摸物体可改变触点上的红外线而实现触摸屏操作。红外线型触摸屏不受电流、电压和静电干扰,适宜某些恶劣的环境条件。其主要优点是价格低廉、安装方便、不需要卡或其他任何控制器,可以用在各种档次的计算机上。此外,由于没有电容充放电过程,因此响应速度较快,但其分辨率较低。

红外线型触摸屏的原理很简单,只需在显示器上加光点距架框,无须在屏幕表面加涂层或接驳控制器。光点距架框的四边排列了红外线发射管及接收管,在屏幕表面形成一个红外线网。用户以手指触摸屏幕某一点,便会挡住经过该位置的横竖两条红外线,计算机便可即时算出触摸点位置。但是由于在普通屏幕上增加了框架,并且在使用过程中架框四周的红外线发射管及接收管容易损坏。

4. 表面声波型触摸屏

表面声波是一种沿介质表面传播的机械波。这种触摸屏由触摸屏、声波发生器、反射器和声波接收器组成,其中声波发生器能发送一种高频声波,并跨越屏幕表面,当手指触及屏幕时,触点处的声波即被阻止,由此确定坐标位置。表面声波触摸屏不受温度、湿度等环境因素影响,分辨率极高,防刮性好,寿命长(5000 万次无故障),透光率高,因此能保持清晰透亮的图像质量,没有漂移,最适合公共场所使用。

表面声波触摸屏的触摸屏部分可以是一块平面、球面或柱面的玻璃平板,安装在等离子显示器屏幕的前面。这块玻璃平板只是一块纯粹的强化玻璃,区别于其他触摸屏技术,没有任何贴膜和覆盖层。玻璃屏的左上角和右下角各固定了竖直和水平方向的超声波发射换能器,右上角则固定了两个相应的超声波接收换能器。玻璃屏的四个周边则刻有 45°由疏到密间隔非常精密的反射条纹。表面声波的缺点有:这项技术原先是针对较小尺寸荧幕所设计的,所以不便应用于超过 30 寸的荧幕尺寸。由于该技术无法加以封装,容易受到表面脏污及水分的破坏,因此不适用于许多工业及商业应用产品。表面脏污会导致屏幕上产生暗点,需要定期清洁感应器及不定期进行调校。基于技术本身的特点,使其同时也难以避免受到干扰,如外部声音的干扰。

8.3.2 触摸屏的三个基本技术特性

1. 透明性能

触摸屏是由多层的复合薄膜构成的,透明性能的好坏直接影响到触摸屏的视觉效果。

衡量触摸屏的透明性能不仅要从它的视觉效果来衡量,还应该包括透明度、色彩失真度、反光性和清晰度这四个特性。

2．绝对坐标系统

传统的鼠标是一种相对定位系统,只和前一次鼠标的位置坐标有关;而触摸屏则是一种绝对坐标系统,要选哪就点哪,与相对定位系统有着本质的区别。绝对坐标系统的特点是每一次定位坐标与上一次定位坐标没有关系,每次触摸的数据通过校准转为屏幕上的坐标,不管在什么情况下,触摸屏这套坐标在同一点的输出数据是稳定的。不过由于技术上的原因,并不能保证对同一点触摸,每一次采样数据都相同,这就是触摸屏的漂移。性能、质量好的触摸屏漂移情况并不很严重。

3．定位系统

各种触摸屏技术是依靠传感器来工作的,甚至有的触摸屏本身就是一套传感器。各自的定位原理和各自所用的传感器决定了触摸屏的响应速度、可靠性、稳定性和寿命。

几种常用触摸屏的特性如表 8-1 所示。

表 8-1 常用触摸屏的特性表

类别	红外	电容	四线电阻	五线电阻	表面声波
清晰度		一般	一般	较好	很好
分辨率	100×100	4096×4096	4096×4096	4096×4096	4096×4096
反光率		较严重	有	较少	很少
透光率		85%	60%左右	75%	92%（极限）
漂移		有			
材质	塑料框架或透光外壳	多层玻璃或塑料复合膜	多层玻璃或塑料复合膜	多层玻璃或塑料复合膜	纯玻璃
防刮擦		一般	主要缺陷	较好,怕锐器	非常好
反应速度	50~300ms	15~24ms	10~20ms	10ms	10ms
寿命	损坏概率大	2000万次	500万次以上	3500万次	大于5000万次

触摸屏通常要与显示系统配套使用,各种触摸屏都有相应的驱动芯片。单片机应用系统需要选择适用的触摸屏模块及配套的驱动程序。

习 题 八

1. 利用行扫描法识别闭合键的工作原理是什么?
2. 试叙述线反转法的基本工作原理。
3. 设计一个用行扫描法识别闭合键的程序,设键盘上有 4×4 个键,并写出相应的键扫描流程图。
4. 消除按键抖动的方法有哪几种? 各有什么特点?
5. 如图 8-9 所示的电路能否实现用线反转法识别键,如可以,应在硬件上做何修改?
6. 试画出采用 8051 单片机组成编码式键盘电路,两个 CPU 之间的通信采用并行接口。
7. 简述触摸屏的工作原理。
8. 电容式触摸屏的主要特点是什么?

第9章 显示接口技术

单片机应用系统中,常常需要进行信息显示,用于显示的器件有很多,如LED(发光二极管及显示器)、LCD(液晶显示器)、OLED(有机发光二极管)等。

LED(Light Emitting Diode)发光二极管是一种半导体器件。LED通过正向电流时电致发光效应,产生特定波长的光。单色的LED有红、橙、黄、绿、蓝等,多原色的LED也能产生白光,可用于照明。多个LED可以组成段式或点阵式显示器,不同颜色的LED组装在一起,可作为彩色指示灯或彩色显示器。LED显示器具有亮度好、反应时间短、寿命长、驱动简单、性能稳定、电光转换效率高等特点。

LCD(Liquid Crystal Display)液晶显示器由兼有液体和晶体二者特性的液晶材料组成。LCD是利用外加电场改变液晶材料的光学性能而完成显示的,故LCD器件本身不发光,工作时需要一定的背景光或外部光。LCD器件种类较多,需要有专门的驱动电路。LCD具有工作电压低、功耗小、显示图形丰富、能在明亮环境下使用等特点。

OLED(Organic Light Emitting Diode)有机发光二极管由透明薄膜状的有机半导体材料组成。依其材料特性不同,可产生红、绿、蓝三原色,构成基本色彩。OLED是一种新型的显示器,具有厚度薄、视角大、低压省电、反应快、重量轻等特点。

本章主要介绍单片机应用系统中常见的显示接口技术,包括彩色RGB LED、七段LED数码显示器、点阵LED显示器、字符型LCD显示器、点阵LCD显示器和OLED显示器与单片机的接口电路及驱动程序。

9.1 LED发光二极管的驱动

9.1.1 基本驱动电路

LED的种类繁多,按发光颜色可分为红色、橙色、绿色、蓝色、白色等;有单色、双色和RGB三色LED。按封装材料可分为有色透明、无色透明、有色散射和无色散射LED。按外形结构可分为直插、贴片、圆形、方形、矩形和平面形等。按发光强度和工作电流分普通亮度、高亮度、超高亮度LED。一般LED的工作电流在十几毫安至几十毫安,而低电流LED的工作电流在2mA以下(亮度与普通发光管相同)。为了设计好基本LED驱动电路,需要关注LED的伏安特性。

LED的伏安特性与普通二极管类似,也有正向导通和反向截止特性,但正向导通时压降比较大。设LED正向电压为V_f,正向电流为I_f,则典型的三种不同颜色LED伏安特性如图9-1所示。图中显示,当I_f为20mA时,红、绿、蓝三种颜色的LED正向电压V_f约为1.9V、3.3V、3.0V。

通常单片机输出低电平的灌电流 I_{OL} 相对输出高电平的拉电流 I_{OH} 要大，故直接驱动时常使用低电平驱动。利用限流电阻 R_L 组成最简单的 LED 驱动电路，如图 9-2 所示，此时单片机的 P1 口输出低电平，可直接驱动小电流的 LED。限流电阻可以接在 LED 负极，如图 9-2(a)所示；也可接在正极，如图 9-2(b)所示。

如希望驱动 LED 的 I_f 大于 20mA，可利用小功率晶体管或专用驱动集成电

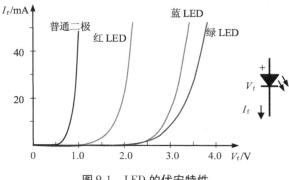

图 9-1 LED 的伏安特性

路。利用 NPN 或 PNP 晶体管驱动 LED 的电路如图 9-3 所示。用 NPN 晶体管驱动时，单片机输出高电平点亮 LED，如图 9-3(a)所示；利用 PNP 晶体管驱动时单片机输出低电平点亮 LED，如图 9-3(b)所示。电路中基极电阻 R_b 取值原则是保证晶体管导通时处于饱和状态。

如驱动的 LED 比较多，可采用专用集成电路来驱动 LED，例如采用集成驱动芯片 ULN2803A 驱动 LED 的电路如图 9-4 所示，此时单片机输出高电平，ULN2803A 输出低电平来点亮 LED。

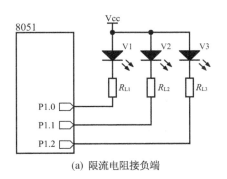
(a) 限流电阻接负端

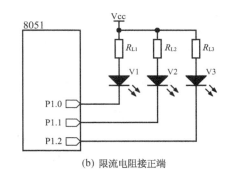
(b) 限流电阻接正端

图 9-2 单片机直接驱动 LED

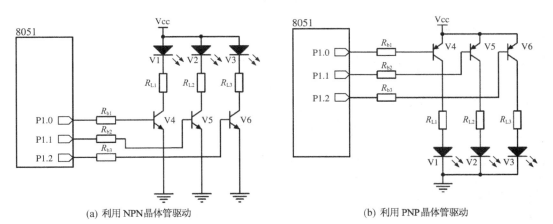

(a) 利用 NPN 晶体管驱动　　　　　　　　(b) 利用 PNP 晶体管驱动

图 9-3 利用晶体管驱动 LED

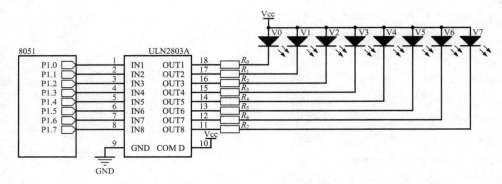

图 9-4 利用专用集成电路驱动 LED

当已知 I_f、V_f、Vcc 和输出低电平电压 V_{OL} 时,可按下面公式计算出限流电阻 R_L。

$$R_L = \frac{Vcc - V_f - V_{OL}}{I_f}$$

通常 LED 的产品手册可以查到额定工作条件下的 I_f、V_f,实际应用过程中,对高亮度或超高亮度的 LED,I_f 可取 3~5mA。一般 I_f 可取 10mA 左右;要求亮度较高时,I_f 可取 20mA 以上。

对一些 LED 阵列显示器件,需要了解内部结构 LED(如 LED 数量,串联、并联的连接方式)和相关参数(正向工作电压 V_f 和正向电流 I_f),根据上述公式也可计算出相应的限流电阻。

9.1.2 亮度的控制

前面的基本驱动电路由单片机输出的高低电平来控制 LED 的亮或暗,若要控制 LED 的亮度,可采用 PWM 方式来控制。硬件电路同前,软件可利用定时中断来输出不同占空比的脉冲信号,从而改变所驱动 LED 的亮度。设输出脉冲周期为 T,而脉冲宽度为 t_w(假设低电平驱动),则占空比分别为 80% 和 20% 的脉冲波形如图 9-5(a)和图 9-5(b)所示。

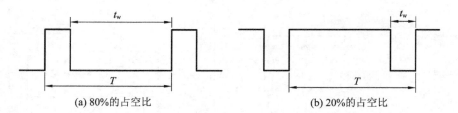

(a) 80%的占空比　　　　　　　(b) 20%的占空比

图 9-5 采用 PWM 方式来驱动 LED

根据人的"视觉暂留效应",输出脉冲频率不低于 24Hz,周期 T 不大于 42ms(1/24Hz)。利用定时中断可以方便地实现 PWM 方式的亮度控制。下面是一个在定时中断服务程序中调用的亮度控制的子程序 LED_PWM,假设中断服务程序中已有保护现场和恢复现场的操作。

```
C_TW      EQU    50H         ;存放脉冲宽度的单元
ACC_CNT   EQU    51H         ;存放累加的计数单元
```

LED_BIT	BIT	P1.0		;LED 的输出位地址
LED_PWM:	MOV	A,ACC_CNT		;取累加的计数值
	ADD	A,C_TW		;与脉冲宽度数相加
	MOV	ACC_CNT,A		;保存累加的计数值
	CPL	C		;进位 C 取反
	MOV	LED_BIT,C		;取反后,C=0 时,点亮 LED
	RET			

设定时中断间隔时间为 0.1ms,脉冲宽度单元 C_TW 内容为 01H 时,定时中断 256 次有进位,所以 $T=25.6$ms, $t_w=0.1$ms,此时 LED 最暗;当 C_TW = 0FFH 时,每中断 256 次,有 255 次点亮 LED, $T=25.6$ms, $t_w=25.5$ms,占空比约 100%,LED 最亮;C_TW = 80H 时, $T=0.2$ms, $t_w=0.1$ms,占空比为 50%,LED 中等亮度;C_TW = 00H 时,LED 始终关闭。

9.1.3 颜色控制

将不同颜色的 LED 组装成一个点,成为一个像素,这时可组成彩色 LED 显示器,常见的全彩 LED 就是将红 R、绿 G、蓝 B 三种 LED 组装而成,也称 RGB LED,其外形通常有直插和贴片两种,某产品的 RGB LED 外形及内部电原理图如图 9-6 所示。图 9-6(a) 所示为直插式 LED,图 9-6(b) 所示为贴片式 LED。

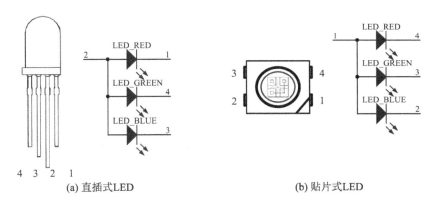

图 9-6 RGB LED 的外形及内部原理图

采用 PWM 方式也可进行颜色控制。设 P1.0~P1.2 分别控制 RGB LED,低电平点亮,RAM 区中三个单元分别存放 RGB 三种颜色的分量,用三个计数单元存放累加值,用一个位控制 RGB LED 的开和关。下面是一个在定时中断服务程序中调用的颜色控制的子程序 RGB_PWM,假设中断服务程序中已有保护现场和恢复现场的操作,设定中断间隔时间为 0.1ms。

LED_R	BIT	P1.0	;P1.0 驱动 R 红色 LED,低电平点亮
LED_G	BIT	P1.1	;P1.1 驱动 G 绿色 LED,低电平点亮
LED_B	BIT	P1.2	;P1.2 驱动 B 蓝色 LED,低电平点亮
VAL_R	EQU	30H	;存放 R 红色亮度的值
VAL_G	EQU	31H	;存放 G 绿色亮度的值

```
VAL_B     EQU   32H        ;存放 B 蓝色亮度的值
ACC_R     EQU   33H        ;R 红色亮度的累加计数单元
ACC_G     EQU   34H        ;G 绿色亮度的累加计数单元
ACC_B     EQU   35H        ;B 蓝色亮度的累加计数单元
SW_RGB    BIT   7FH        ;LED 的开关控制位,其值为 0 则关,1 则开
RGB_PWM:  MOV   A,ACC_R    ;取红色累加的计数值
          ADD   A,VAL_R    ;与 R 红色亮度值相加
          MOV   ACC_R,A    ;保存累加的计数值
          ANL   C,SW_RGB   ;与 LED 的开关控制位相"与"
          CPL   C          ;进位 C 取反
          MOV   LED_R,C    ;取反后,C=0 时点亮 LED

          MOV   A,ACC_G    ;取绿色累加的计数值
          ADD   A,VAL_G    ;与 G 绿色亮度值相加
          MOV   ACC_G,A    ;保存累加的计数值
          ANL   C,SW_RGB   ;与 LED 的开关控制位相"与"
          CPL   C          ;进位 C 取反
          MOV   LED_G,C    ;取反后,C=0 时点亮 LED

          MOV   A,ACC_B    ;取蓝色累加的计数值
          ADD   A,VAL_B    ;与 B 蓝色亮度值相加
          MOV   ACC_B,A    ;保存累加的计数值
          ANL   C,SW_RGB   ;与 LED 的开关控制位相"与"
          CPL   C          ;进位 C 取反
          MOV   LED_B,C    ;取反后,C=0 时点亮 LED
          RET
```

需要指出,对于一般信号的指示,可采用上述介绍的驱动电路及程序来控制亮度和颜色,如作为照明用的 LED 灯,通常驱动电流比较大,并且多采用矩阵结构电路,为此,可利用专用电路或器件来实现恒流驱动和 PWM 控制。

9.2 七段 LED 数码显示器

9.2.1 结构与原理

LED 数码显示器是由发光二极管组成的显示字段的显示器件。这种显示器分为共阴极和共阳极两种形式,如图 9-7 所示。共阴极 LED 数码显示块的发光二极管阴极连接在一起,形成该模块的公共端(通常称为位选端),因此称为共阴极 LED 数码显示器,8 个发光二极管的另一端通常称为段选端,当显示器的公共端接低电平,某个发光二极管的阳极接高电平时,该发光二极管被点亮,如图 9-7(a)所示;而共阳极 LED 数码显示块是将二极管的阳

极连接在一起,形成共阳极 LED 数码显示块的公共端,该公共端必须接高电平,同理,在共阳极 LED 数码显示块中如某个发光二极管的阴极为低电平时,该发光二极管被点亮,如图 9-7(b)所示。0.5 英寸七段 LED 显示器的引脚如图 9-7(c)所示(正视图)。

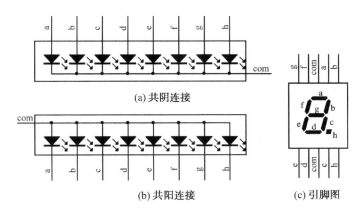

图 9-7　七段 LED 数码显示器的结构简图及引脚图

通常七段 LED 数码显示器有 8 个发光二极管,其中 7 个发光二极管构成一个"8"字,1 个发光二极管用于显示小数点。这 8 个笔段分别用 a～h 表示。

七段 LED 数码显示器与单片机的并行接口很简单,只要将一个 8 位并行输出口(必须带输出锁存)与显示器 8 个引脚相连即可。但要注意输出口的实际驱动能力,必要时应加驱动电路。每个发光二极管均有其额定工作电流(5～10mA),所以实际使用时在每个发光二极管回路中应接限流电阻,使其工作在额定电流范围内。

8 位并行输出口输出不同的数据即可显示不同的字符,通常将控制发光二极管的一个字节数据称为段码。共阳极结构与共阴极结构的显示器的段码互补。如一个字节中的最高位对应 h 笔段、最低位对应 a 笔段,则显示字符与对应的段码如表 9-1 所示。

表 9-1　七段 LED 数码显示器的段码

显示字符	共阴极段码	共阳极段码	显示字符	共阴极段码	共阳极段码
0	3FH	C0H	A	77H	88H
1	06H	F9H	b	7CH	83H
2	5BH	A4H	c	39H	C6H
3	4FH	B0H	d	5EH	A1H
4	66H	99H	E	79H	86H
5	6DH	92H	F	71H	8EH
6	7DH	82H	P	73H	8CH
7	07H	F8H	U	3EH	C1H
8	7FH	80H	r	31H	CEH
9	6FH	90H	y	6EH	91H

9.2.2 七段 LED 数码显示器的接口和编程

1. 静态显示接口

下面以共阳极 LED 数码显示器为例介绍静态并行接口的方法和相应的显示软件。接口电路如图 9-8 所示，8 位段码由数据总线 P0 口送出，经 74LS273 锁存驱动，接到 LED 的 8 根段信号引脚上，因为共阳极七段 LED 段选端是低电平有效，对于 74LS273 来说是吸收电流。

从图 9-8 还可看出，每 1 位 LED 数码显示器的驱动电路相对独立，当需要 N 位显示时就必须有 N 个驱动电路，所以硬件资源占用较多。

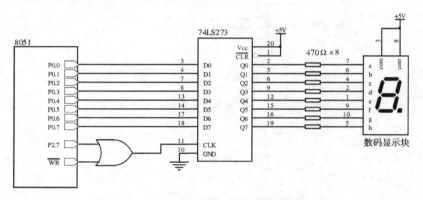

图 9-8 一位静态并行显示接口原理

一位静态显示软件如下（共阳极）：

```
        DIS0    EQU     30H
DISP_1: MOV     A,DIS0          ;取被显示数,内容为 0~9
        MOV     DPTR,#TAB       ;段选码首址
        MOVC    A,@A+DPTR       ;查表得段选码
        MOV     DPTR,#7FFFH     ;送 LED 段驱动地址
        MOVX    @DPTR,A         ;送出显示段码
        RET
TAB:    DB      0C0H,0F9H,0A4H,0B0H,99H,92H,82H,0F8H,80H,90H
```

2. 动态扫描显示接口

在单片机应用系统中，由于单片机本身具有较强的逻辑控制能力，所以采用动态扫描软件译码并不复杂。而且软件译码其译码逻辑可随意编程设定，不受硬件译码逻辑限制。采用动态扫描软件译码的方式能大大简化硬件电路结构，降低系统成本。因此，在单片机应用系统中使用较广泛。

在静态硬件译码电路中，各 LED 数码显示器的驱动电路相互独立，当译码器输入端的数字编码保持不变时，其输出就是稳定的，因此 LED 数码显示也是稳定不变的，与显示器个数的多少无关。而动态扫描显示时，在多位 LED 数码显示器的应用中，因受到动态扫描显示硬件结构的限制，在某一瞬间只有一位 LED 数码显示器被点亮，当要点亮下一位 LED 数码块时，当前被点亮的 LED 数码块必须熄灭后才能显示下一位，依次逐位显示完全部内容后又开始新的一轮显示,如此周而复始地不断循环刷新。实际应用中为了显示一连串稳定而清晰的字符,减小在视觉上出现闪烁、抖动现象,必须选择合适的扫描刷新频率,当扫描刷新频率达到适当值时,我们的眼睛就感觉不到显示器是一位一位被点亮的,而看到的是稳定、清晰的显示,这就是人的"视觉暂留效应"所产生的效果。

如图 9-9 所示的是 8051 通过 TTL 电路扩展 I/O 口控制的四位动态扫描 LED 数码显示接口,图中 LED 数码显示器为共阴极结构。

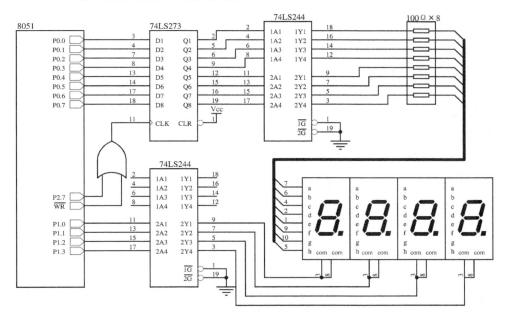

图 9-9　四位动态扫描 LED 显示接口原理

其中两片 74LS244 分别用于段信号和位信号的驱动,74LS273 用于段信号的锁存,其锁存地址为 7FFFH。利用图 9-9 所示的硬件,我们给出显示数字 0~9 的程序。

30H~33H 为显示缓冲区,30H 为最高位,33H 为最低位。程序清单如下:

```
DISP:    MOV    R1,#30H              ;设置显示缓冲区首址
         MOV    B,#0FEH              ;设置位选信号
         MOV    R7,#4                ;显示位数
DISP1:   MOV    A,@R1
         MOV    DPTR,#TAB
         MOVC   A,@A+DPTR            ;查表得显示代码
         MOV    DPTR,#7FFFH
         MOVX   @DPTR,A              ;送出显示代码
         MOV    A,B
         MOV    P1,A                 ;送位选信号
         RL     A
         MOV    B,A                  ;指向下一显示位
         LCALL  DEL                  ;延时 10ms
```

```
        INC     R1                  ;显示缓冲加一
        MOV     P1,#0FFH            ;关显示
        DJZN    R7,DISP1
        RET
TAB:    DB      3FH,06H,5BH,4FH,66H ;0~9 字符的段码
        DB      6DH,7DH,07H,7FH,6FH
DEL:    MOV     R5,#50              ;延时 10ms
DEL1:   MOV     R6,#100
        DJZN    R6,$
        DJZN    R5,DEL1
        RET
```

需要指出的是,上面程序中使用了软件延时程序,四位 LED 数码管显示一遍约需要 40ms,扫描显示频率约为 25Hz。如要使显示更加平稳不闪烁,可以减小延时时间,提高扫描频率。由于采用了软件延时程序,故 CPU 的利用率会降低,为了提高效率,可以采用定时中断来实现动态扫描显示。

9.3 点阵 LED 显示器

9.3.1 点阵 LED 显示器概述

点阵 LED 显示器的显示内容更加丰富,不仅可显示数字,还可显示英文、中文字符以及其他图案,在许多大屏幕显示场合得到了广泛的应用。

点阵 LED 显示器为方便使用,通常都做成 8×8 点阵或 16×16 点阵模块。如图 9-10 所示的是 8×8 点阵 LED 显示器的内部结构原理图。

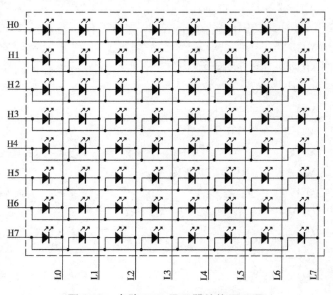

图 9-10 点阵 LED 显示器结构原理图

9.3.2 点阵 LED 显示器与单片机的接口及编程

点阵 LED 显示器通常采用的是动态扫描驱动方式。如图 9-11 所示的是 8×8 点阵 LED 的显示接口原理图。

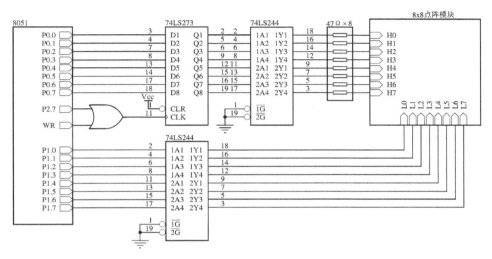

图 9-11　8×8 点阵 LED 的显示接口原理图

下面以显示汉字"王"为例,介绍点阵 LED 显示器的编程方法。汉字"王"的点阵图如图 9-12 所示。

在内部 RAM(或外部 RAM)中开辟一显示缓冲区,缓冲区内字节地址与显示屏上的位置相对应,当更改显示内容时,只要改写显示缓冲区 RAM 中相应的内容,继而执行扫描刷新程序即可达到更改显示内容的目的。一个 8×8 点阵共占用 8 个字节 RAM。显示汉字"王"的程序如下(内部 RAM 单元 30H~37H 为显示缓冲区):

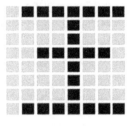

图 9-12　汉字"王"的 8×8 点阵图

```
        DISO    EQU     30H             ;定义显示缓冲区首址
        ;从 ROM 中取汉字"王"的点阵代码(8 个字节)到显示缓冲区
GET:    MOV     R0,DISO
        MOV     R7,#08H
        MOV     DPTR,#TAB
GET1:   MOV     A,#00H
        MOVC    A,@A+DPTR
        MOV     @R0,A
        INC,    DPTR
        INC     R0
        DJNZ    R7,GET1
        RET
```

```
            ...
    TAB:    00H,81H,89H,89H,0FFH,89H,89H,81H      ;汉字"王"的点阵代码
            ...
;扫描显示程序
SCAN:   MOV     R7,#08H
        MOV     R0,#DISO
        MOV     R1,#0FEH
        MOV     DPTR,#7FFFH
SCAN1   MOV     A,@R0
        MOVX    @DPTR,A
        MOV     P1,R1
        LCALL   DLAY                              ;调用延时子程序
        MOV     A,R1
        RL      A
        MOV     R1,A
        INC     R0
        DJNZ    R7,SCAN1
        RET
```

同样需要指出的是,上面程序中使用了软件延时程序,8×8 点阵扫描显示频率不低于 25Hz 时,延时子程序时间不能大于 5ms。为了提高效率,建议采用定时中断来实现动态扫描显示。

9.4 LED 显示器专用集成电路

在某些单片机应用系统中,由于 CPU 承担的任务较多,LED 显示驱动电路往往采用专用集成电路。MAX7219 芯片是一片专用 LED 显示驱动电路,共阴结构,能完成 8 位 LED 数码块显示、图条/柱图显示或 64 点阵显示。片内包括 BCD 译码器、多路扫描控制器、字和位驱动器和 8×8 静态 RAM,并且还具有停机模式、数字亮度控制等功能。MAX7219 和微处理器的接口采用串行方式。

9.4.1 MAX7219 引脚功能

MAX7219 为 24 引脚,引脚排列如图 9-13 所示。
各引脚说明如下:
DIN:串行数据输入端。
DIG0~DIG7:LED 位驱动输出端。
LOAD:数据装载信号输入端。
SEGA~SEGG,SEGDp:段码输出端。
ISET:硬件亮度调节端。通过外接电阻来调节亮度。
DOUT:串行数据输出端。可用于多片扩展。
CLK:移位脉冲输入端。

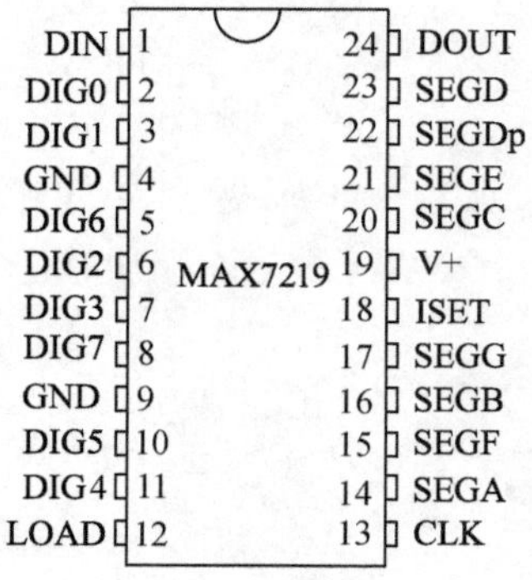

图 9-13 MAX7219 引脚排列

V+：正电源输入端。
GND：地。

9.4.2 MAX7219 内部组成结构

MAX7219 的内部组成如图 9-14 所示，各部分功能简述如下：

1. 16 位地址/数据移位寄存器

完成接收串行数据，并实现串/并变换。16 位数据含义如下：

D0~D7：写入内部 RAM 和功能寄存器的数据。

D8~D11：内部 RAM 和功能寄存器地址。

D12~D15：无定义。

2. 地址译码器

地址译码器是一个 4~16 线译码器，用于选择数据存放单元，在 LOAD 信号作用下将接收到的数据送入 8 字节双口静态 RAM；B 译码器 ROM 和选择电路对双口静态 RAM 中的数据进行 BCD 译码或直接送显示驱动器；段码电流参考电路、亮度脉冲产生调制器实现对显示器的亮度控制。段码电流参考电路由 ISET 端调节显示器亮度；动态扫描控制器实现由硬件控制动态扫描显示。LED 段码驱动器完成显示器的驱动功能。

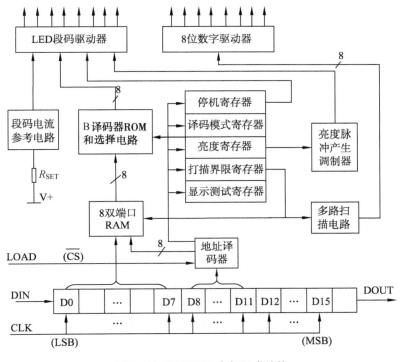

图 9-14 MAX7219 内部组成结构

3. 内部寄存器

停机寄存器（地址 0CH）：当 D0 = 0 时，MAX7219 处于停机状态；当 D0 = 1 时，MAX7219 处于正常工作状态。

显示测试寄存器（地址 0FH）：当 D0 = 0 时，MAX7219 按设定模式正常工作；当 D0 = 1

时,其处于测试状态。在该状态下,不管 MAX7219 处于什么模式,全部 LED 将按最大亮度显示。

亮度寄存器(地址 0AH):亮度可以用硬件和软件两种方法调节。亮度寄存器中的 D0~D3 位可以控制 LED 显示器的亮度。

扫描界限寄存器(地址 0BH):该寄存器中 D0~D3 位数据设定值为 0~7H,设定值表示显示器动态扫描个数位 1~8。

译码模式寄存器(地址 09H):该寄存器的 8 位二进制数的各位分别控制 8 个 LED 显示器的译码方式。当为"1"时,选择 BCD-B 译码模式;当为"0"时,选择不译码模式(即送来数据为显示代码)。选择译码模式时,对应 4 位二进制数可译码显示"0"~"9"以及"-""E""H""L""P"等字符。

内部 RAM 地址 01~08H 分别对应于 DIG0~DIG7。

9.4.3 MAX7219 与单片机的接口

MAX7219 与单片机的接口采用 SPI 接口。如图 9-15 所示的是 MAX7219 与 8051 单片机的硬件连接,MAX7219 驱动 8 位 LED 显示器,它的 DIN、CLK、LOAD 端分别接单片机的 P1.0~P1.2。

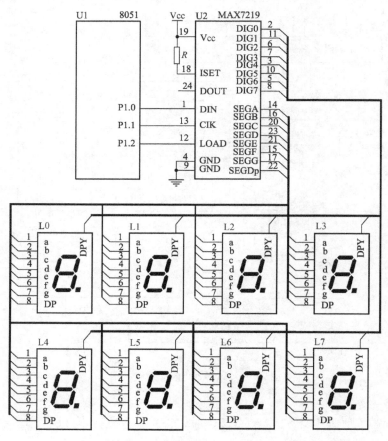

图 9-15 MAX7219 与 8051 单片机的硬件接口

以下程序完成 MAX7219 显示数字 0、1、2、3、4、5、6、7。

```
        LED0    EQU     30H             ;定义8个显示缓冲区
        LED1    EQU     31H
        LED2    EQU     32H
        LED3    EQU     33H
        LED4    EQU     30H
        LED5    EQU     31H
        LED6    EQU     32H
        LED7    EQU     33H
        DIN     BIT     P1.0            ;数据输入端
        CLK     BIT     P1.1            ;时钟端
        LOAD    BIT     P1.2            ;使能段
START:  MOV     SP,#7FH
        MOV     IE,#00H
        MOV     IP,#00H
        MOV     30H,#00H
        MOV     31H,#01H
        MOV     32H,#02H
        MOV     33H,#03H
        MOV     34H,#04H
        MOV     35H,#05H
        MOV     36H,#06H
        MOV     37H,#07H                ;初始化显示缓冲区
        LCALL   SSET                    ;初始化 MAX7219
        LCALL   DISPLY                  ;显示数据
WAIT:   SJMP    WAIT                    ;等待
```

送显示子程序如下：

```
DISPLY: MOV     R0,#LED0                ;R0 指向显示缓冲区首地址
        MOV     R1,#01H                 ;R1 指向8字节 RAM 首址
        MOV     R3,#08H                 ;R3 作为一个字节的计数器
LOOP3:  MOV     A,@R0
        MOV     R5,A
        MOV     A,R1                    ;8字节 RAM 首地址送 A
        LCALL   DINPUT                  ;数据锁存到 MAX7219 的数字寄存器
        INC     R0
        INC     R1
        DJNZ    R3,LOOP3
        RET
```

初始化子程序如下：

```
        SSET:   MOV     A,#0AH          ;#07H 存到亮度寄存器,使占空比为 15/32
                MOV     R5,#07H
                LCALL   DINPUT
                MOV     A,#0BH          ;#04H 锁存到扫描界限寄存器,为 5 位显示方式
                MOV     R5,#04H
                LCALL   DINPUT
                MOV     A,#09H          ;把数#0FFH 锁存到译码方式寄存器
                                        ;将 BCD 码译成 B 码
                MOV     R5,#0FFH
                LCALL   DINPUT
                MOV     A,#0CH          ;#01H 锁存到停机寄存器,进入正常工作状态
                MOV     R5,#01H
                ACALL   DINPUT
                MOV     A,#0FH          ;设定正常工作模式
                MOV     R5,#00H
                ACALL   DINPUT
                RET                     ;初始化完毕,返回
```

串行数据输入子程序如下:

```
        DINPUT: MOV     R2,#08H         ;R2 作为一个字节的计数器
        LOOP1:  RLC     A               ;A 的 D7 位移出,依次为 D6…D0,位地址
                                        ;输入 DIN
                MOV     DIN,C
                CLR     CLK             ;输出时钟信号
                SETB    CLK             ;上升沿锁存串行信号
                DJNZ    R2,LOOP1
                MOV     A,R5            ;R5 中所存数据移至 A
                MOV     R2,#08H         ;R2 作为一个字节的计数器
        LOOP2:  RLC     A               ;A 的 D7 位移出,依次为 D6…D0,位地址
                                        ;输入 DIN
                MOV     DIN,C
                CLR     CLK             ;输出时钟信号
                SETB    CLK             ;上升沿锁存串行信号
                DJNZ    R2,LOOP2
                CLR     LOAD            ;输出 LOAD 信号,上升沿装载寄存器数据
                SETB    LOAD
                RET
```

一片 MAX7219 最多能驱动 8 位 LED 显示器,若驱动 LED 显示器数目大于 8 个,就需要两片或两片以上 MAX7219 级联来实现。

9.5 点阵字符 LCD 显示模块的使用

点阵字符液晶显示器是一种专用于显示字母、数字、符号的液晶器件。它由若干个 5×7 或 5×11 点阵块组成字符块,每一个字符块显示一个字母、数字或符号。每个点阵块之间有一定的空隙,作为字符间的自然间隔,而整个显示屏上的像素并非等间隔地排列,通常它只能显示字符而不能显示连续的图形。

点阵字符 LCD 显示器的驱动相对 LED 要复杂得多,所以在使用时点阵字符 LCD 显示器通常做成模块的形式,即将 LCD 显示屏、控制器及其扩展驱动电路、背光源、连接件、PCB 线路板集成在一起,称为 LCM(LCD Module)液晶显示模块。5×7 液晶显示点阵块示意图和 LCM 液晶显示模块外形如图 9-16 所示。

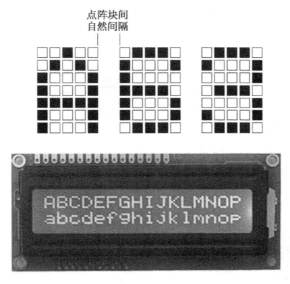

图 9-16 5×7 液晶显示点阵块示意图和 LCM 液晶显示模块外形

对于使用者来说,最主要是要了解 LCM 中控制器的外部接口和模块特性。HD44780U 及兼容的 KS0066 是典型的点阵字符型 LCD 控制器,它与扩展驱动电路 HD44100、LCD 显示屏等构成 LCM 显示模块(如常见的 LCD1602 液晶显示模块)。下面以 HD44780U 为例,介绍点阵字符 LCD 控制器的原理与接口电路。

9.5.1 HD44780U 点阵字符型控制器原理

HD44780U 具有字符发生器 CGROM,可显示 192 种字符,160 个 5×7 点阵字符和 32 个 5×10 字符点阵字符;具有 64B 的自定义字符 CGRAM,可自定义 8 个 5×8 点阵字符或 4 个 5×11 点阵字符;还有 80B 的显示数据存储器 DDRAM。HD44780U 的引脚图和原理框图见图 9-17。

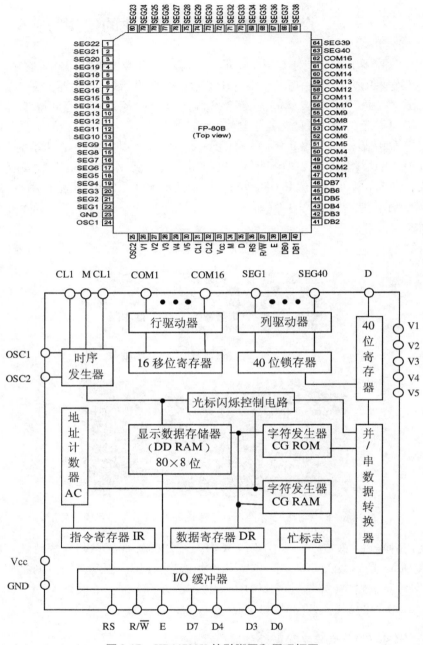

图 9-17　HD44780U 的引脚图和原理框图

作为使用者来说,重点关心的是 HD44780U 与计算机的接口信号和对其内部寄存器、存储器的操作。

HD44780U 与外部的接口信号主要有以下几种:

DB7～DB4　　　　三态　　　　8 位数据总线的高 4 位或 4 为数据总线
DB3～DB0　　　　三态　　　　8 位数据线的低 4 位
RS　　　　　　　　输入　　　　寄存器选择信号

R/$\overline{W}$		输入	读/写选择信号
E		输入	使能信号

HD44780U 的接口形式有两种：一种是 8 位数据总线形式，另一种是 4 位数据总线形式，分别适应于 8 位和 4 位数据总线的计算机。由于控制器内部是 8 位总线结构，所以在 8 位数据总线的形式下，数据总线 DB7～DB0 均有效，数据及指令代码一次操作完成；在 4 位数据总线形式下，数据总线 DB7～DB4 有效，DB3～DB0 呈高阻状态，数据及指令代码分两次操作完成。

控制线 RS、R/$\overline{W}$ 及使能端 E 的组合使用如表 9-2 所示。

表 9-2　RS、R/W 和 E 的组合功能表

RS	R/$\overline{W}$	E	DB7～DB0	功　能
0	0	↓	输入状态	写指令代码
0	1	⎍	输出状态	读 BF 及 AC 值
1	0	↓	输入状态	写数据
1	1	⎍	输出状态	读数据

9.5.2　HD44780U 点阵字符型 LCD 控制器的指令

HD44780U 控制器是可编程器件，可以通过指令进行控制、读写数据等操作。其指令一览表如表 9-3 所示。

表 9-3　HD44780U 指令系统一览表

指令名称	控制信号		控制代码								指令代码/执行时间
	RS	R/$\overline{W}$	D7	D6	D5	D4	D3	D2	D1	D0	
清屏	0	0	0	0	0	0	0	0	0	1	01H/1.6ms
光标归位	0	0	0	0	0	0	0	0	1	*	02H/1.6ms
输入方式设置	0	0	0	0	0	0	0	1	I/D	S	04H～07H/40μs
显示开关设置	0	0	0	0	0	0	1	D	C	B	08H～0FH/40μs
光标画面滚动	0	0	0	0	0	1	S/C	R/L	*	*	10H～1FH/40μs
工作方式设置	0	0	0	0	1	DL	N	F	*	*	20H～3FH/40μs
CGRAM 地址设置	0	0	0	1	A5	A4	A3	A2	A1	A0	40H～7FH/40μs
DDRAM 地址设置	0	0	1	A6	A5	A4	A3	A2	A1	A0	80H～0FFH/40μs
读 BF 或 AC 值	0	1	BF	AC6	AC5	AC4	AC3	AC2	AC1	AC0	−/1μs
写数据	1	0	数			据					−/45μs
读数据	1	1	数			据					−/45μs

注意："*"表示任意值，在实际应用时一般认为是"0"。

指令详解如下：

1. 清屏(CLEAR DISPLAY)

该指令使 DDRAM 全部清"0"；光标回到原位；地址计数器 AC=0。

2. 光标归位(RETURN HOME)

该指令使光标或光标闪烁位回原点(屏幕的左上角)，即 DDRAM 地址为 00H 位置。

3. 输入方式设置(ENTER MODE SET)

I/D 参数的含义是：当数据写入 DDRAM(CGRAM)或由 DDRAM(CGRAM)读出数据时,地址计数器 AC 自动加1(或减1)。

当 I/D=1 时,自动加1；当 I/D=0 时,自动减1。

S 参数的含义如下：

S=1,表示当数据写入 DDRAM 时,显示内容将全部左移(I/D=1)或右移(I/D=0)。此时光标看上去未动,仅仅显示内容移动；但从 DDRAM 读数据时,内容没有发生变化。

S=0,表示显示内容不变,光标左移(I/D=1)或右移(I/D=0)。

4. 显示开关设置(DISPLAY ON/OFF CONTROL)

D=1,开显示；D=0,关显示。

C=1,显示光标；C=0,关闭光标。

B=1,光标和光标停留处的字符交变闪烁；B=0,不闪烁。

5. 光标画面滚动(CURSOR OR DISPLAY SHIFT)

该指令使光标或显示画面在没有对 DDRAM 进行读、写操作时,被左移或右移,如表9-4所示。利用此功能,可以在不改变 DDRAM 内容的情况下,达到简单动画的显示效果。

表9-4 光标画面滚动命令表

S/C	R/L	说明
0	0	光标左滚动
0	1	光标右滚动
1	0	画面左滚动
1	1	画面右滚动

6. 工作方式设置(FUNCTION SET)

该指令设置接口的数据总线位数,即采用4位总线还是8位总线形式；同时设置显示行数及点阵,是采用 5×7 点阵还是 5×11 点阵。

DL=1,8位数据总线形式。DB7~DB0 有效。

DL=0,4位数据总线形式。DB7~DB4 有效,DB3~DB0 不用。

N=1, 二行显示；N=0, 一行显示。

F=1, 5×11 点阵；F=0, 5×7 点阵。

7. CGRAM 地址设置(CGRAM ADDRESS SET)

该指令设置 CGRAM 地址指针。地址码 C5~C0 被送入 AC,此后使用者可以将自定义的显示字符数据写入或读出 CGRAM。

8. DDRAM 地址设置（DDRAM ADDRESS SET）

该指令设置 DDRAM 的地址指针,地址码在 00H～27H 及 40H～67H 内有效。此后可以将显示字符码写入 DDRAM 或从 DDRAM 中读出。

9.5.3 HD44780U 与单片机的接口及软件编程

1. 直接控制方式

HD44780U 可通过直接访问方式与单片机相连接。此时液晶显示模块可看作外部 RAM 或 I/O 端口。在这种方式下两数据总线直接相连,液晶控制器的 RS、R/$\overline{W}$ 是由单片机的 $\overline{RD}$、$\overline{WR}$ 与地址线合成产生的。其与单片机的直接接口如图 9-18 所示。

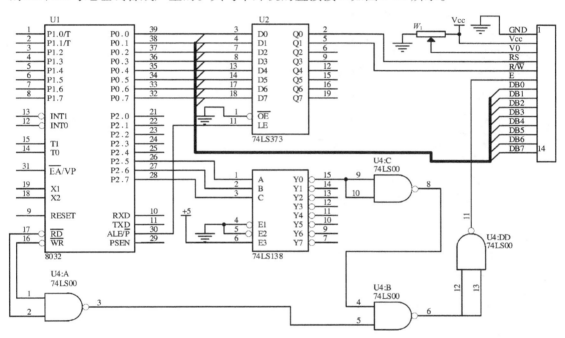

图 9-18　HD44780U 与单片机直接接口电路图

如图 9-18 所示的电路的软件驱动程序如下:

```
        COM      EQU     20H          ;指令寄存器
        DAT      EQU     21H          ;数据寄存器
        CW_ADD   EQU     0000H        ;指令口写地址
        CR_ADD   EQU     0002H        ;指令口读地址
        DW_ADD   EQU     0001H        ;数据口写地址
        DR_ADD   EQU     0003H        ;数据口读地址
```

（1）读 BF 和 AC 子程序

```
        PR0:     PUSH    DPH
                 PUSH    DPL
                 PUSH    ACC
                 MOV     DPTR,#CR_ADD
```

```
            MOVX    A,@DPTR
            MOV     COM,A
            POP     ACC
            POP     DPL
            POP     DPH
            RET
```

（2）写指令代码子程序

```
    PR1:    PUSH    DPH
            PUSH    DPL
            PUSH    ACC
            MOV     DPTR,#CR_ADD
    PR11:   MOVX    A,@DPTR
            JB      ACC.7,PR11
            MOV     A,COM
            MOV     DPTR,#CW_ADD
            MOVX    A,@DPTR
            POP     ACC
            POP     DPL
            POP     DPH
            RET
```

（3）写显示数据子程序

```
    PR2:    PUSH    DPH
            PUSH    DPL
            PUSH    ACC
            MOV     DPTR,#CR_ADD
    PR21:   MOVX    A,@DPTR
            JB      ACC.7,PR21
            MOV     A,DAT
            MOV     DPTR,#DW_ADD
            MOVX    @DPTR,A
            POP     ACC
            POP     DPL
            POP     DPH
            RET
```

2．间接控制方式

间接控制方式就是单片机把液晶显示模块看成是它的一个并行接口的外设，并对该外设间接操作而实现控制。

在间接控制方式下，单片机必须对液晶显示模块的各控制信号进行时序模拟操作，如RS、R/$\overline{\text{W}}$的时序等。如图9-19所示的是单片机对HD44780U实现间接控制的电路图。

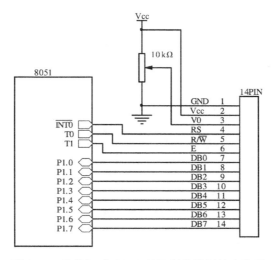

图 9-19 单片机对 HD44780U 间接控制的电路图

相关驱动程序如下：

```
    COM    EQU    20H         ;指令寄存器
    DAT    EQU    21H         ;数据寄存器
    RS     BIT    P3.2        ;寄存器选择信号
    RW     BIT    P3.4        ;读/写选择信号
    E      BIT    P3.5        ;使能信号
```

(1) 读 BF 和 AC 子程序

```
    PR0:   PUSH   ACC
           MOV    P1,#0FFH
           CLR    RS
           SETB   RW
           SETB   E
           MOV    COM,P1
           CLR    E
           POP    ACC
           RET
```

(2) 写指令代码子程序

```
    PR1:   PUSH   ACC
           CLR    RS
           SETB   RW
    PR11:  MOV    P1,#0FFH
           SETB   E
           MOV    A,P1
           CLR    E
           JB     ACC.7,PR11
```

```
        CLR     RW
        MOV     P1,COM
        SETB    E
        CLR     E
        POP     ACC
        RET
```
（3）写显示数据子程序
```
PR2：   PUSH    ACC
        CLR     RS
        SETB    RW
PR21：  MOV     P1,#0FFH
        SETB    E
        MOV     A,P1
        CLR     E
        JB      ACC.7,PR21
        SETB    RS
        CLR     RW
        MOV     P1,DAT
        SETB    E
        CLR     E
        POP     ACC
        RET
```

9.6 点阵图形液晶显示器的使用

与点阵字符液晶显示器相比,点阵图形液晶显示器的显示面积较大,点阵数较多,犹如一张任你描绘的白纸,因它的显示像素是连续排列的,它不仅可以显示任意字符,而且可以显示各种曲线与图形,同时图形与字符还可以实现与、或、异或等逻辑组合,然后再混合显示。

9.6.1 DMF5001N 点阵图形液晶显示器的结构与特点

DMF5001N 点阵图形液晶显示模块如图 9-20 所示,它由 160×128 点阵的液晶屏、T6961B 及 T6A39 点阵液晶显示驱动器、T6963C 点阵液晶显示控制器及 TC5565 AFL 64K RAM 构成,这些部件均集成在液晶显示模块上。

MF5001N 点阵图形液晶显示器的点阵分布为 160×128,每个点阵大小为 $0.58\text{mm} \times 0.58\text{mm}$。外形尺寸为 $129\text{mm} \times 102\text{mm} \times 12.8\text{mm}$,用 +5V 供电(另有 -20V 通过电位器调节控制显示灰度),其功耗为 550mW(全显示的最大值)。

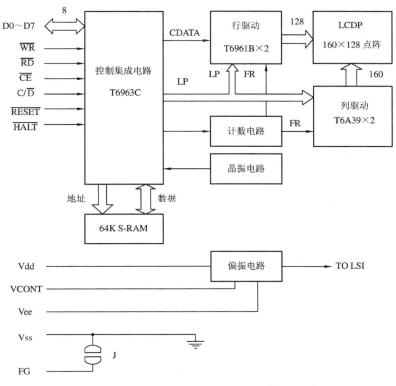

图 9-20 DMF5001N 点阵图形液晶显示模块结构框图

DMF5001N 点阵图形液晶显示器的显示方式为字符显示方式及图形显示方式。在字符显示方式下,字符尺寸大小为 8×8 点阵,一屏可显示 16 行、20 列、320 个字符;在图形显示方式下,图形的最小显示单元是一点阵,但它是以 1×8 个点阵为一个基本单元在 RAM 中存放的,一屏画面由 128(行)×20(列)组成,共有 2560 个 1×8 点阵,占用 2560B RAM;在图形与字符混合显示方式下,图形缓冲区的内容和文本缓冲区的内容可进行与、或、异或等逻辑操作后混合显示,达到字符和图形混合显示的目的。

DMF5001N 点阵图形液晶显示器可以读和复制显示屏幕数据,也可以软件编程设置文本和图形显示窗口;可以控制光标和字符亮/暗/闪烁,控制字符正常或反衬显示。

DMF5001N 点阵图形液晶显示器采用 T6963C 控制器,使用前应对 T6963C 控制器有所了解。

T6963C 点阵液晶显示控制器有 8 根数据线及 6 根控制线,可以和外部的 CPU 相连,接受 CPU 的控制,进行编程输入,通过 T6963C 控制器内部的 128 个字节的字符发生器,就能控制外部的 64K RAM。TC5565 AFL 为 64K 随机存储器,它全部可供用户编程作为显示缓冲区使用。

9.6.2 DMF5001N 液晶显示器的地址安排

DMF5001N 液晶显示器的地址有两种。一种是硬件设备所确定的地址,对该地址执行读操作,就能读出液晶显示器的状态和屏幕显示的内容;对该地址写,就是输入对液晶显示器的各种操作命令和显示数据。另一种地址就是 DMF5001N 液晶显示器内部 64KB RAM

的地址,该地址从 0000H 至 FFFFH,全部可由用户作为显示缓冲区编程使用。显示缓冲区 RAM 的地址与显示屏上的几何位置是一一对应的。

1. 文本缓冲区的地址安排

DMF5001N 液晶显示器在字符显示方式下,字符尺寸大小是 8×8 点阵,一屏可显示 16 行 20 列、320 个字符。如表 9-5 所示,在所对应的 RAM 缓冲区中,每个字符需要 1 个字节,一屏画面共需 320 个字节的 RAM。

表 9-5 文本缓冲区的地址安排

TH	…	TH + 19
TH + 1TA	…	TH + 1TA + 19
TH + 2TA	…	TH + 2TA + 19
…	…	…
TH + 15TA	…	TH + 15TA + 19

注:TH 为该屏文本缓冲区的起始地址,TA 为每行的列数(20)。

2. 图形缓冲区的地址安排

在图形显示方式下,图形的最小显示单元是一点阵,并以 1×8 点为一个基本单元存取数据,一屏画面就由 128(行)×20(列)组成。如表 9-6 所示,一屏画面就需有 2560 个字节的 RAM。DMF5001N 液晶显示模块上的 64KB 随机存储器,全部可由用户同时安排多个(屏)字符缓冲区、多个图形显示缓冲区,显示时可由软件自由选择显示哪一个缓冲区的内容,或哪两个(图形和文本)显示缓冲区内容叠加的结果图形。为了能使图形和文本混合显示,在屏幕上可以划分为文本说明区和图形显示窗口。在文本说明区的显示字符都放入文本缓冲区对应位置的 RAM 内;图形显示窗口内容都放入图形缓冲区对应位置地址上。

表 9-6 图形缓冲区的地址安排

GH	…	GH + 19
GH + 1GA	…	GH + 1GA + 19
GH + 2GA	…	GH + 2GA + 19
…	…	…
GH + 127GA	…	GH + 127GA + 19

注:GH 为该屏图形缓冲区的起始地址,GA 为每行的列数(20)。

9.6.3 T6963C 点阵液晶显示控制器的指令系统

与点阵字符液晶显示模块类似,我们对 DMF5001N 液晶显示模块的操作实际上就是对液晶控制器 T6963C 的操作,但参数设置时又不能脱离具体的液晶显示屏而随意操作。所以在对 DMF5001N 液晶显示模块编程时有必要对点阵液晶显示控制器 T6963C 的指令系统有所了解。点阵液晶显示控制器 T6963C 共有 11 条指令,详解如下:

1. 显示地址设置 (DISPLAY ADDRESS SET)

0	1	0	0	0	0	N1	N0

参数：D1, D2

N1	N0	说明	D1	D2
0	0	文本初始地址	地址低字节	地址高字节
0	1	文本区列数	列数	00H
1	0	图形区起始地址	地址低字节	地址高字节
1	1	图形区列数	列数	00H

2. 地址指针设置 (REGISTER SET)

0	0	1	0	0	N2	N1	N0

参数：D1, D2

N2	N1	N0	说明	D1	D2
0	0	1	光标指针地址设置	水平位置(低7位)	垂直位置(低5位)
0	1	0	偏置寄存器地址设置	偏置地址(低5位)	00H
1	0	0	显示地址设置	地址低字节	地址高字节

3. 显示状态设置 (DISPLAY MODE)

1	0	0	1	N3	N2	N1	N0

N0：光标闪烁设置 1/0　　闪烁/不闪烁
N1：光标显示设置 1/0　　显示光标/隐藏光标
N2：文本显示设置 1/0　　启用文本显示/禁止文本显示
N3：图形显示设置 1/0　　启用图形显示/禁止图形显示

4. 光标形状设置 (CURSOR PATTERN SELECT)

1	0	1	0	0	N2	N1	N0

光标大小为 8 点阵列 × N 行，行的数值有 N2N1N0 决定(0 ~ 7)，指令中 N2N1N0 为选择光标自下往上的厚度(000 ~ 111)。

5. 一次数据读/写 (DATA READ WRITE)

1	1	0	0	0	N2	N1	N0

参数：D1

N2	N1	N0	说明	D1
0	0	0	数据写,地址指针加一	被写数据
0	0	1	数据读,地址指针加一	无参数
0	1	0	数据写,地址指针减一	被写数据
0	1	1	数据读,地址指针减一	无参数
1	0	0	数据写,地址指针不变	被写数据
1	0	1	数据读,地址指针不变	无参数

6. 数据自动读写方式设置(DATA AUTO READ WRITE)

1	0	1	1	0	0	N1	N0

N1 N0:　　　　　说　明
0　0　　　　　　数据自动写
0　1　　　　　　数据自动读
1　*　　　　　　终止自动方式

注意:"*"表示任意值。

7. 显示方式设置(DISPLAY MODE SET)

1	0	0	0	N3	N2	N1	N0

N2 N1 N0:　　　　说　明
0　0　0　　　　　图形和文本逻辑或
0　0　1　　　　　图形和文本逻辑异或
0　1　1　　　　　图形和文本逻辑与
1　0　0　　　　　文本属性
N3:　　　　　　　"0",内部字符发生器;"1",外部字符发生器

8. 屏幕读(SCREEN PEEK)

1	1	1	0	0	0	0	0

这个指令用于从屏幕上读取一字节的显示数据,如果地址不是图形 RAM 区,这个指令就被忽略(该指令不能用在文本区),并且检测状态标志 STA6,如正确就读取数据。

9. 屏幕拷贝(SCREEN COPY)

1	1	1	0	1	1	1	1

如果说地址指针和图形指针一致,在地址指针指定的地址写一行显示的数据;如果地址在文本区,这个指令被忽略,并且建立状态标志 STA6。

10. 位操作(BIT SET RESET)

1	1	1	1	N3	N2	N1	N0

该指令把显示缓冲区内某单元的某一位置"1"或清"0"。
N3:　　　　　　被写入的数据("1"或"0")
N2N1N0:　　　　000~111(当前地址指针所指字节的位地址,取值0~7)

11. 读状态标志(STAUS)

STA7	STA6	STA5	STA4	STA3	STA2	STA1	STA0

STA0:指令准备标志　　　　1:准备好　　　0:忙
STA1:数据准备标志　　　　1:准备好　　　0:忙
STA2:自动读准备标志　　　1:准备好　　　0:忙
STA3:自动写准备标志　　　1:准备好　　　0:忙
STA4:未用

STA5:停止振荡和复位　　　1:可以　　　　0:不可以
STA6:出错标志　　　　　　1:出错　　　　0:未出错
STA7:闪烁标志　　　　　　1:显示闪烁　　0:显示不闪烁

对 T6963C 的软件操作,每一次之前都要判"忙",仅仅在不忙时才能对 T6963C 操作。

9.6.4　DMF5001N 液晶显示器的应用

1. DMF5001N 液晶显示模块与单片机的接口

如图 9-21 所示的是 DMF5001N 液晶显示模块与单片机接口的实际应用电路,用一片 8032 单片机最小系统就可直接控制 DMF5001N,液晶显示器的数据总线、电源线及读写线可和单片机最小系统的数据总线、电源线及读写线直接相连。

由于 DMF5001N 液晶显示器的复位信号和 8032 单片机复位信号正好反相,也可以将 8032 单片机复位信号反相后作为 DMF5001N 液晶显示模块的复位信号;DMF5001N 液晶显示器的指令/数据(C/D)控制信号由单片机端口 P1.7 控制;时钟控制信号(HALT)也可接高电平(内部振荡器一直工作,不受控制)。DMF5001N 液晶显示器在单片机系统中作为外部设备使用,它的地址可以线选或译码后给出。在本电路中它由单片机 P2.7 端口线选,其地址为 7FFFH。

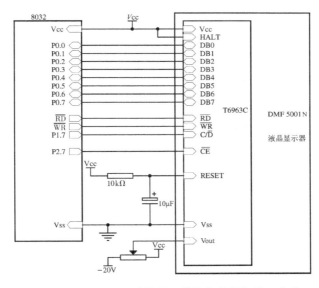

图 9-21　DMF5001N 液晶显示模块与单片机接口电路

针对图 9-21,其初始化流程如图 9-22 所示。DMF5001N 液晶显示模块对指令和数据操作的流程如图 9-23 所示(要写入的指令放在指令缓冲区 R5 中,要写入的数据 D1、D2 放在数据缓冲区 R2、R3 内)。

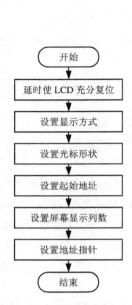

图 9-22　DMF5001N 液晶显示器初始化流程图　　图 9-23　写指令流程图

初始化程序如下：

```
FMAT:   MOV   R2,#5           ;延时使 LCD 充分复位
DALY1:  MOV   R3,#0
DALY2:  MOV   R4,#0
DALY3:  DJNZ  R4,DALY3
        DJNZ  R3,DALY2
        DJNZ  R2,DALY1
        MOV   R5,#9DH         ;设置为本图形混合工作方式
                              ;光标闪烁但暂时不亮
        LCALL BSC             ;LCD 忙否,进行指令操作
        MOV   R5,#0A7H        ;设置光标形状
        LCALL BSC
        MOV   R2,#0           ;光标左边初始化为 0 行 0 列
        MOV   R3,#0
        MOV   R5,#21H
        LCALL BSD             ;LCD 忙否,不忙进行写数据操作
        MOV   R5,#81H         ;设置文本和图形异或方式显示
        LCALL BSC
        MOV   R2,#5AH         ;数据文本缓冲器首址为 5A00H
        MOV   R3,#0
        MOV   R5,#40H
```

	LCALL	BSD	;LCD 忙否,不忙进行写数据操作
	MOV	R3,#14H	;设置文本宽度为 20 列
	MOV	R2,#0	
	MOV	R5,#41H	
	LCALL	BSD	
	MOV	R2,#50H	;设置缓冲区首地址为 5000H
	MOV	R3,#0	
	MOV	R5,#42H	
	LCALL	BSD	
	MOV	R3,#14H	;设置宽度为 160 点,20 字节
	MOV	R2,#0	
	MOV	R5,#43H	
	LCALL	BSD	
	RET		

对命令、数据操作程序如下:

● 写指令子程序[(R5)中为指令代码]

BSC:	LCALL	WAIT	;LCD 忙否
	MOV	A,R5	;读取指令
	MOVX	@DPTR,A	;写指令
	RET		;返回

● 写数据及写数据指令子程序[(R2,R3)为被写数据,(R5)为指令代码]

BSD:	LCALL	WAIT	;LCD 忙否
	CLR	P1.7	;准备写数据
	MOV	A,R3	
	MOVX	@DPTR,A	;写(R3)数据 D1
	INC	DPTR	
	MOV	A,R2	
	MOVX	@DPTR,A	;写(R2)数据 D2
	LCALL	BSC	;写(R5)指令
	RET		;返回

● 检查忙否,判断是否可写数据及指令子程序

WAIT:	MOV	DPTR,#7FFFH	;选中 LCD
	SETB	P1.7	;准备读状态
	MOVX	A,@DPTR	;读 LCD 状态
	ANL	A,#3	;取 STA0、STA1 位
	CJNE	A,#3,WAIT	;检查 LCD 忙否
	RET		;返回

2. DMF5001N 液晶显示器的显示数据输入

DMF5001N 液晶显示器的显示字符、图形数据的输入通常采用连续写的方式,其流程图

如图 9-24 所示。

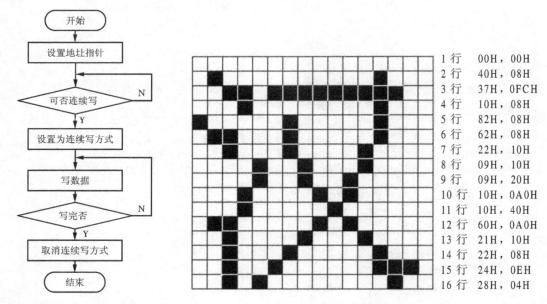

图 9-24 连续写操作的程序流程图　　图 9-25 汉字"汉"的点阵图形及编码

3. DMF5001N 液晶显示器的汉字显示

DMF5001N 液晶显示器的汉字显示大多采用图形显示方式，也可在文本方式下显示。对于 16 显示器点阵的汉字，在图形方式下显示时把每一个汉字分解为一个 16×16 汉字点阵的图形；而在文本方式下显示时，则把汉字拆分为四个 8×8 点阵的字符，然后组合而成。如图 9-25 所示的是汉字"汉"的点阵图形及编码数据，将此数据送入图形缓冲区内规定的地址，液晶显示器的显示屏上对应的几何位置上即可显示"汉"字。可用许多汉字代码提取程序，获取汉字点阵的编码。另外，在许多液晶显示模块中已经含有汉字字库，存放在 LCD 控制器中的 CGROM 中了，只要写入汉字编码就可以显示汉字。

9.7 OLED 显示模块的使用

9.7.1 OLED 显示模块的结构

OLED 作为一种新型的自发光的显示器，具有厚度薄、视角大、低压省电、反应快、重量轻、显示细腻等特点，非常适合在携带式电子设备中使用。OLED 显示器通常以点阵的形式显示字符和图形，故驱动电路也比较复杂，所以 OLED 显示器常与驱动芯片一起构成 OLED 显示模块来使用。

一个 128×64 的 OLED 显示模块内部结构与外形示意图如图 9-26 所示。点阵式 OLED 显示屏需要数十甚至上百根驱动线，分为公共/段驱动。驱动芯片内部有一个与显示屏点阵相的图形显示数据 RAM（Graphic Display Data RAM，GDDRAM），当数据写入 GDDRAM 时，对应的显示屏对应的点阵显示单元就会显示。MCU 接口电路用于接收外部的数据和指令，通常分为总线选择、控制线和数据线。

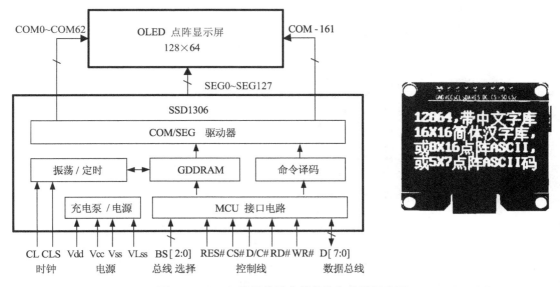

图 9-26　OLED 显示模块内部结构与外形示意图

9.7.2　OLED 显示模块的接口电路

以某个 128×64 OLED 显示模块为例,介绍其接口电路及与单片机的连接。掌握 OLED 显示模块的应用,关键是要掌握其驱动芯片的外特性。128×64 的 OLED 显示模块常采用 SSD1306 或 SSD1315。

下面以 OLED 驱动芯片 SSD1306 为例,介绍 OLED 显示模块的接口电路。

SSD1306 的主要引脚说明如表 9-7 所示。其中 SEG0~SEG127、COM0~COM63 用于连接显示屏,不从显示模块引出,另外还有一些保留的引脚也没有在表中列出。

与外部连接的主要为 MCU 接口电路的引脚。其中 BS[2:0] 决定了与 MCU 连接时所采用的总线接口方式,如表 9-8 所示。

表 9-7　OLED 驱动芯片 SSD1306 的主要引脚功能说明

引脚名	类型	说明
Vdd	电源	用于内部逻辑电路的电源
Vcc	电源	主电源,包括显示屏电源
Vss	电源	电源的接地
VLss	电源	模拟电路的地。它与外部的 Vss 连接
CLS	输入	内部时钟开启的开关。当它被拉高(即连接 Vdd)时,启用内部时钟;当它被拉低时(即连接 Vss),内部时钟被关闭,外部时钟必须连接到 CL 脚
CL	输入	当内部时钟被激活时(即 CLS 为高电平),外部时钟由此输入;当内部时钟禁止时(即 CLS 为低电平),此引脚应连接到 Vss
BS[2:0]	输入	MCU 总线接口选择引脚。详见后面描述
RES#	输入	复位信号输入。低电平有效。也有记为 $\overline{RES}$
CS#	输入	片选信号输入。低电平有效。也有记为 $\overline{CS}$

引脚名	类型	说明
D/C#	输入	数据/命令控制端。高电平时,数据线 D[7:0]看作存入 GDDRAM 中的显示数据;低电平时,D[7:0]看作为存入控制芯片中寄存器的命令。在 IIC 模式下,该引脚作为 SA0 进行从属地址的选择。也有记为 D/$\overline{C}$
E/RD#	输入	当选择 6800 系列微处理器总线时,该引脚将被用作启用(E)信号。读取/写入操作是在该引脚被拉高(即连接到 Vdd)时启动的。当选择 8080 系列微处理器总线时,这个引脚接收到 Read 信号。当这个引脚被拉低时,读取操作就开始了。当选择 SPI 串行接口时,该引脚必须连接到 Vss。也有记为 $\overline{RD}$
R/W#/WR#	输入	当连接到 6800 系列微处理器时,该引脚将被用作读/写(R/W#)选择输入。当该引脚被拉高时,读取模式将被执行。当选择 8080 接口模式时,该引脚将写入(WR#)数据。当引脚被拉低时,写操作开始。当选择串行接口时,该引脚必须连接到 Vss。也有记为 R/$\overline{W}$或$\overline{WR}$
D[7:0]	输入/输出	8 位双向数据总线,通常连接到微处理器。当选择 SPI 串行接口模式时,D0 串行时钟输入 SCLK;D1 为串行数据输入 SDIN。当 IIC 模式被选择时,D2 和 D1 应该被同时使用,作为 SDA_{OUT} 和 SDA_{IN},而 D0 是串行时钟输入 SCL
SEG0 ~ SEG127	输出	作为段开关信号接到 OLED 显示屏。显示关闭时,接 VSS
COM0 ~ COM63	输出	作为公共开关信号接到 OLED 显示屏。显示关闭时,它们为高阻状态

表 9-8 SSD1306 中 BS[2:0]总线选择的说明

BS2	BS1	BS0	选择的总线接口
0	0	0	4 线 SPI 串行接口,采用 SDIN(D1)、SCLK(D0)、CS#和 D/C#
0	0	1	3 线 SPI 串行接口,采用 SDIN(D1)、SCLK(D0)、CS#
0	1	0	IIC 串行接口,采用 SDA_{OUT}(D2)、SDA_{IN}(D1)、SCL(D0)和 SA0(D/C#)
1	0	0	Motorola 6800 的 8 位并行接口,采用使能 E 和读写 R/W#控制线
1	1	0	Intel 8080 的 8 位并行接口,采用读 RD#和写 WR#控制线

SSD1306 中 BS[2:0]可选择 5 种不同的总线方式,现说明如下。

1. 4 线的 SPI 串行接口

此方式用到了 SDIN(D1)、SCLK(D0)、CS#和 D/C#共 4 根信号线。SDIN 为串行数据输入,SCLK 为串行时钟输入(上升沿有效),CS#为片选信号,为数据/命令选择线,见图 9-27(a)。每次串行传输 8 个 bit,D7 在前,D0 在最后。

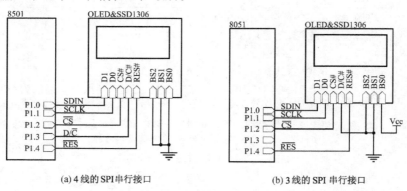

(a) 4 线的 SPI 串行接口　　　　　(b) 3 线的 SPI 串行接口

图 9-27　SSD1306 的 SPI 总线方式与单片机的连接举例

2. 3线的SPI串行接口

此方式用到了SDIN(D1)、SCLK(D0)、CS#共3根信号线。SDIN为串行数据输入,SCLK为串行时钟输入(上升沿有效),CS#为片选信号,见图9-27(b)。每次串行传输9个bit,第一个是D/C#,1表示后续为显示数据,0表示后续为控制命令,第二个是D7,D0在最后。

3. IIC(I^2C)串行接口

此方式用到了SDA_{OUT}(D2)、SDA_{IN}(D1)、SCL(D0)和SA0(D/C#),共4根信号线。SDA_{OUT}和SDA_{IN}并在一起,作为串行数据线SDA,SCL作为串行时钟线,需要外接上拉电阻。SA0为从机地址的一部分,SA0接0时,模块的7位从机地址为"0111100";SA0接1时,模块的7位从机地址为"0111101",数据/命令的选择在传输中体现。因此一个IIC总线可以连接两个SSD1306,见图9-28。按IIC的时序,每次串行传输8bit和1bit的应答,一次传输以启动S信号开始,以结束P信号结束。详细的时序请参考SSD1306操作手册。

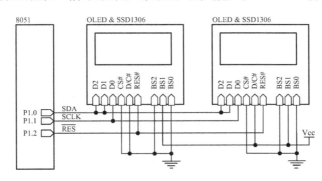

图9-28　SSD1306的IIC总线方式与单片机的连接举例

4. 6800的8位并行接口

这是基于早期Motorola 6800计算机总线的方式,即采用使能E和读写R/W#控制线。这种方式同本章点阵字符型LCD控制器的总线类似。

5. Intel 8080的8位并行接口

这是基于早期Intel 8080计算机总线的方式,即采用读RD#和写WR#控制线。这与MCS 51总线方式类似。

虽然SSD1306有多种总线方式可以选择,但在使用中,通常选择其中的一种,硬件固定后,不再更改了。

对单片机应用系统,由于I/O资源有限,不建议采用并行接口。SPI和IIC硬件连接比较简单。IIC总线的时序相对比较复杂,如果没有硬件IIC接口支持,驱动程序也比较复杂。相对采用SPI接口的驱动比较简单些。

另外,OLED通常以点阵形式显示字符和图形,如采用硬件汉字库的OLED模块,相应的程序会简单许多。而相对汇编程序来说,采用C语言的函数库来编写OLED的驱动程序更为方便。

下面列出的是C语言编写的OLED相关驱动程序的函数声明。

　　　　void OLED_InitHard(void);　　　　　　//初始化硬件
　　　　void OLED_DispOn(void);　　　　　　　//打开显示屏

```c
void OLED_DispOff(void);                          //关闭显示屏
void OLED_SetDir(unsigned char Dir);              //设置显示方向
void OLED_SetContrast(unsigned char Value);
                                                  //设置对比度
void OLED_StartDraw(void);                        //开始绘图
                                                  //以后只绘制到缓冲区,绘制过程不立即
                                                  //在屏幕上显示,以提高绘制速度
void OLED_EndDraw(void);                          //结束绘图。缓冲区的数据刷新到显存
void OLED_ClrScr(unsigned char Mode);             //清屏,全黑或全亮
void OLED_DispStr(unsigned int X, unsigned int Y, char *_ptr,
    FONT_T *_tFont);                              //在屏幕指定坐标显示一个字符串
void OLED_PutPixel(unsigned int X, unsigned int Y, unsigned char Color);
                                                  //在屏幕指定坐标和颜色画1个像素
unsigned char OLED_GetPixel(unsigned int X, unsigned int Y);
                                                  //读取指定坐标的1个像素颜色
void OLED_DrawLine(unsigned int X1, unsigned int Y1, unsigned int X2,
    unsigned int Y2, unsigned char Color);        //在两点间画一条直线
void OLED_DrawPoints(unsigned int *x, unsigned int *y, unsigned int Size,
    unsigned char Color);                         //绘制一组点形成折线。可用于波形显示
void OLED_DrawRect(unsigned int X, unsigned int Y, unsigned char Height,
    unsigned int Width, unsigned char Color);
                                                  //绘制矩形
void OLED_DrawCircle(unsigned int X, unsigned int Y, unsigned int Radius,
    unsigned char Color);                         //绘制一个圆
void OLED_DrawBMP(unsigned int X, unsigned int Y, unsigned int Height,
    unsigned int Width, unsigned char *_ptr);
                                                  //在OLED上显示一个BMP位图,位图点
                                                  //阵扫描次序:从左到右,从上到下
```

其中,void OLED_DispStr()用到结构类型 FONT_T 的定义如下:

```c
typedef struct{
    unsigned int FontCode;      //表示16×16等点阵字体代码
    unsigned int FrontColor;    //表示字体颜色
    unsigned int BackColor;     //表示文字背景颜色或透明色
    unsigned int Space;         //表示文字间距,单位=像素
}FONT_T;
```

习 题 九

1. 采用如图9-2(a)所示电路驱动一个RGB LED,设V1、V2、V3分别是红、绿、蓝LED,取I_f为5mA,Vcc为5V,P1口低电平输出为0.6V(I_{OL}=5mA时),V1、V2、V3的正向压降分别为1.9V、2.9V、2.8V,则对应的限流电阻R_{L1}、R_{L2}、R_{L3}分别取多少?

2. 如采用图9-3(a)所示电路驱动一个RGB LED,设V1、V2、V3分别是红、绿、蓝LED,取I_f为20mA,Vcc为5V,P1口高电平输出为2V(I_{OH}<1mA时),V1、V2、V3的正向压降分别为1.9V、3.2V、3.0V,三极管饱和时压降V_{ces}为0.1V,β为100,则对应的限流电阻R_{L1}、R_{L2}、R_{L3}分别取多少?对应的基极电阻R_{b1}、R_{b2}、R_{b3}分别取多少?

3. 就MCS-51单片机自身资源而言(无外扩I/O),问最多能驱动多少只七段LED数码显示器(串行驱动除外)?

4. 假如提供三个8位I/O口线,采用动态扫描的驱动方式,问最多能驱动多少位七段LED数码显示器?

5. 在如图9-11所示的点阵LED显示接口中,设计出符号"◇"的点阵图,并写出它的点阵代码。

6. 画出8051外扩两片74LS273,利用74LS47硬件译码电路实现4位7段LED数码显示的硬件图,并编写相应的显示程序。

7. 简述采用软件译码显示和硬件译码显示的原理,并说明各自的特点。

8. 什么是液晶?液晶显示器有什么特点?

9. 要使点阵液晶显示器模块DMF5001N在第10行、第10列开始显示如图9-29所示的点阵图形:

(1)请写出图形的点阵代码;
(2)编写显示该图形的程序。

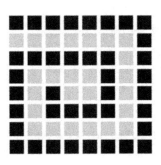

图9-29 螺旋符号的点阵图

10. 试比较LCD和OLED显示模块的各自特点以及应用场合。

第 10 章　D/A 与 A/D 接口

单片机经常应用于智能化测量与控制仪表,而智能化测控仪表要完成对外界物理参数的测量并通过输出控制量(电压/电流)对某些参数的变化进行所希望的控制。完成这些测量与控制任务的过程如图 10-1 所示。

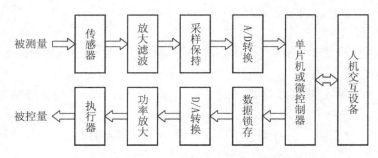

图 10-1　智能化测控仪表的工作过程

外界的各种非电学量通过传感器转变为电信号,通常这些信号很小,需要经过放大电路进行放大,再经过滤波电路滤除噪音。这种输入信号还是连续变化的模拟量,要通过采样保持电路进行离散化,再经过模拟/数字(A/D)转换器将离散的模拟信号转换为离散的数字信号(数字序列)。A/D 转换器又简称 ADC。如果输入模拟信号的变化速度比 A/D 转换速度慢得多,则可以省去采样保持器直接进行 A/D 变换。单片机对这些数字信号进行各种计算和处理,将信号的变化进行显示和记录,并按照一定控制算法得到相应的控制输出。单片机的数字输出量需要经过数字/模拟(D/A)转换器转换为模拟量,再经过功率放大驱动执行机构,调节被控制的对象向所希望的方向变化。D/A 转换器也简称为 DAC。由此可见,模拟量的输入/输出技术在单片机的应用技术中占有十分重要的地位。本章将讨论 A/D 和 D/A 转换器及其相应的接口技术。

10.1　D/A 转换器

10.1.1　D/A 转换器的工作原理

按解码网络结构不同,D/A 转换器有倒 T 型电阻网络 D/A 转换器、T 型电阻网络 D/A 转换器和权电流 D/A 转换器等。按模拟电子开关电路的不同,还可以分为 CMOS 开关型和双极型开关 D/A 转换器。在速度要求不高的应用下,可以选用 CMOS 开关型 D/A 转换器;如果要求较高的转换速度,应选用双极型电流开关 D/A 转换器或转换速度更高的 ECL 电流开关型 D/A 转换器。

实现 D/A 变换的方法有多种，最为常用的是电阻网络转换法。电阻网络转换法的实质是根据数字量不同位的权重，对各位数字量对应的输出进行求和，其结果就是相应的模拟输出。图 10-2 是 4 位二进制 D/A 转换的典型电路示意图。

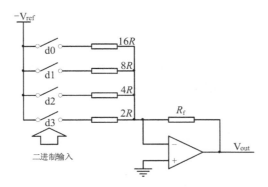

图 10-2　D/A 转换的原理图

由于各输入电阻按照 8∶4∶2∶1 的比例配置，根据运算放大器的工作原理，放大器输入电流应为通过各个电阻的电流之和。而通过各电阻的电流又是由各位二进制数字所对应的开关所控制的。放大器的输出电压应为

$$V_{\text{out}} = \left(\frac{d0}{16R} + \frac{d1}{8R} + \frac{d2}{4R} + \frac{d3}{2R} \right) \times R_{\text{f}} \times V_{\text{ref}}$$

式中，V_{ref} 为参考电压，$d0 \sim d3$ 为输入的二进制数字，其取值为 0 时相应的开关断开。实际电路中的开关是 CMOS 电子开关。由此可见，增加输入电阻的数量，就可以增加 D/A 转换的精度。若要求 8 位精度，则需要 8 个输入电阻，最大的电阻为 $2^8 R$，最小的电阻为 $2R$。在位数较多的情况下，权电阻的阻值分散性增大，在制作集成电路时比较困难。因此，在实际应用中一般不用这种 D/A 转换电路，而采用如图 10-3 所示的 T 型电阻网络。

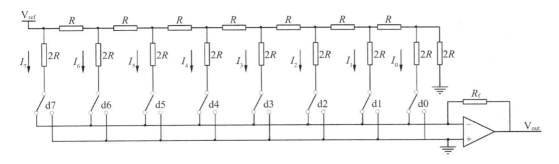

图 10-3　T 型电阻网络 D/A 转换原理图

T 型电阻网络采用分流的原理实现对输入数字量的转换。在图 10-3 中把运放的反向输入端看作虚地，则各个节点 S0 ~ S7 对地的等效电阻都是 R。如果开关状态如图 10-3 中所示，则流经各个开关的电流大小满足如下关系：

$$I_0 = \frac{I_1}{2};\ I_1 = \frac{I_2}{2};\ I_2 = \frac{I_3}{2};\ I_3 = \frac{I_4}{2};\ I_4 = \frac{I_5}{2};\ I_5 = \frac{I_6}{2};\ I_6 = \frac{I_7}{2};\ I_7 = \frac{V_{\text{ref}}}{2R}$$

取反馈电阻 R_{f} 等于输入电阻 R，则输出电压为

$$V_{\text{out}} = -V_{\text{ref}}\left(\frac{1}{2}d7 + \frac{1}{4}d6 + \cdots + \frac{1}{256}d0\right)$$

其中,$d7 \sim d0$ 为各个开关对应的数字量,开关接地取 0,开关接运放"−"端(即连到 R_f 端)取 1。因此 $d7 \sim d0$ 可看作 8 位二进制数字 D,对应的模拟量输出电压为

$$V_{\text{out}} = -V_{\text{ref}}\left(\frac{d7d6\cdots d0}{256}\right) = -V_{\text{ref}}\left(\frac{D}{256}\right)$$

其中,最高位 $d7$ 称为 MSB(Maximum Significant Bit),最低位 $d0$ 称为 LSB(Least Significant Bit),D 的取值为 $0 \sim 255$。如要使得输出的模拟量电压 V_{out} 与 V_{ref} 极性相同,则之间还需要加反向放大器。

10.1.2 D/A 转换器的性能指标

D/A 转换器的输出不仅与输入的二进制代码有关,而且与运放电路的形式、反馈电阻和参考电压有关,可以分为单极性输出和双极性输出、电流型输出和电压型输出。运放电路的参数还决定了 D/A 转换器的输出满刻度范围。

D/A 转换器的性能指标主要有以下几个:

1. 分辨率

这是 D/A 转换器最重要的性能指标。它用来表示 D/A 转换器输出模拟量的分辨能力,通常用最小非零输出电压与最大的输出电压的比值来表示。例如,对于 10 位 D/A 转换器,其最小非零输出电压为 $V_{\text{ref}}/(2^{10}-1)$,最大输出电压为 V_{ref},则分辨率为

$$\frac{\frac{V_{\text{ref}}}{2^{10}-1}}{V_{\text{ref}}} = \frac{1}{2^{10}-1} \approx 0.001$$

分辨率越高,进行转换时对应数字输入信号最低位的模拟信号模拟量变化就越小,也就越灵敏。分辨率与 D/A 转换器的位数有着直接的关系,因此,有时也用有效输入数字信号的位数来表示分辨率。例如,单片集成 D/A 转换器 AD7541 的分辨率为 12 位,单片集成 D/A 转换器 DAC0832 的分辨率为 8 位等。

2. 线性度

通常用非线性误差的大小表示 D/A 转换器的线性度,并且把理想的输入/输出特性的偏差与满刻度输出之比的百分数,定义为非线性误差。

例如,单片集成 D/A 转换器 AD7541 的线性度(非线性误差)为小于等于 ±0.02% FSR (Full Scale Range)。

3. 转换精度

转换精度以最大的静态转换误差的形式给出。该转换误差应该包含非线性误差、比例系数误差以及漂移误差等综合误差。但是有的产品手册中只分别给出各项误差,而不给出综合误差。

应该注意的是,精度和分辨率是两个不同的概念。精度是指转换后所得到的实际值对于理想值的误差或接近程度,而分辨率则是指能够使转换结果发生影响的最小输入量。分辨率很高的 D/A 转换器不一定具有很高的精度,分辨率不高的 D/A 转换器则肯定不会有很高的精度。

4. 建立时间

建立时间定义为,当输入数据从零变化到满量程时,其输出模拟信号达到满量程刻度值 $\pm\frac{1}{2}$LSB 时(或指定与满量程相对误差)所需要的时间。不同的 D/A 转换器,其建立时间也不同。实际 D/A 转换电路中的电容、电感和开关电路都会造成电路的时间延迟。通常电流输出的 D/A 转换器建立时间是很短的。电压输出的 D/A 转换器的建立时间主要取决于相应的运算放大器。

例如,单片集成 D/A 转换器 AD7541 的建立时间定义为:其输出达到与满刻度值相差 0.01% 时所需要的时间,该转换器的建立时间小于等于 1μs。而单片集成 D/A 转换器 AD561J 的建立时间定义为:其输出达到满量程刻度值 $\pm\frac{1}{2}$LSB 时所需要的时间,该转换器的建立时间为 250ns。

通常 D/A 建立时间要比 A/D 的转换时间小得多,能满足大部分的应用要求。

5. 温度系数

温度系数反映了 D/A 转换器的输出随温度变化的情况。其定义为在满量程刻度输出的条件下,温度每升高 1 摄氏度,输出变化相对于满量程的百分数。

例如,单片集成 D/A 转换器 AD561J 的温度系数为小于等于 10ppmFSR/℃(1ppm = 10^{-6})。

6. 电源抑制比

对于高质量的 D/A 转换器,要求开关电路以及运算放大器所用的电源电压发生变化时对输出电压的影响要小。通常把满量程电压变化的百分数与电压变化的百分数之比称为电源抑制比。

7. 输入形式

D/A 转换器的数字量输入形式通常为二进制码,也有的是 BCD 码或特殊形式的编码。多数 D/A 转换器的输入采用并行输入。而串行输入可以节省引脚,因此很多新型的 D/A 转换器都采用这种输入方式。

为了便于使用,大多数 D/A 转换器都带有输入锁存器,但是也有少数产品不带锁存器,在使用时要加以注意。

8. 输出形式

按照 D/A 转换器输出信号形式可以分为电流输出型和电压输出型。按照输出通道的数量可以分为单路输出型和多路输出型。多路输出的 D/A 转换器有双路、四路和八路输出几种。

10.1.3 常用 D/A 转换电路

目前单片机应用系统中大多采用单片集成 D/A 转换器。随着集成电路技术的发展,不同时期生产的 D/A 转换器的结构和性能有很大的变化。采用不同的 D/A 转换器,其接口电路也不同。为了提高电路的性能和简化接口电路,应根据需要选用合适的产品,尽可能选择性能/价格比较高的芯片,或选用片内集成 D/A 转换器的单片机。

DAC0832 是早期生产的 D/A 转换器,虽然较为简单,但现在仍然还在使用。后来生产的 D/A 转换器不断改进和提高芯片的性能,特别是近期生产的 D/A 转换器不断将一些外围器件和电路集成到芯片内部。大多数芯片都带有输出放大器,可以实现模拟电压的单极性或双极性输出。内部带有参考电压源,既可以使用单电源供电,也可以使用双电源供电,以便适用于不同的输出形式。许多芯片还采用了串行输入方式,使其引脚数大为减少,与单片机的接口更为简洁。

一些较为典型的 D/A 转换器件及其特性列于表 10-1。以下将介绍其中部分器件的使用方法。

表 10-1 典型 D/A 转换器件及其特性

器件型号	生产厂家	位数	输出形式	输入锁存	电源电压	备注
DAC0830/DAC0831/DAC0832	NS	8	电流	有	+5 ~ +15V	
AD5302/AD5312/AD5322	AD	8/10/2	电压	有	+2.5 ~ +5.5V	双路输出
AD421	AD	16	电流	有	+3 ~ +5V	4 ~ 20mA
MCP4728	Microchip	12	电压	有	+2.7 ~ +5.5V	四路输出
AD5160	AD	12	电流	有	+5V	

10.1.4 D/A 转换器与单片机的接口

1. 8 位 D/A 转换器 DAC0830/0831/0832 与 MCS-51 单片机的接口设计

DAC0830/0831/0832 是 8 位分辨率的 D/A 转换集成电路,与微处理器完全兼容,且三种芯片可以相互代替。这个系列的芯片以其价格低廉、接口简单、转换控制容易等优点,在单片机应用系统中至今仍然还在使用。

DAC0830 系列是最早和微处理器兼容的、双缓冲的 D/A 转换器,它由 8 位输入寄存器、8 位 DAC 寄存器、8 位 D/A 转换电路及转换控制电路所构成。其主要特性参数如下:
- 8 位分辨率。
- 电流稳定时间 $1\mu s$。
- 可以单缓冲、双缓冲或直接数字输入。
- 单一电源供电(+5 ~ +15V)。
- 功耗(200mW)。

DAC0830 芯片的引脚排列及逻辑结构如图 10-4 所示。DAC0830 芯片的引脚功能如下:
- DI0 ~ DI7:数据输入线。
- ILE:数据允许锁存信号,高电平有效。
- $\overline{CS}$:输入寄存器选择信号,低电平有效。
- $\overline{WR1}$:输入寄存器的写选通信号,低电平有效。
- $\overline{XFER}$:数据传送信号,低电平有效。
- $\overline{WR2}$:DAC 寄存器写选通信号。
- V_{ref}:基准电源输入引脚。
- R_{fb}:反馈信号输入引脚,反馈电阻在芯片内部。

- I_{out1}、I_{out2}：电流输出引脚。其电流之和为常数。
- Vcc：电源输入引脚。
- AGND：模拟信号地。
- DGND：数字信号地。

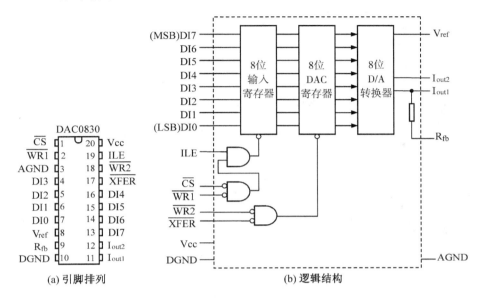

图 10-4　DAC0830 芯片的引脚排列及逻辑结构

DAC0830 系列 DAC 芯片的特性如下：

DAC0830 是微处理器兼容型 D/A 转换器，这意味着可以充分利用微处理器的控制能力实现对 D/A 转换的控制。这类芯片往往有许多控制引脚，可以和微处理器的控制线相连接，接收相应的控制信号。由图 10-4 可见，DAC0830 使用 ILE、$\overline{CS}$ 和 $\overline{WR1}$ 控制输入寄存器的数据写入；使用 $\overline{WR2}$ 和 $\overline{XFER}$ 控制锁存寄存器的数据到 DAC 寄存器的传送。一旦数据送入 DAC 寄存器，将立刻开始 D/A 变换，相应的模拟输出将在转换时间结束后出现在输出端。

DAC0830 有两级锁存控制功能，便于实现多通道 D/A 的同步转换输出。这时，应将所有 DAC 数据传送端连接在一起。转换时可以先将各个通道的转换数据写入输入锁存寄存器，再发出数据传送控制信号启动各通道的 D/A 转换。

DAC0830 系列 DAC 内部无参考电压源，必须外接参考电压源。

DAC0830 为电流输出型 D/A 转换器，要获得电压输出时，需要外加转换电路。如图 10-5 所示为由两级运算放大器组成的电流-电压转换电路。该电路从 A 点输出负的单极性模拟电压，从 B 点输出双极性模拟电压。如果参考电压为 +5V，则 A 点的输出电压为 0～−5V，B 点的输出电压为 −5～+5V。

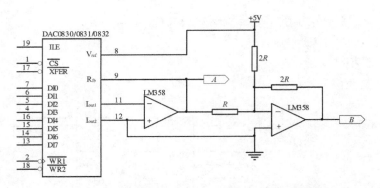

图 10-5　由两级运算放大器组成的电流-电压转换电路

DAC0830 系列 DAC 与 51 单片机有两种基本的接口方法,即单缓冲器方式和双缓冲器同步方式。

(1) 单缓冲器方式

若应用系统中只有一路 D/A 转换或虽有多路 D/A 转换,但并不要求同步输出时,可以采用单缓冲器方式接口,如图 10-6 所示。在这种方式下,ILE 直接接高电平,$\overline{CS}$ 与 $\overline{XFER}$ 都与地址选择线相连接(图 10-6 中为 P2.7),$\overline{WR1}$ 与 $\overline{WR2}$ 都由 51 单片机的写信号 $\overline{WR}$ 控制,当地址线选通 DAC0830 后,随即输出 $\overline{WR}$ 信号,DAC0830 就能一步完成输入量的锁存和 D/A 转换输出。

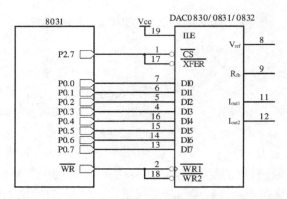

图 10-6　DAC0832 与 51 单片机的单缓冲器方式接口电路

由于 DAC0830 具有输入锁存功能,数字量可以直接由 51 单片机总线送出(图中为 P0 口)。且由于地址选择线接 P2.7,DAC0830 的地址范围为 0000H~7FFFH。在图 10-6 的连接方式下,执行下面几条指令就能完成一次 D/A 转换:

```
MOV    DPTR,#7FFFH      ;指向 DAC0830
MOV    A,C_DATA         ;取转换数据,C_DATA 存放于内部 RAM
MOVX   @DPTR,A          ;输出转换数据
```

如果 P0 口和 P2 口作为 I/O 端口使用,也可以用如下指令输出转换数据:

```
MOV    P0,#DATA         ;先输出转换数据
CLR    P2.7             ;选通地址
CLR    P3.6             ;写入转换数据
```

| SETB | P2.7 | ;恢复控制信号 |
| SETB | P3.6 | |

（2）双缓冲器同步方式

对于多路 D/A 转换要求同步输出时，必须采用双缓冲器同步方式接口。在这种方式下，D/A 转换分两步完成，即先分别将转换数据送入相对应的 DAC 输入寄存器，再将各个 DAC 的输入寄存器中的数据同时送入 DAC 寄存器，使各 DAC 同时开始转换并输出相应的模拟信号。

如图 10-7 所示的是一个双路同步输出的 D/A 转换接口电路。51 单片机的 P2.5 和 P2.6 分别接到两路 DAC 的输入寄存器地址线$\overline{CS}$，而 P2.7 则连接到两路 DAC 的$\overline{XFER}$端以控制同步转换；51 单片机的$\overline{WR}$端与两个 DAC 的$\overline{WR1}$和$\overline{WR2}$相连接，在执行 MOVX 指令时，51 单片机自动输出$\overline{WR}$控制信号。

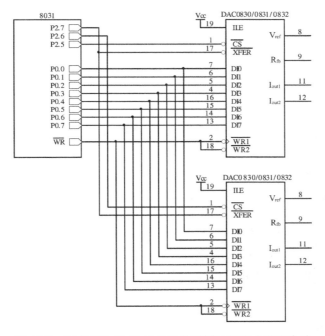

图 10-7　DAC0832 与 51 单片机的双缓冲器方式接口电路

根据图 10-7 所示的接线，第一个 DAC 的输入寄存器地址可以是 0DFFFH（只要 P2.5 为 0 即可）；第二个 DAC 的输入寄存器地址可以是 0BFFFH（只要 P2.6 为 0 即可），$\overline{XFER}$的地址则可以为 7FFFH（P2.7 为 0 即可）。因此执行以下程序就可以完成两路 DAC 的同步转换输出：

MOV	DPTR,#0DFFFH	;指向第一个 DAC0830
MOV	A,DATA1	;取转换数据
MOVX	@DPTR,A	;输出转换数据
MOV	DPTR,#0BFFFH	;指向第二个 DAC0830
MOV	A,DATA2	;取转换数据
MOVX	@DPTR,A	;输出转换数据

```
        MOV     DPTR,#7FFFH         ;指向两个 DAC 的 XFER
        MOVX    @DPTR,A             ;启动两路 DAC 的转换
```

同理,如果 P0 口和 P2 口作为 I/O 端口使用,则也可以用如下的程序完成同样的功能:

```
        MOV     P0,DATA1            ;先输出转换数据
        CLR     P2.5                ;选通第一个 DAC
        CLR     P3.6                ;写入转换数据
        SETB    P2.5
        SETB    P3.6                ;恢复控制信号
        MOV     P0,DATA2            ;先输出转换数据
        CLR     P2.6                ;选通第二个 DAC
        CLR     P3.6                ;写入转换数据
        SETB    P2.6
        SETB    P3.6                ;恢复控制信号
        CLR     P2.7                ;启动 D/A 转换
        CLR     P3.6
        SETB    P2.7                ;恢复控制信号
        SETB    P3.6
```

了解了两路 DAC 同步转换的原理,就不难掌握多路 DAC 的同步转换技术。

在实际应用中,还有几个需要注意的问题。

第一,关于零点和满度的调节。当数字输入信号全为"0"时,DAC 输出的模拟电压应该为 0V。但是由于运算放大器失调电压的影响,模拟输出可能不为 0V,调"0"的目的就是使此时的输出电压尽可能接近 0V。同理,当数字输入信号全为"1"时,DAC 输出的模拟电压应该为满量程,而实际的输出可能会有偏差。

具有零点和满度调节功能的 DAC0830 应用电路如图 10-8 所示。通过电位器 W1 可以调整零点,而通过电位器 W2 则可以调整满度。

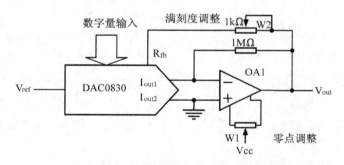

图 10-8 具有零点和满度调节功能的 D/A 转换电路

第二,关于 DAC 的输出极性。前面已经介绍了 DAC0830 系列 DAC 可以输出单极性模拟电压,也可以输出双极性模拟电压。通常 DAC 的输出电压范围不仅与运算放大器的接法有关,还与参考电压有关。所有的 D/A 转换器件的输出模拟电压 V_{out} 都可以表示为输入数字量 D 和模拟参考电压 V_{ref} 的乘积,即有

$$V_{\text{out}} = V_{\text{ref}} \times D/(2^n - 1)$$

二进制代码 D 可表示为

$$D = D_0 \times 2^0 + D_1 \times 2^1 + D_2 \times 2^2 + \cdots + D_{n-1} \times 2^{n-1}$$

式中，n 为二进制位数，D_i 为二进制数字，D_0 为最低有效位，D_{n-1} 为最高有效位。

像 DAC0830 系列芯片一样，大多数早期 DAC 器件的输出均为电流量。这个电流量要经过一个反向输入的运算放大器才能转换成为模拟电压输出，如图 10-8 所示。这是一种工作范围为二象限的 D/A 转换电路。当参考电压的极性不变时，只能获得单极性的模拟电压输出。

当参考电压的极性不变时，要想获得双极性的模拟电压输出，可采用如图 10-5 所示的四象限工作的 8 位 D/A 转换电路。该电路的模拟输出电压可以表示为

$$V_{\text{out}} = V_{\text{ref}} \times (D - 128)/128$$

在这种情况下，无论参考电压的极性如何，都可以获得双极性的模拟电压输出。在参考电压不变的情况下，输出模拟电压的极性取决于输入数字量二进制码的最高位(MSB)。这样一来，对应于 MSB 的 0 或 1 和参考电压的正或负，模拟输出电压可以有四种组合方式，因此称为四象限工作方式转换电路。显然，双极性模拟输出时，同样的数字量每变化一个 LSB，所对应的模拟量输出比单极性输出时要增加一倍。

如图 10-9 所示的是一种使用单电源的 D/A 转换电路，它巧妙地利用芯片内部的 T 型电阻网络，在 I_{out} 端加入参考电压，而在 V_{ref} 端输出 D/A 转换后的电压，这样能根据数字量输入得到正的单极性模拟量输出。

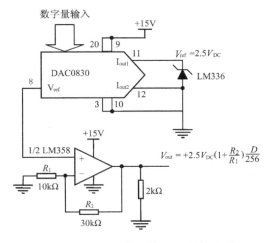

图 10-9 使用单电源的 D/A 转换电路

2. 8 位/10 位/12 位 D/A 转换器 AD5302/AD5312/AD5322

AD5302/AD5312/AD5322 是美国模拟器件公司生产的串行接口双路电压输出 D/A 转换器。它片内含有输出运算放大器、高精度参考电压源和与微处理器完全兼容的接口，这些完备的功能使其应用比 DAC0830 系列更简单、方便。

AD5302/AD5312/AD5322 的主要技术参数如下：

- 8 位/10 位/12 位分辨率。

- 输出形式：双路独立电压输出，内置满摆幅输出缓冲放大器。
- 双缓冲输入逻辑。
- 工作电源：单一电源电压 2.5～5.5V。
- 上电复位输出 0V。
- 微功耗 300μA。

AD5302/AD5312/AD5322 的引脚排列如图 10-10 所示。其中各引脚的功能如下：

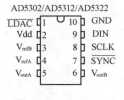

图 10-10　AD5302/AD5312/AD5322 引脚排列

- $\overline{\text{LDAC}}$：将数据由输入寄存器装入 DAC 寄存器的控制信号，低电平有效。
- Vdd：供电电源，+2.5～5.5V。
- GND：地线。
- V_{refA}、V_{refB}：两路 DAC 输出的参考电压。
- V_{outA}、V_{outB}：两路 DAC 的输出信号。
- DIN：串行输入数据引脚。
- SCLK：串行输入时钟信号。
- $\overline{\text{SYNC}}$：输入同步控制信号（相当于片选信号），低电平有效。

AD5302/AD5312/AD5322 采用了同步串行接口技术，其接口信号的时序图如图 10-11 所示。

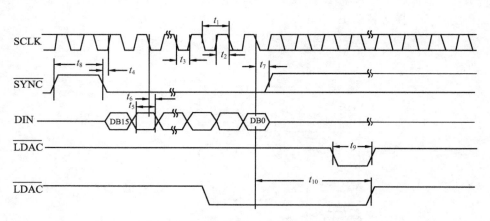

图 10-11　AD5302/AD5312/AD5322 的串行接口时序图

AD5302/AD5312/AD5322 与 51 单片机的硬件接口电路可以根据需要连接到单片机空闲的 I/O 引脚上，一个典型的连接如图 10-12 所示。

图 10-12 中直接利用 51 单片机的 P1.0～P1.3 与 AD5302 相连。对于这类串行接口器件，不能像前面的 DAC0830 那样使用地址操作，而必须针对所接连线编程使其满足图 10-12 所示的接口时序。

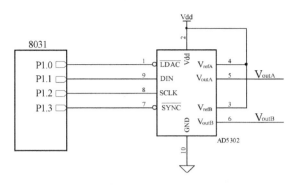

图 10-12　AD5302/AD5312/AD5322 与 51 单片机的硬件接口电路

以下是 AD5302/AD5312/AD5322 的串行通信数据格式：
- DB15：通道选择。0——通道 A，1——通道 B。
- DB14：参考电压缓冲模式。
- DB13～DB12：省电模式设置。详见产品手册。
- DB11～DB4/DB2/DB0：输出 DAC 数据，分别为 8 位/10 位/12 位。不足 12 位数据的需要补足 12 位。以下是根据图 10-11 所示的时序图和图 10-12 所示的接口电路编写的 AD5302 通道 A 输出给定电压的程序实例：

```
                MOV     P1,#0FFH        ;初始状态
                MOV     A,DAC           ;输出8位数据放入A
    DACOUT:     CLR     P1.3            ;输出片选信号
                CLR     P1.1
                ACALL   CLK             ;输出DB15=0,选通道A
                ACALL   CLK             ;输出DB14=0,无缓冲模式
                ACALL   CLK             ;输出DB13=0,正常模式
                ACALL   CLK             ;输出DB12=0,正常模式
                MOV     B,#8
    SHIFT:      RLC     A               ;数据位移
                JC      DPT
                CLR     P1.1
    DPT:        SETB    P1.1
                ACALL   CLK
                DJNZ    B,SHIFT
                ACALL   CLK             ;补低4位数据
                ACALL   CLK
                ACALL   CLK
                ACALL   CLK
                SETB    P1.3            ;取消片选
                CLR     P1.0            ;输出LDAC信号
                NOP
```

```
            NOP
            SETB    P1.0
            RET                      ;程序结束
    CLK:    CLR     P1.2             ;输出时钟脉冲
            NOP
            SETB    P1.2
            RET
```

3. 12 位 D/A 转换器 MCP4728

MCP4728 是带 EEPROM 存储器的 12 位四通道数模转换器,其片上精密输出放大器使其能够达到轨对轨模拟输出摆幅。MCP4728 具有 2 线 I^2C 兼容串行接口,可用于标准(100 kHz)、快速(400kHz)或高速(3.4MHz)模式。MCP4728 器件具有高精密内部电压基准(V_{ref} = 2.048V)。用户可以为每个通道独立选择使用内部电压基准或外部电压基准(V_{DD})。通过设置配置寄存器位,可以使每个通道独立工作于正常或关断模式。在关断模式,关断通道中的绝大部分内部电路被关断,以节省功耗,同时输出放大器可配置成连接到预置的低、中和高电阻输出负载。

(1) MCP4728 引脚功能

MCP4728 器件提供 10 引脚 MSOP 封装,引脚排列如图 10-13 所示,引脚功能表如表 10-2 所示,MCP4728 工作于 2.7~5.5V 单电源电压。

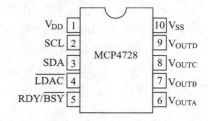

图 10-13　MCP4728 引脚排列

表 10-2　MCP4728 引脚功能表

引脚号	名称	功　能
1	V_{DD}	电源电压
2	SCL	串行时钟输入
3	SDA	串行数据输入和输出
4	$\overline{LDAC}$	此引脚可用于两种目的:(a)同步输入。用于将 DAC 输入寄存器中的内容传递到输出寄存器(V_{OUT})。(b)读和写 I^2C 地址位时选定器件
5	RDY/$\overline{BSY}$	此引脚为 EEPROM 编程活动时的状态指示引脚。需要从 RDY/$\overline{BSY}$ 引脚至 V_{DD} 线间连接外部上拉电阻(约 100kΩ)
6	V_{OUTA}	通道 A 的缓冲模拟电压输出。输出放大器提供轨对轨输出
7	V_{OUTB}	通道 B 的缓冲模拟电压输出。输出放大器提供轨对轨输出
8	V_{OUTC}	通道 C 的缓冲模拟电压输出。输出放大器提供轨对轨输出
9	V_{OUTD}	通道 D 的缓冲模拟电压输出。输出放大器提供轨对轨输出
10	V_{SS}	参考地

(2) MCP4728 配置寄存器

MCP4728 器件具有非易失性存储器(EEPROM)、4 通道 12 位缓冲电压输出。MCP4728 输入寄存器如表 10-3 所示,用户可将 I^2C 地址位、配置位和每个通道的 DAC 输入数据存储到非易失性存储器(EEPROM)中。每个通道具有其独自的易失性 DAC 输入寄存器和 EEP-

ROM。器件具有内部电荷泵电路来提供 EEPROM 编程电压。

当器件上电时,它从 EEPROM 中存储的数据载入 DAC 输入和输出寄存器,并根据保存的设置立即提供模拟输出。此事件并不需要检测 LDAC 或 UDAC 位条件。

器件上电后,用户可使用 I^2C 写命令来更新输入寄存器。当 LDAC 引脚或 UDAC 位为低电平时,模拟输出会按照寄存器中新的数值进行更新。每个通道的 DAC 输出通过一个低功耗精密输出放大器进行缓冲。此放大器可提供低失调电压和低噪声以及轨对轨输出。

器件使用电阻串结构,电阻梯形 DAC 根据电压基准的选择可从 V_{DD} 或内部 V_{REF} 分压而形成输出电压。用户可通过软件控制为每个 DAC 通道单独选择内部(2.048V)或外部基准(V_{DD})用作外部电压基准。每个通道单独控制和独立工作。

器件具有关断模式功能。处于关断状态的通道中的绝大部分电路均被断电。因此,将未使用的通道设置成关断模式可以极大地降低工作功耗。

表 10-3　MCP4728 输入寄存器

	配　置　位					DAC 输入数据
位名称	RDY/$\overline{\text{BSY}}$	A2：A0	V_{REF}	DAC1：DAC0	PD1：PD0	Gx	D11：D0
位功能	状态指示位	地址位	基准选择	DAC 通道	关断选择	增益选择	上电时从 EEPROM 中载入,或由用户进行更新

表 10-3 各位说明如下:
- RDY/$\overline{\text{BSY}}$位,这是 EEPROM 编程活动状态指示位(标志)。1 表示 EEPROM 未处于编程模式;0 表示 EEPROM 处于编程模式。

    注:RDY/$\overline{\text{BSY}}$状态也可以通过 RDY/$\overline{\text{BSY}}$引脚进行监测。
- A2：A0 位,器件 I^2C 低 3 位地址位,高 4 位固定为"1100"。

    V_{REF}位,电压基准选择位:0 = V_{DD};1 = 内部电压基准(2.048V)。

    注:若所有通道选择外部基准($V_{REF} = V_{DD}$)时,内部电压基准电路将被关断。
- DAC1：DAC0 位,DAC 通道选择位:00 = 通道 A;01 = 通道 B;10 = 通道 C;11 = 通道 D。
- PD1：PD0 位,关断选择位:00 = 正常模式;01 = V_{OUT},通过 1kΩ 负载电阻连接到地,通道的绝大部分电路被关断;10 = V_{OUT},通过 100kΩ 负载电阻连接到地,通道的绝大部分电路被关断;11 = V_{OUT},通过 500kΩ 负载电阻连接到地,通道的绝大部分电路被关断。
- Gx 位,增益选择位:0 = ×1(增益为 1),1 = ×2(增益为 2)。注:仅适用于选择内部 V_{REF}时。若 $V_{REF} = V_{DD}$,则器件选择 ×1 增益而忽略增益选择位的设置。
- LDAC 引脚,加载选定的 DAC 输入寄存器到相应的输出寄存器(V_{OUT}):0 = 加载,输出(V_{OUT})被更新;1 = 不加载。

(3) DAC 输出电压

每个通道根据其自身的配置位设置和 DAC 输入代码产生独立的模拟输出。当选择内部电压基准时($V_{REF} = V_{内部}$),它将为每个通道的 DAC 提供内部 V_{REF}电压;当选择外部电压基准时($V_{REF} = V_{DD}$),则 V_{DD}将用于每个 DAC 通道。V_{DD}应尽可能的干净,以保证精确的 DAC 性能,因为 V_{DD}线上的任何变化或噪声都会对 DAC 输出产生直接影响。

每个通道的模拟输出具有可编程增益单元。轨对轨输出放大器具有 ×1 或 ×2 的可配置增益选项。若 V_{DD} 用作电压基准,则×2 增益不适用。

以下事件将更新输出寄存器(V_{OUT}):

LDAC 引脚设置为"低电平":更新所有 DAC 通道。

UDAC 位设置为"低电平":仅更新选定的通道。

广播呼叫软件更新命令:更新所有 DAC 通道。

上电复位或广播呼叫复位命令:所有输入和输出寄存器加载 EEPROM 数据来更新。将影响到所有通道。

DAC 输出电压范围随电压基准选择而变化,当选择内部电压基准($V_{REF} = 2.048\text{V}$):

$V_{OUT} = 0.000\text{V} \sim 2.048\text{V} \times 4095/4096$(增益为 1)

$V_{OUT} = 0.000\text{V} \sim 4.096\text{V} \times 4095/4096$(增益为 2)

当选择外部电压基准($V_{REF} = V_{DD}$):

$V_{OUT} = 0.000\text{V} \sim V_{DD} \times 4095/4096$

(4) MCP4728 的 I^2C 串行接口通信

MCP4728 器件使用双线 I^2C 串行接口,典型连接如图 10-14 所示。

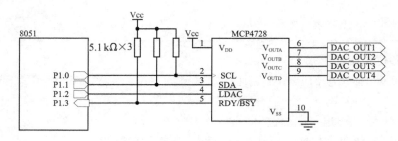

图 10-14 MCP4728 典型连接示例

当器件连接到 I^2C 总线时,器件工作为从模式。该器件可在标准、快速或者高速模式下工作。

在总线上发送数据的器件定义为发送器,而接收数据的器件定义为接收器。总线必须由主器件(MCU)控制,主器件产生串行时钟(SCL)信号,控制总线访问权并产生启动条件和停止条件。主器件(MCU)和从器件(MCP4728)都可以作为发送器或接收器工作,但是由主器件决定工作在哪种模式下。

通信由主器件(MCU)发起,它发送启动位,随后是从器件(MCP4728)地址字节。发送的第一个字节始终为从器件(MCP4728)地址字节,它包含器件代码(1100)、地址位(A2、A1 和 A0)和 $R/\overline{W}$ 位。如果用户未指定地址位(A2、A1 和 A0),则这三个地址位在工厂的缺省设置为 000,并被编程进 EEPROM。这三个地址位提供了 8 个唯一的地址寻址。当 MCP4728 器件接收到读命令($R/\overline{W} = 1$)时,将连续发送 DAC 输入寄存器和 EEPROM 的内容。在写器件($R/\overline{W} = 0$)时,器件将在随后的字节中包含写命令类型位。

MCP4728 器件支持所有三种 I^2C 串行通信工作模式。

MCP4728 器件的 SCL、SDA 和 RDY/BSY 引脚为开漏配置。这些引脚需要一个上拉电阻。LDAC 引脚是施密特触发输入配置,它可以由外部 MCU 的 I/O 引脚驱动。SCL 和 SDA 引脚的上拉电阻值取决于工作速度(标准、快速和高速)和 I^2C 总线的负载电容。上拉电阻值越高,功耗就越小,但同时会增加总线上的信号转变时间(RC 时间常数变大)。因此,它会限制总线工作速度。相反,电阻值越小,功耗越大,但可以允许较高的工作速度。如果因为总线较长或连接到总线的器件数较多,导致总线的电容较大,那么需要一个较小的上拉电阻来补偿较大的 RC 时间常数。在标准和快速模式下,上拉电阻的选择范围通常在 1 ~ 10kΩ 之间;对于高速模式,上拉电阻应低于 1kΩ。

(5) MCP4728 应用举例——数控恒流源控制电路

本设计采用 MCP4728 数模转换芯片实现数控恒流源,主要由单片机控制部分、恒流源控制电路、键盘输入电路等三个功能模块组成。恒流源控制电路由硬件闭环恒流电路实现。单片机控制模块以 AT89S52 单片机为控制核心,结合键盘、DAC 和 LED 实现数控恒流源的控制和显示功能。输出电流范围:10 ~ 3000mA,步进可达到 1mA。

恒流源电路部分原理图如图 10-15 所示,主要由采样电阻、12 位 DAC 芯片 MCP4728 和运算放大器 SGM8552 以及大功率 MOS 管组成。大功率 MOS 管实现扩流,DAC 芯片 MCP4728 输出控制电压到 SGM8552 同相输入端。采样电阻的电压经 SGM8552 第二组运放放大 21 倍后连接到 SGM8552 第一组运放的反相端,根据运放虚短的概念,运放的反相输入端电压等于同相输入端的电压,实现用电压控制采样电阻的电压,也就是控制了采样电阻上的电流,实现了控制恒流源的输出电流。

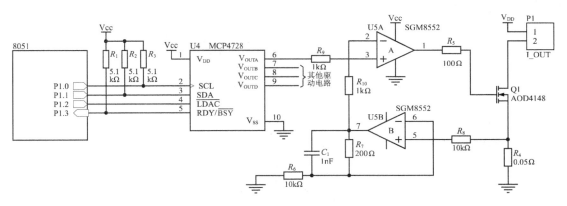

图 10-15 数控恒流源控制电路图

MCP4728 输出 4.095V 时,采样电阻上的电压为 4.095V/21 = 0.195V,则采样电阻上的电流为 0.195V/0.05Ω = 3.9A;电流设置分辨率为 1mA/3000mA = 1/3000,而 DAC 芯片 MCP4728 的分辨率为 1/4096,能满足要求。

(6) MCP4728 的驱动程序

MCP4728 的驱动程序可以用汇编语言来编写,也可以用 C 语言来编写,芯片厂商通常会提供相应的 C 语言库函数,如 MCP4728 驱动程序的库函数(mcp4728Tools.LIB)的头文件 mcp4728.h 会列出相关函数的原型,掌握这些库函数的使用,就能方便地实现对 MCP4728 的驱动。mcp4728.h 列出的相关常量和主要库函数原型有:

```
#define mcp4728_CHIPADDR 0xC0          //mcp4728 从器件的 IIC 地址
extern void mcp4728_Init(void);         //mcp4728 的初始化
extern void mcp4728_update(void);       //mcp4728 的更新输出
```

```
extern INT8U mcp4728_set_Voltage(unsigned char ucAddress,
    float dVoltage, unsigned ucChannel);    //设置 mcp4728 输出电压
//ucAddress 为器件地址(类型为无符号整型数)
//dVoltage 为器件输出的电压值(类型为浮点数)
//ucChannel 为器件输出的通道号(类型为无符号整型数)
```

函数的实现可参考与 mcp4728.h 配套的 mcp4728.c 文件。

4. 16 位标准 4~20mA 电流输出 D/A 转换器 AD421

AD421 是美国 ADI 公司推出的一种单片高性能数模转换器。它由电流环路供电，16 位数字信号以串行方式输入，4~20mA 电流输出，可用于实现低成本的远程智能工业控制。

AD421 内部含有电压调整器，可提供 +5V、+3.3V 或 +3V 输出电压，还含有 +1.25V、+2.5V 基准电源，均可为其自身或其他电路选用。

AD421 采用 $\Sigma - \Delta$ DAC 结构，保证 16 位的分辨率和单调性，其积分线性误差为 $\pm 0.001\%$，失调误差为 $\pm 0.1\%$，增益误差为 $\pm 0.2\%$。AD421 与智能仪表现场总线 HART 电路或其他类似 FSK 协议的电路完全兼容。标准的三线串行接口便于与通用微处理器或微控制器相连，最高可以达到 10Mbps 的通信速率。

AD421 采用 16 引脚 DIP、TSSOP 和 SOIC 三种封装形式，工作温度为 $-40°C \sim +85°C$，其引脚排列与内部结构见图 10-16。

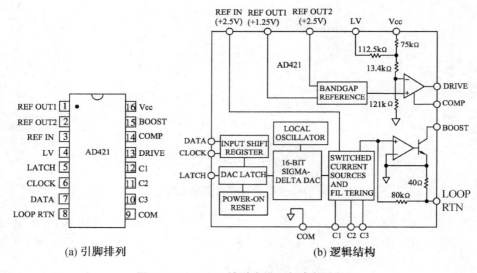

图 10-16 AD421 的引脚排列与内部结构

其中各引脚的功能如下：
- REF OUT1：1.25V 参考电压输出。
- REF OUT2：2.5V 参考电压输出。
- REF IN：2.5V 参考电压输入端。
- LV：DRIVE 端输出电压调整。
- LATCH：DAC 输入锁存控制端。
- CLOCK：串行时钟输入端。

- DATA：串行数据输入端。
- LOOP RTN：电流环返回端。
- COM：公共参考端。
- C3、C2、C1：滤波电容。
- DRIVE：调整电压输出端。
- COMP：补偿电容输入端。
- BOOST：电流环输入端,集电极开路。
- Vcc：电源输入端。

与其他同步串行接口芯片相仿,AD421与51单片机的接口只要3根连线即可实现,如图10-17所示。

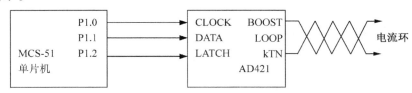

图10-17　AD421与51单片机的接口电路

10.1.5　D/A转换器的应用

D/A转换器主要用于输出期望的控制信号,这里介绍D/A转换器典型的应用：任意波形信号发生器、同步扫描信号输出、数字电位器。

(1) 任意波形信号发生器

一些标准形式的信号可以用模拟电路产生,如正弦波、三角波等。但是任意波形的信号的产生就比较困难了。利用D/A转换器可以很容易地产生任意波形的信号,其原理是把任意波形所对应的数据存放在存储器中(既可以是程序存储器,也可以是数据存储器),然后根据所需要的信号频率依次取出波形数据送到D/A转换器中,就能产生所需要的信号波形了。再经过滤波并在模拟放大电路中加上增益调整电路就能改变信号的幅度。

图10-18说明了一个锯齿波产生的原理。每间隔一定时间使D/A转换器的输出增加一个固定的数值,就能产生一个阶梯状的锯齿波。如果增量值很小,阶梯所造成的跳跃影响也就很小。还可以在输出部分加上滤波电路,滤去高次谐波,以使信号更加平滑。

(2) 同步扫描信号输出

同步扫描信号输出经常用于示波器。示波器显示波形时需要在X轴上加上锯齿波电压,以使扫描光点水平移动。为了得到稳定的显示波形,X信号和Y信号的频率应保持稳定的比例关系,这称为同步。为了得到同步的波形,可以通过两个D/A转换器同时产生周期相同的X信号和Y信号。51单片机与D/A转换器的连接必须采用双缓冲同步输出方式。

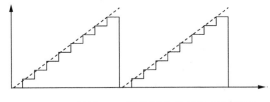

图10-18　利用D/A转换器产生锯齿波的原理

利用同步输出的方法可以得到非常复杂和快速变化的图形显示,如激光造型与背景图案等。

（3）数字电位器

数字电位器是一种新型控制器件。它的内部电路结构实际上与 D/A 转换器基本相同,只不过不是输出电压或电流,而只是将触点位置信号输出,从而能够取代常规的机械式电位器,因此,可以将数字电位器看成一种特殊的 D/A 转换器。

10.2 A/D 转换器

10.2.1 A/D 转换器的工作原理

A/D 转换器一般要包括采样、保持、量化及编码四个过程。采样是将随时间连续变化的模拟量转换为对时间离散的模拟量。采样的模拟信号转换为数字信号都需要一定时间,为了给后续的量化编码过程提供一个稳定的值,在取样电路后要求将所采样的模拟信号保持不变。数字信号在数值上也是离散的。采样-保持电路的输出电压还需按某种近似方式归化到与之相应的离散电平上,任何数字量只能是某个最小数量单位的整数倍。量化后的数值最后还需通过编码过程用一个代码表示出来。经编码后得到的代码就是 A/D 转换器输出的数字量。

将模拟信号转换为数字信号有多种方法。随着大规模集成电路技术的飞速发展,出现了很多 A/D 转换器的新的设计思想和制造技术,大量结构不同、性能各异的 A/D 转换电路应运而生。以下介绍几种常见的 A/D 转换技术。

1. V/F 变换法

该方法是先将需要变换的模拟电压信号转换成与之成正比的频率信号,然后利用单片机的定时/计数器通过测量频率间接得到模拟量的数字转换结果。为了便于实现这种变换,已经开发出专门的 V/F 变换芯片。典型的型号有 LM331、VFC32 等。用 V/F 变换实现 A/D 变换有两个优点:第一,抗干扰能力强,由于频率量是开关信号,因此可以长距离传输而不受干扰,还可以方便地采用光耦进行隔离;第二,可以实现变精度的 A/D 变换。在一定范围内,A/D 变换的精度取决于计数时间。因此,可以根据需要选择不同的计数时间,时间越长,则精度越高。这两个优点是其他 A/D 变换方法所不具备的,因此 F/V 变换法至今仍然有广泛的应用。近年来,还出现了能够直接输出频率量的传感器,如 Dallas 公司的 AD690 等,从而方便了这一方法的使用。

2. 逐次逼近法

在介绍该方法之前,先来看一下用一般比较方法实现 A/D 变换的原理。

如图 10-19 所示,转换器由时钟、计数器、D/A 变换器、比较器与锁存器组成。初始状态下计数器的计数值为"0",相应的 D/A 变换结果也为"0"。模拟输入电压 V_{in}≥0,比较器的输出为"1"。随着计数值的增加,D/A 变换器的输出 V_{out} 也会逐步增加。当 V_{out} 稍大于 V_{in} 时,比较器的输出变为"0"。利用这一信号将计数器的计数值送入锁存器,锁存器的输出即为相应模拟量输入的 A/D 转换结果。同时,该信号还将计数器清"0",启动下一次的转换。上述电路能够可靠地实现 A/D 变换,但缺点是转换时间随模拟输入信号的大小变化而变化。输入信号越大,转换时间越长。在 8 位转换精度下最长转换时间为 256 个时钟周期,即比较 256 次,这给使用带来诸多不便。解决这一问题的办法是采用逐次比较方法。

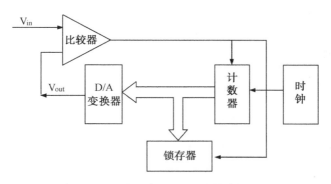

图 10-19　一般比较法 A/D 变换电路结构

逐次比较 A/D 转换电路的原理图如图 10-20 所示。该电路与图 10-19 基本相同,只是由逐次逼近寄存器代替了计数器,另外增加了相应的控制电路。逐次比较转换是一个对分搜索的过程,其具体的操作过程如下:首先由 START 信号启动转换,逐次逼近寄存器将最高位置"1",其余位均为"0"。此时 D/A 变换器的输出 V_{out} 为满量程的 1/2。比较器将 V_{out} 与模拟输入信号 V_{in} 相比较,若 $V_{out} < V_{in}$,则保持最高位为"1",反之则使该位清"0"。这样就确定了输入信号是否大于满量程的 1/2。现假设 V_{in} 小于满量程的 1/2,然后再将次高位置"1",此时 D/A 变换器的输出为 1/4 满量程,这样便可以根据比较器的输出判断 V_{in} 是否大于 1/4 满量程。如此递推,8 位精度的 A/D 转换只需要 8 次比较即可完成。比较完成后控制器输出转换结束信号 EOC(End of Conversion),将逐次逼近寄存器的内容送入锁存器作为转换结果。

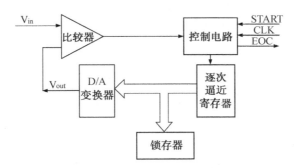

图 10-20　逐次比较法 A/D 变换电路结构

逐次比较 A/D 转换的电路较简单,制作相对容易,精度与转换速度居中,具有较高的性能价格比,因而得到广泛的应用。

3. 双积分变换法

双积分 A/D 变换是一种高精度、低速度的转换器件,在实时性要求不高的测量仪表中有广泛的应用。双积分 A/D 变换的原理可以用图 10-21 来说明。

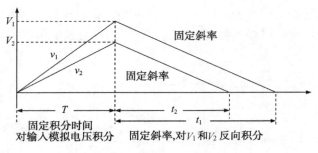

图 10-21 双积分 A/D 变换的原理

首先对输入模拟电压进行固定时间的第一段积分,积分结束后积分器的输出电压为 V。然后在此基础上对该电压按照一个固定的斜率(取决于参考电压)进行第二段的反向积分,并记录积分器输出由 V 降为 0 的时间。图中画出了对应于两个模拟输入电压 v_1 和 v_2 的积分过程。若 v_1 和 v_2 为常数,则第一段积分结束后积分器的输出 V_1 和 V_2 分别与 v_1 和 v_2 成正比,即 $V_1 = k_1 \cdot T \cdot v_1, V_2 = k_1 \cdot T \cdot v_2$。其中 T 为固定的积分时间,k_1 为一积分常数。由于第二段的积分斜率是固定的,因此第二段的积分时间 t_1 和 t_2 分别与 V_1 和 V_2 成正比,即 $t_1 = k_2 \cdot V_1, t_2 = k_2 \cdot V_2$,其中 k_2 为一积分常数。这样,只要对第二段的积分时间进行处理,就能得到相应的 A/D 转换结果(实际应用电路中为了消除系统误差采用正反向计数法,即对第一段进行加计数,对第二段进行减计数)。实现双积分 A/D 变换的电路结构如图 10-26 所示。

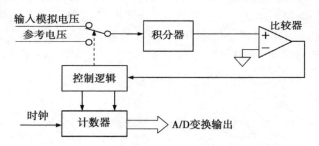

图 10-22 实现双积分 A/D 变换的电路结构

在双积分 A/D 变换的基础上,还有精度更高的三积分、四积分 A/D 变换。但由于电路更加复杂,在使用上不如双积分 A/D 变换那样广泛。

4. 并行 A/D 变换法

并行 A/D 变换法也称为闪变 A/D 法,是转换速度最快的方法。它由大量的比较器和辅助电路组成,图 10-23 为并行式 A/D 变换的原理电路结构。

基准电压经过一串分压电阻得到一系列的等间隔比较基准电压 $V_7 \sim V_1$,并分别接到 7 个电压比较器的负输入端。比较器正输入端则接模拟输入电压。比较结果送入 D 触发器保存,以获得稳定的数字输出。最后由编码器将 7 个比较器的输出状态转换为相对应的三位二进制码 D2~D0。

由此可以看出,并行式 A/D 变换的转换速度可以很高。原则上完成一次转换只需要一个时钟周期的时间。但是随着转换精度的提高,比较器和 D 触发器的数量急剧增加,整个电路的复杂程度也随之大幅度增加。另外,并行 A/D 变换的精度主要取决于比较电阻的精度,需要采用特殊的制造工艺来加以保证。

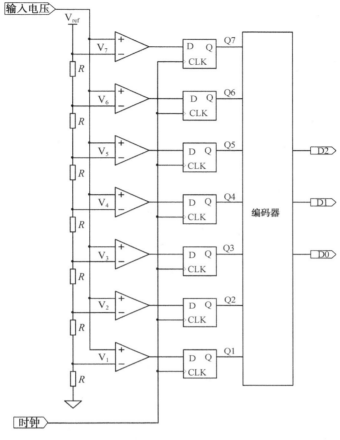

图 10-23　并行 A/D 变换的原理电路结构

5．Σ-Δ 转换法

Σ-Δ 转换法是在最近十几年里发展起来的新型转换技术。它由非常简单的模拟电路(一个比较器、一个开关、一个或几个积分器及模拟求和电路)和十分复杂的数字信号处理电路组成。其工作原理是以很高的采样速率和很低的采样分辨率(通常为 1 位)将模拟信号数字化。通过使用采样、噪声整形和数字滤波等技术增加有效分辨率,然后对转换输出结果进行采样抽取以降低有效采样速率。图 10-24 就是一种能够说明 Σ-Δ 转换原理的电路结构。

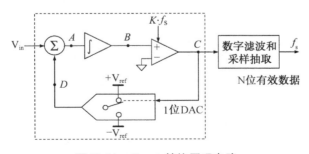

图 10-24　Σ-Δ 转换原理电路

图中虚线框内是所谓的 $\Sigma - \Delta$ 调制器。它以高于数据输出速率 K 倍的采样速率 $K \cdot f_s$ 将输入模拟信号转换为由 1 和 0 所构成的连续串行数据流。1 位 DAC 实际上是一个开关，由上述串行数据流驱动，其输出以负反馈方式与输入信号求和。由反馈控制理论可知，若反馈环路的增益足够大，$\Sigma - \Delta$ 调制器的输出平均值（串行数据流）接近输入信号的平均值。

一阶 $\Sigma - \Delta$ 调制器的工作原理还可以用图 10-25 对应于图 10-24 中 A、B、C、D 各点的信号波形图来描述。如图 10-25(a) 所示的是输入电压 $V_{in} = 0$ 时的情况，输出为等间隔的 0、1 相间的数据流。如果数据滤波器对每 8 个采样值取平均，所得到的输出值为 4/8，这个值正好是 3 位双极性输入电压为 0 时的转换值。图 10-25(b) 是输入电压为 $V_{in} = V_{ref}/4$ 的情况，此时模拟求和电路的输出 A 点的正负幅度不对称，引起正反向积分斜率不等，于是调制器输出 1 的个数多于 0 的个数。如果数字滤波器对 8 个采样值取平均，则得到的输出值为 5/8，这个值正是 3 位双极性输入电压为 $V_{ref}/4$ 的转换值。

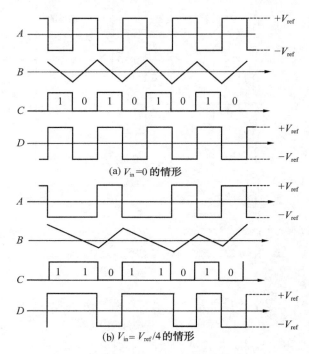

图 10-25 $\Sigma - \Delta$ 调制器工作原理

$\Sigma - \Delta$ 调制器在转换过程中还起着对量化噪声整形的作用。数字滤波器的作用有两个，一是相对于最终采样速率它必须起到抗混叠滤波器的作用；二是它必须滤除 $\Sigma - \Delta$ 调制器在噪声整形过程中所产生的高频噪声。为了得到良好的效果，通常采用多阶 $\Sigma - \Delta$ 调制器和高阶滤波器。对系统的工作过程，可以建立精确的数学模型来进行分析。限于篇幅，此处从略。

上述各种 A/D 转换方法各有特点，不同的性能使它们各自适用于不同的应用场合。双积分式 ADC 属于间接转换，其特点是精度可以做得很高，但是转换速率较低。由于双积分式 ADC 是利用平均值转换，因此对于常态干扰的抑制能力较强，常用于数字电压表等低速场合。

逐次比较式 ADC 的转换速度比双积分式要高得多，精度目前也能做得较高。因为它是对瞬时值进行转换的，所以对于常态干扰的抑制能力较差，适用于转换速度较高的场合。

并行式 ADC 的转换速率可以达到每秒 1 亿次以上，但其精度一般不易做得很高，常用于要求转换速率特别高的场合。

Σ-Δ ADC 适用于低频、小信号的测量，其分辨率和精度与双积分式 ADC 相当，却有较高的数据输出速率。

V/F 变换 ADC 的成本较低，抗干扰能力强。特别适用于长距离信号传输和必须进行光电隔离的场合。

10.2.2 A/D 转换器的性能指标

我们已经了解 A/D 转换可以有多种方法实现，它们的性能特点和价格有很大的差异。因此，在选用时应注意各种类型芯片的主要性能是否能够满足应用要求，以及在价格上是否合理。A/D 转换器的性能指标主要有以下几个：

1. 分辨率（Resolution）

分辨率用来表示 ADC 对于输入模拟信号的分辨能力，也即 ADC 输出的数字编码能够反映多么微小的模拟信号变化。ADC 转换器的分辨率定义为满量程电压与 2^n 之比值，其中 n 为 ADC 输出的数字编码位数。例如，具有 10 位分辨率的 ADC，能够分辨出满量程的 $1/2^{10} = 1/1024$；对于 10V 的满量程，能够分辨输入模拟电压变化的最小值约为 10mV。显然，ADC 数字编码的位数越多，其分辨率越高。

2. 量化误差（Quantizing Error）

量化误差是由于 ADC 的有限分辨率所引起的误差。A/D 转换的结果只能是有限数量的定值，而模拟信号的取值则是无限的。一个分辨率有限的 ADC 的阶梯状输入/输出特性曲线与具有无限分辨率的 ADC 输入/输出特性曲线（直线）之间的最大偏差，称为量化误差，如图 10-26 所示。

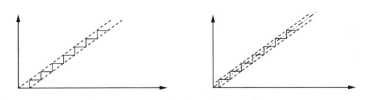

图 10-26 ADC 的输入/输出特性与量化误差

由图 10-26 可见，量化误差的大小总不会超过量化级的大小。显然量化误差的绝对值与满量程刻度值和分辨率有关。满量程刻度值越大，量化误差越大；分辨率越高，量化误差越小。但是，在同样的分辨率下，对输入/输出特性加上适当的偏移，可以使量化误差减少一半。量化误差有时也称为量化噪声，量化噪声的大小用分贝表示。分辨率每增加一位，量化所产生的噪声就减少 6dB。

3. 偏移误差（Offset Error）

偏移误差是指输入信号为 0 时，输出信号不为 0 的值，所以有时又称为零值误差。偏移误差通常是由于放大器或比较器输入的偏移电压或电流所引起的。有的 ADC 具有偏移误差调整电路,通过调整外接电位器可以使偏移误差最小。

4. 线性度(Linearity)

有时也称为非线性度,它是指 ADC 实际的输入/输出特性曲线与理想直线的最大偏差。线性度不包括量化误差与偏移误差,其典型值为 ±1/2LSB。线性度有时也用满量程的百分比表示。

5. 转换精度(Accuracy)

精度有绝对精度和相对精度之分。所谓绝对精度,是指为了产生某个数字码所对应的模拟信号值与实际值之差的最大值。它包括所有的误差,也包括量化误差。ADC 的绝对误差可以在每一个阶梯的中心点进行测量。相对精度是绝对精度与满量程输入信号的百分比。它通常不包括能够被用户消除的刻度误差。对于线性编码的 ADC,相对精度就是非线性度。

6. 转换速率(Conversion Rate)

ADC 的转换速率就是能够重复进行数据转换的速度,即每秒转换的次数。常用 sps(Sampling Per Second)表示。而转换速率的倒数,则是完成一次 A/D 转换所需要的时间。不同转换方式的 ADC,其转换速率有很大不同。

7. 接口特性(Interfacing)

接口特性主要涉及 ADC 如何与应用电路连接,包括 A/D 转换的启动、数字输出的形式以及输出时序等。有些 ADC 带有多路模拟开关,还要涉及如何选择输入通道。具有 μP 兼容性能的 ADC 可以直接与微处理机接口。

10.2.3 常用 A/D 转换集成电路

单片集成 A/D 转换器在一块芯片内集成了多种高性能的模拟和逻辑器件,其体积小、成本低,在精度、速度及商业性等方面获得了优异的综合特性,因此在微机数据采集和控制系统中获得了广泛的应用。

A/D 转换器按照输出代码的有效位数分为二进制 4 位、6 位、8 位、10 位、12 位、14 位、16 位甚至高于 16 位,以及 BCD 码输出的 $3\frac{1}{2}$ 位、$4\frac{1}{2}$ 位、$5\frac{1}{2}$ 位等多种;按照转换速度可以分为超高速(转换时间小于等于 1ns)、高速(转换时间小于等于 1μs)、中速(转换时间小于等于 1ms)、低速(转换时间小于等于 1s)等几种不同转换速度的芯片。为了适应系统集成的需要,有些转换器还将多路转换开关、时钟电路、基准电源等电路集成在一个芯片内,超越了单纯的 A/D 转换功能,在构成应用系统时为用户提供了很多便利。

表 10-4 给出了几种常用的 A/D 转换芯片的主要性能参数。

表 10-4 常用 A/D 转换芯片及其特性

器件型号	生产厂家	分辨率	转换时间	输入信号	工作电压	说明
ADC080 ~ ADC0805	NS	8	100μs	0 ~ +5V,单通道	+5V	逐次逼近
ADC0808,ADC0809	NS	8	典型值 100μs	0 ~ +5V,8 通道	+5V	逐次逼近
ADC0816,ADC0817	NS	8	典型值 100μs	0 ~ +5V,16 通道	+5V	逐次逼近
MCP3421	Microchip	18	3.75 ~ 240sps	差分输入 2.048V	+2.7 ~ 5.5V	Σ-Δ

续表

器件型号	生产厂家	分辨率	转换时间	输入信号	工作电压	说明
MAX186	MAXIM	12	133ksps	$0 \sim V_{ref}$ $-V_{ref}/2 \sim V_{ref}/2$	$+5V \pm 5V$	逐次逼近
ICL7135	Intersil	$4\frac{1}{2}$	$\sim 100ms$	$\pm 0.2V$、$\pm 2V$	$\pm 5V$	双积分
TLC5540/TLC5580	TI	8	40/80Msps	$\pm 5V$、$\pm 10V$	$+5V$ 和 $\pm 15V$	高速器件

10.2.4 A/D 转换器与单片机的接口

1. 8 位转换器 ADC0800 系列 ADC 与 MCS-51 单片机的接口设计

ADC0800 系列 A/D 转换器包括单通道 8 位全 MOS 型 A/D 转换器 ADC0801、ADC0802、ADC0803、ADC0804 与 ADC0805，内含 8 通道和多路模拟开关的 8 位的模/数转换器 ADC0808/0809，以及内含 16 通道和多路模拟开关的 8 位的模/数转换器 ADC0816/0817。该系列集成 A/D 转换器是美国国家半导体公司(National Semiconduct Corporation)的产品。不同型号产品的主体结构原理基本相同，只是由于输入通道的数目不同，相关的控制信号不同，精度与非线性误差也有差别。本节主要以 ADC0809 为例，介绍该系列 ADC 的结构、特点与使用方法。

ADC0808/0809 八位逐次逼近式 A/D 转换器是一种单片 CMOS 器件，包括 8 位的模/数转换器、8 通道多路转换器和与微处理器兼容的控制逻辑。8 通道多路转换器能直接连通 8 个单端模拟信号中的任何一个。两种芯片的主要区别在于其精度不同，ADC0808 的最大不可调误差为 $\pm \frac{1}{2}$LSB，而 ADC0809 的最大不可调误差则为 ± 1LSB。

（1）ADC0808/0809 的内部结构及引脚功能

ADC0808/0809 的内部结构如图 10-27 所示。片内带有锁存功能的 8 路模拟多路开关，可对 8 路 0~5V 输入模拟电压信号分时进行转换。片内还具有多路开关的地址译码和锁存电路、比较器、256R 电阻 T 型网络、树状电子开关、逐次逼近寄存器 SAR、控制与时序电路等。输出具有 TTL 三态锁存缓冲器，可直接连到单片机数据总线上。

ADC0808/0809 的综合功能可以总结如下：

- 分辨率为 8 位。
- 最大不可调误差 ADC0808 小于 $\pm \frac{1}{2}$LSB，ADC0809 小于 ± 1LSB。
- 单一 +5V 供电，模拟输入范围为 0~5V。
- 具有锁存控制的 8 路模拟开关。
- 可锁存三态输出，输出与 TTL 兼容。
- 功耗为 15mW。
- 不必进行零点和满度调整。
- 转换速度取决于芯片的时钟频率。时钟频率范围为 10~1280kHz，当 CLK = 500kHz 时，转换速度为 128μs。

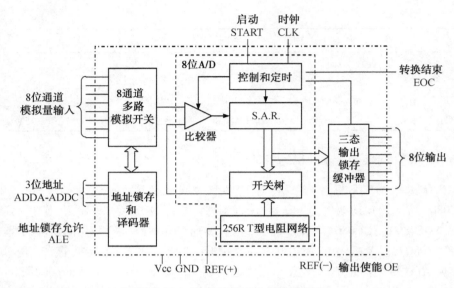

图 10-27　ADC0808/0809 的内部结构

ADC0808/0809 芯片引脚排列如图 10-28 所示。各引脚功能介绍如下。

IN0~IN7：8 路输入通道的模拟量输入端口。

D0~D7：8 位数字量输出端口。

START、ALE：START 为启动控制输入端口，ALE 为地址锁存控制信号端口。这两个信号端可连接在一起，当通过软件输入一个正脉冲，便启动模/数转换。

EOC、OE：EOC 为转换结束信号脉冲输出端口，OE 为输出允许控制端口。这两个信号端亦可连接在一起，表示模/数转换结束。OE 端的电平由低变高，打开三态输出锁存器，将转换结果的数字量输出到数据总线上。

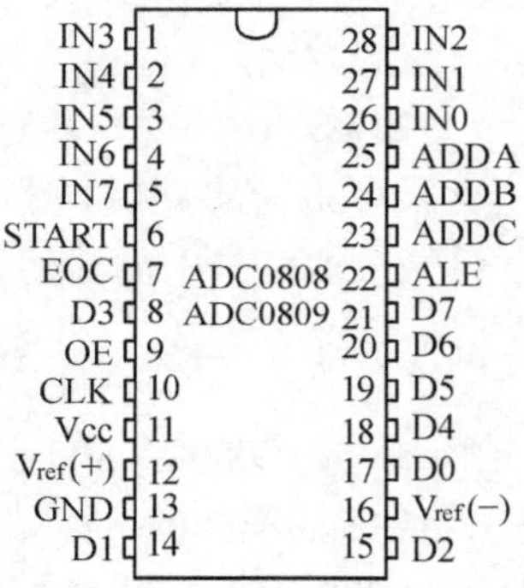

图 10-28　ADC0808/0809 芯片引脚排列

$V_{ref}(+)$、$V_{ref}(-)$、Vcc、GND：$V_{ref}(+)$ 和 $V_{ref}(-)$ 为参考电压输入端，Vcc 为主电源输入端，GND 为接地端。一般 $V_{ref}(+)$ 与 Vcc 连接在一起，$V_{ref}(-)$ 与 GND 连接在一起。

CLK：时钟输入端。

ADDA、ADDB、ADDC：8 路模拟开关的三位地址选通输入端，以选择对应的输入通道。其对应关系如表 10-5 所示。

表 10-5　地址码与输入通道对应关系

地址码			对应的输入通道
ADDC	ADDB	ADDA	
0	0	0	IN0
0	0	1	IN1
0	1	0	IN2
0	1	1	IN3

地址码			对应的输入通道
ADDC	ADDB	ADDA	
1	0	0	IN4
1	0	1	IN5
1	1	0	IN6
1	1	1	IN7

ADC0808/0809 的工作时序如图 10-29 所示。其中：

t_{WS}：最小启动脉宽，典型值为 100ns，最大值为 200ns。

t_{WE}：最小 ALE 脉宽，典型值为 100ns，最大值为 200ns。

t_D：模拟开关延时，典型值为 1μs，最大值为 2.5μs。

t_C：转换时间，当 f_{CLK} = 640kHz 时，典型值为 100μs，最大值为 116μs。

t_{EOC}：转换结束延时，最大为 8 个时钟周期 + 2μs。

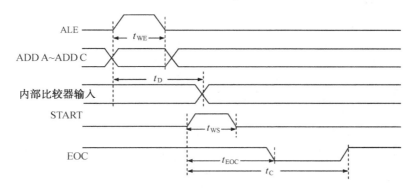

图 10-29 ADC0808/0809 转换器的工作时序

由时序图可以看出，当送入启动信号后，EOC 有一段高电平保持时间，表示上一次转换结束。在实际应用中它容易引起误控。因此，在启动转换后应经一段延迟时间（延迟时间应大于 t_{EOC}）后再进行查询或开中断。

（2）ADC0808/0809 与 51 单片机的接口设计

ADC0808/0809 与 51 单片机的硬件接口有三种方式：查询方式、中断方式和等待延时方式。究竟采用何种方式，应视具体情况，按总体要求选择。下面介绍最常用的两种接口方式，即查询方式和中断方式。

① 查询方式

ADC0808/0809 与 51 单片机的硬件接口如图 10-30 所示。

由于 ADC0808/0809 片内无时钟，可利用 51 单片机提供的地址锁存允许信号 ALE 经 D 触发器二分频后获得，ALE 脚的频率是 51 单片机的时钟频率的 1/6。如果单片机的时钟频率采用 6MHz，则 ALE 引脚的输出频率为 1MHz，再二分频后为 500kHz，符合 ADC0808/0809 对时钟频率的要求。由于 ADC0808/0809 具有输出三态锁存器，故其 8 位数据输出引脚可直接与数据总线相连。地址译码引脚 A、B、C 分别与地址总线的低 3 位 A0、A1、A2 相连，以选通 IN0～IN7 中的一个通道。将 P2.7（地址总线的最高位 A15）作为片选信号，在启动 A/D

转换时,由单片机的写信号$\overline{WR}$和 P2.7 控制 ADC 的地址锁存和转换启动。由于 ALE 和 START 连在一起,因此 ADC0808/0809 在锁存通道地址的同时也启动转换。在读取转换结果时,用单片机的读信号$\overline{RD}$和 P2.7 引脚经一级或非门后,产生的正脉冲作为 OE 信号,用以打开三态输出锁存器。

由图 10-30 及以上分析可知,在编写软件时,应令 P2.7 = A15 = 0;A0、A1、A2 给出被选择的模拟通道地址;执行一条输出指令,启动 A/D 转换。经过足够的延时时间后,执行一条输入指令,读取 A/D 转换结果。下面的程序是采用查询的方法,分别对 8 路模拟信号轮流采样一次,并依次把结果转存到数据存储区的采样转换程序。

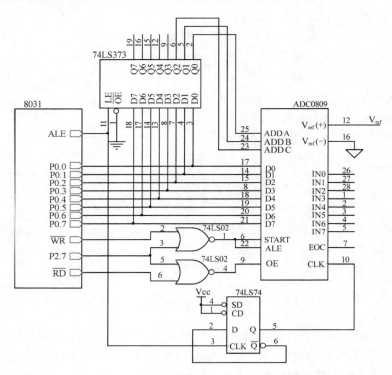

图 10-30 查询方式下 ADC0808/0809 与 51 单片机的接口电路

```
ADSAM:  MOV    R1,#DATA_ADDR    ;设置数据区首地址
        MOV    DPTR,#7FF0H      ;指向通道0
        MOV    R7,#08H          ;设置通道数
AGAIN:  MOVX   @DPTR,A          ;启动 A/D 转换
        MOV    R6,#100          ;软件延时
DELY:   NOP
        DJNZ   R6,DELY
        MOVX   A,@DPTR          ;读取转换结果
        MOV    @R1,A            ;存储转换结果
        INC    DPTR             ;调整通道号
        INC    R1               ;调整数据指针
```

```
        DJNZ    R7,LOOP                 ;循环至下一个通道
;       …
```

② 中断方式

ADC0808/0809 与 51 单片机的硬件接口如图 10-31 所示。

中断方式下的接口电路与查询方式基本相同,只是将在查询方式下不使用的 EOC 脚经过反相后接到 51 单片机的 $\overline{\text{INT0}}$(也可接 $\overline{\text{INT1}}$)端。由主程序启动 A/D 转换,转换结束后 ADC 向主机 51 单片机申请中断,主机则用中断方式读取转换结果。相应的程序段如下:

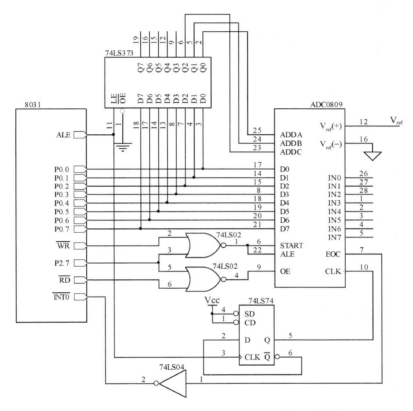

图 10-31 中断方式下 ADC0808/0809 与 51 单片机的接口电路

```
INADC:  MOV     R0,#DATA_ADDR           ;设置数据指针
        MOV     DPTR,#7FF0H             ;指向通道 0
        MOVX    @DPTR,A                 ;启动 A/D 转换
        SETB    EA                      ;中断开放
        SETB    IT0                     ;置INT0为边缘触发方式
        SETB    EX0                     ;允许INT0中断
LOOP:   …                               ;等待中断
        …                               ;主程序循环
        LJMP    LOOP
        …
```

```
INDATA:  …                              ;保护现场
         MOV   DPTR,#7FF0H
         MOVX  A,@DPTR                  ;读取转换结果
         MOV   @R0,A                    ;存储在数据区中
         …                              ;恢复现场
         RETI
```

2. 18 位 Σ-Δ A/D 转换芯片 MCP3421

MCP3421 为带 I²C 接口和片内参考的单通道模数转换器,功能框图如图 10-32 所示。其特点有噪声低、精度高、差分输入 Σ-Δ A/D,分辨率高达 18 位,提供微型 SOT-23-6 封装,片上精密 2.048V 参考电压,差分输入电压范围为 -2.048~2.048V。该器件使用 2 线 I²C 兼容串行接口,并采用 2.7~5.5V 单电源供电。MCP3421 器件特别适合需要设计简单、低功耗和节省空间的各种高精度模/数转换应用。

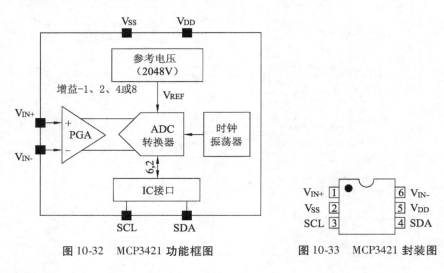

图 10-32　MCP3421 功能框图　　　　图 10-33　MCP3421 封装图

(1) MCP3421 引脚功能

MCP3421 封装图如图 10-33 所示,表 10-6 为引脚功能表。

通过 2 线 I²C 串行接口对控制配置位进行设定,MCP3421 器件可按 3.75、15、60 或 240 采样/秒(sps)速率进行转换。该器件具有片内可编程增益放大器(PGA),用户可在转换开始之前选择 PGA 增益为 ×1、×2、×4 或 ×8。

表 10-6　MCP3421 引脚功能表

引脚	符号	说明
1	V_{IN+}	正差分模拟输入引脚
2	V_{SS}	接地引脚
3	SCL	I²C 接口的串行时钟输入引脚
4	SDA	I²C 接口双向串行数据引脚
5	V_{DD}	正电源引脚
6	V_{IN-}	负差分模拟输入引脚

（2）MCP3421 配置寄存器

当器件上电复位（POR 置"1"）时，它自动将配置位复位至默认设置：转换位分辨率为 12 位（240sps）、PGA 增益设置为 ×1、连续转换模式。器件上电复位后，用户可以利用 I^2C 串行接口随时重新对配置位编程。配置位存储在易失性存储器中。

MCP3421 具有 8 位宽配置寄存器，如表 10-7 所示，用于选择输入通道、转换模式、转换速率和 PGA 增益。该寄存器允许用户改变器件的工作条件和检查器件的工作状态。用户通过采用一条写命令设置配置寄存器来控制器件，并使用一条读命令来读取转换结果。器件工作在以下两种模式：（a）连续转换模式；（b）单次转换模式。通过设置配置寄存器的 $\overline{O}/C$ 位来选择相应的工作模式。

表 10-7　MCP3421 配置寄存器

$\overline{RDY}$	C1	C0	$\overline{O}/C$	S1	S0	G1	G0
1*	0*	0*	1*	0*	0*	0*	0*

注：*上电复位时的默认配置

其中工作模式设置（$\overline{O}/C$ 位）说明如下：

如果 $\overline{O}/C$ 位 =1，器件进行连续转换。一旦完成转换，$\overline{RDY}$ 位翻转为 0 并将结果放置在输出数据寄存器中。器件马上开始另外一次转换，并用最新的数据覆盖掉输出数据寄存器中原来的数据。当转换结束时，器件会清除数据就绪标志位（$\overline{RDY}$ 位 =0）。如果最新转换结果被主器件读取，则器件将数据就绪标志位置"1"（$\overline{RDY}$ 位 =1）。当写配置寄存器时，在连续模式下 $\overline{RDY}$ 位置"1"不会产生任何影响。当读转换数据时，$\overline{RDY}$ 位 =0 表示最近的一次转换结果已就绪；$\overline{RDY}$ 位 =1 表示自上次读之后没有更新转换结果。一次新的转换正在进行且 RDY 位在新的转换结果就绪时被清"0"。

如果 $\overline{O}/C$ 位 =0，器件选择单次转换模式，器件仅进行一次转换，并更新输出数据寄存器，清除数据就绪标志位（$\overline{RDY}$ 位 =0），然后进入低功耗待机模式。当器件接收到新的写命令，并且 $\overline{RDY}$ =1 时，则开始新的单次转换。当写配置寄存器时，$\overline{RDY}$ 位需要置"1"以开始在单次转换模式下进行一次新的转换。

当读转换数据时，$\overline{RDY}$ 位 =0，表示最近的一次转换已就绪；$\overline{RDY}$ 位 =1，表示转换结果自上次读之后没有更新转换结果。一次新的转换正在进行且 RDY 位在新的更新完成后被清"0"。

采样率设置（S1 - S0 位）说明如下：

　　00 = 240sps（12 位）（默认）
　　01 = 60sps（14 位）
　　10 = 15sps（16 位）
　　11 = 3.75sps（18 位）

PGA 增益设置（G1 - G0 位）说明如下：

　　00 = ×1（默认）
　　01 = ×2
　　10 = ×4
　　11 = ×8

(3) MCP3421 的 I²C 串行通信

器件与主器件(单片机)通过串行 I²C 接口进行通信,支持标准(100kb/s)、快速(400kb/s)和高速(3.4Mb/s)三种模式。串行 I²C 为双向 2 线数据总线通信协议,采用漏极开路 SCL 和 SDA 线。器件只能作为从器件被寻址。一旦被寻址,器件可以用一条写命令接收配置位或用一条读命令发送最新的转换结果。串行时钟引脚(SCL)只能做输入,串行数据引脚(SDA)为双向的。

主器件通过发送 START 位开始通信,通过发送 STOP 位结束通信。在读模式时,器件在接收到 NAK 和 STOP 位后释放 SDA 线。START 位之后的第一个字节总是器件的地址字节,它包含了器件代码(4 位)、地址位(3 位)和 R/$\overline{W}$ 位。MCP3421 器件代码为 1101,出厂前已经被编程。紧随器件代码之后为三位地址位(A2、A1 和 A0),也在出厂前已经被编程,A2A1A0 = 000;除非客户要求指定代码。三位地址位允许多达 8 个 MCP3421 器件连接到同一数据总线。

MCP3421 的数据读取说明如下:

当主器件发送读命令(R/$\overline{W}$ = 1)时,器件输出转换数据字节和配置字节,MCP3421 的输出数据格式如表 10-8 所示。每个字节包含 8 个数据位和 1 个应答(ACK)位。地址字节后的 ACK 位由器件产生,每个转换数据字节后的 ACK 位由主器件产生。当器件配为 18 位转换模式,它输出 3 个数据字节并紧随 1 个配置字节。第一个数据字节的前 6 位是转换数据重复的最高位(MSB)(= 符号位)。用户可以忽略前 6 位数据位,仅将第 7 位(D17)当作转换数据的 MSB。第 3 个数据字节的 LSB 也为转换数据的 LSB(D0)。如果器件配置成 12、14 或 16 位模式,器件输出 2 个数据字节并紧随 1 个配置字节。在 16 位转换模式下,第一个数据字节的 MSB 为转换数据的 D15。在 14 位转换模式下,第一个数据字节的前两位是重复的 MSB,可以被忽略。第 3 位(D13)为转换数据的 MSB。在 12 位转换模式下,前 4 位是重复的 MSB,可以被忽略。字节的第 5 位(D11)代表转换数据的 MSB。

表 10-8 MCP3421 的输出数据格式

转换选项	数字输出
18 位	MMMMMMD17D16(第 1 个数据字节)—D15 ~ D8(第 2 个数据字节)—D7 ~ D0(第 3 个数据字节)—配置字节。
16 位	D15 ~ D8(第 1 个数据字节)—D7 ~ D0(第 2 个数据字节)—配置字节
14 位	MMD13 ~ D8(第 1 个数据字节)—D7 ~ D0(第 2 个数据字节)—配置字节
12 位	MMMMD11 ~ D8(第 1 个数据字节)—D7 ~ D0(第 2 个数据字节)—配置字节

(4) MCP3421 应用电路连接

① V_{DD} 引脚的旁路电容

MCP3421 典型连接如图 10-34 所示,为达到精确测量,应用电路需要采用稳定的电源电压供电,同时还需要为 MCP3421 器件隔离任何干扰信号。在 MCP3421 的 V_{DD} 线上使用了两个旁路电容(一个 10μF 的钽电容和一个 0.1μF 的陶瓷电容)。这些电容可以帮助滤除 V_{DD} 线上的高频噪声,同时在器件需要从电源上吸取更多电流时提供瞬间额外电流。这些电容应尽可能靠近 V_{DD} 引脚放置。如果应用电路具有独立的数字电源和模拟电源,MCP3421 器件的 V_{DD} 和 V_{SS} 应放置在模拟平面。

② 通过上拉电阻连接到 I²C 总线

MCP3421 的 SCL 和 SDA 引脚为漏极开路配置。这些引脚需要上拉电阻。这些上拉电阻的值取决于工作速率以及 I²C 总线的负载电容。大的上拉电阻会消耗较少的功耗，但会增加总线上的信号传输时间（更大的 RC 时间常数）。因此，它会限制总线的工作速率。相反，小的电阻值消耗更高的功耗，但可以允许更高的工作速率。如果总线走线较长或有多个器件连接到总线上而导致走线电容较大，此时需要低阻值的上拉电阻来补偿变大的 RC 时间常数。在高负载电容环境下，标准模式和快速模式的上拉电阻典型值选择范围为 $5 \sim 10 \text{k}\Omega$。

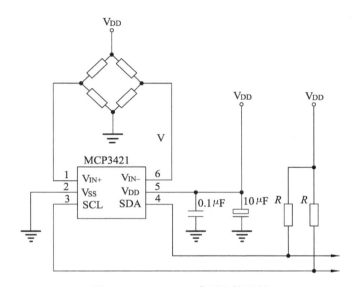

图 10-34　MCP3421 **典型连接示例**

3．12 位逐次逼近型串行 A/D 转换芯片 MAX186

MAX186 是美国 MAXIM 公司推出的一款 12 位逐次逼近型串行 A/D 转换器，内部集成了大带宽跟踪/保持电路，自带 4.096V 参考基准源，具有 SPI/QSPI/Microwire 接口，转换速率快、功耗低。

（1）主要特性
- 8 通道单端或 4 通道差分输入，12 位分辨率。
- +5V 单电源或 ±5V 双电源供电。
- 兼容 SPI、QSPI、Microwire 串行接口。
- 133ksps 采样速率。
- 正常模式下电源电流 1.5mA，休眠模式下电源电流 2μA。

（2）引脚说明

MAX186 的 DIP 封装图如图 10-35 所示，其引脚功能如下：

引脚 1~8：CH0~CH7，模拟输入通道。

引脚 9：Vss，接 -5V 或 AGND。

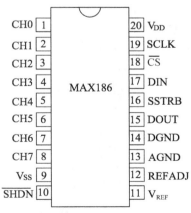

图 10-35　MAX186 的 DIP **封装图**

引脚 10：$\overline{\text{SHDN}}$，三态关断模式输入脚。

引脚 11：V_{REF}，用于模拟转换的基准电压端，使用外部基准源时，用作输入。

引脚 12：REFADJ，基准缓冲放大器输入端，接到 V_{DD} 时禁止。

引脚 13/14：模拟地/数字地。

引脚 15：DOUT，串行数据输出端，数据在 SCLK 的下降沿输出。

引脚 16：SSTRB，串行选通脉冲输出端。

引脚 17：DIN，串行数据输入端。

引脚 18：$\overline{\text{CS}}$，片选端。

引脚 19：SCLK，串行时钟输入端。

引脚 20：V_{DD}，接 +5V。

(3) MAX186 的工作方式

在 A/D 转换时，首先需要从引脚 17(DIN)串行输入一个控制字节，用来设定每次转换的工作模式和通道号，外部时钟 SCLK 的上升沿将该控制字节从高位到低位逐位输入。控制字节输入后，转换器开始转换。转换结束后，SCLK 的下降沿将结果从引脚 15(DOUT)输出。使用内部时钟方式时，MAX186 内部产生逐次逼近转换使用的时钟，SCLK 不需要和 A/D 转换的时钟同步，SCLK 的频率可为 0~10MHz 之间任意值。图 10-36 为内部时钟模式时序图，MAX186 的串行通信协议与 SPI、QSPI、Microwire 兼容，表 10-9 为控制字节格式。

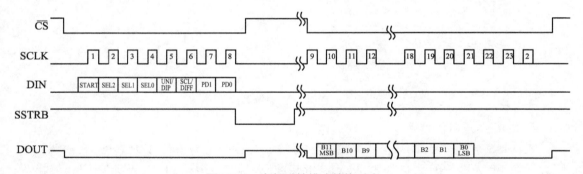

图 10-36　内部时钟模式转换时序

表 10-9　控制字节格式

Bit7	Bit6	Bit5	Bit4	Bit3	Bit2	Bit1	Bit0
START	SEL2	SEL1	SEL0	UNI/$\overline{\text{BIP}}$	SGL/$\overline{\text{DIF}}$	PD1	PD0

Bit7：控制字节的起始标示位，规定为逻辑 1。

Bit6 Bit5 Bit4：此三位选择转换通道。当 Bit2 = 1，Bit6 Bit5 Bit4 的 000~111 分别对应选中 CH0~CH7。Bit2 = 0 时，Bit6 Bit5 Bit4 的 000~011 分别选中 CH0/CH1~CH6/CH7，Bit6 Bit5 Bit4 的 100~111 分别选中 CH1/CH0~CH7/CH6。

Bit3：1 为单极性；0 为双极性。选择单极性方式时，模拟信号电压范围为 0~V_{REF}；选择双极性方式时，模拟信号电压范围为 $-V_{REF}/2 \sim V_{REF}/2$。

Bit2：1 为单端输入；0 为差动输入。选择单端输入方式时，模拟信号以 AGND 为公共点从 CH0~CH7 输入；选择差动输入方式时，模拟信号从 CH0/CH1、CH2/CH3、CH4/CH5、

CH6/CH7 输入。

Bit1 Bit0：00 为全关断方式；01 为快关断方式；10 为内部时钟模式；11 为外部时钟模式。

MAX186 与 51 单片机的连接如图 10-37 所示。

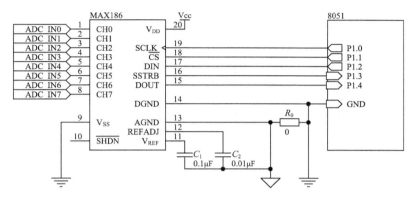

图 10-37　硬件原理图

（4）程序设计

读取 ADC 的汇编语言程序：

```
        ;入口参数：A 输入控制字节
        ;如 A=08EH,则表示第 0 通道,单极性单端输入,内部时钟方式
        ;出口参数：22H 为 ADC 转换结果的高 4 位,21H 为 ADC 转换结果的低 8 位
RD_ADC: MOV   21H,#00H
        MOV   22H,#00H      ;清转换缓存
        MOV   R1,#8
        CLR   P1.1          ;置 CS 为有效
LOOP:   RLC   A             ;输出控制字
        CLR   P1.0
        MOV   P1.2,C
        SETB  P1.0
        DJNZ  R1,LOOP
        CLR   P1.0
WAIT:   JNB   P1.3,WAIT     ;等待转换完毕
        MOV   R1,#4
        MOV   R0,#8
LOOP1:  SETB  P1.0          ;读取高 4 位
        CLR   P1.0
        MOV   C,P1.4
        MOV   A,22H
        RLC   A
        MOV   22H,A
```

```
                DJNZ    R1,LOOP1
LOOP2:          SETB    P1.0            ;读取低8位
                CLR     P1.0
                MOV     C,P1.4
                MOV     A,21H
                RLC     A
                MOV     21H,A
                DJNZ    R0,LOOP2
                RET
```

4. 并行高速 A/D 转换器 TLC5540 与单片机的接口设计

TLC5540 是美国德州仪器公司推出的高速 8 位 A/D 转换器，它的最高转换速率每秒可达 40M 字节。TLC5540 采用了一种改进的半闪结构及 CMOS 工艺，因而大大减少了器件中比较器的数量，而且在高速转换的同时能够保持低功耗。在推荐工作条件下，其功耗仅为 75mW。由于 TLC5540 具有高达 75MHz 的模拟输入带宽以及内置的采样保持电路，因此非常适合在欠采样的情况下应用。另外，TLC5540 内部还配备有标准的分压电阻，可以从 +5V 的电源获得 2V 的参考电压，并且可保证温度的稳定性。TLC5540 可广泛应用于数字电视、医学图像、视频会议、CCD 扫描仪、高速数据变换及 QAM 调制器等应用方面。

TLC5540 采用 NS 型塑料贴片封装，其引脚排列如图 10-38 所示，各引脚功能如下：

- AGND(20,21)：模拟信号地线。
- ANALOGIN(19)：模拟信号输入端。
- CLK(12)：时钟输入端。
- DGND(2,24)：数字信号地线。
- D1～D8(3～10)：数据输出端。D1 为低位，D8 为高位。
- $\overline{OE}$(1)：输出使能端。当 $\overline{OE}$ 为低时，D1～D8 数据有效；当 $\overline{OE}$ 为高时，D1～D8 为高阻抗。
- VDDA(14,15,18)：模拟电路工作电源。
- VDDD(11,13)：数字电路工作电源。
- REFTS(16)：参考电压引出端之一。
- REFT(17)：参考电压引出端之二。
- REFB(23)：参考电压引出端之三。
- REFBS(22)：参考电压引出端之四。

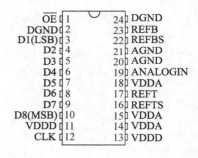

图 10-38 TLC5540 芯片的引脚分布

TLC5540 的内部结构如图 10-39 所示。它包含有时钟发生器，内部参考电压分压器，一套高 4 位采样比较器、编码器、锁存器、两套低 4 位采样比较器、编码器和一个低 4 位数据锁存器。

TLC5540 的外部时钟信号 CLK 通过其内部的时钟发生器产生 3 路内部时钟，用于驱动 3 组斩波稳零结构的采样比较器。参考电压分压器则为这 3 组比较器提供参考电压。其中低位比较器的参考电压是高位比较器的 1/16。采用输出信号的高 4 位由高 4 位编码器直接提供，低 4 位的采样数据则由两个低 4 位的编码器交替提供。其中低 4 位比较器是对输入信号的"残余"部分进行变换的（时间为高 4 位的两倍），因此与标准的半闪结构相比，这种变换方式可减少 30% 的采样比较器，并且具有较高的采样率。

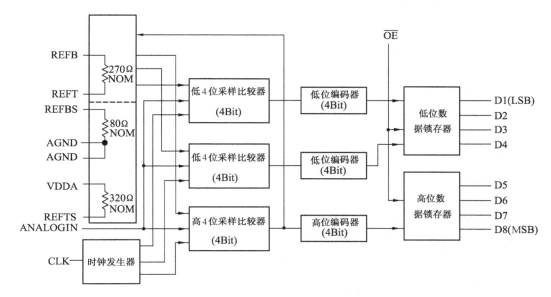

图 10-39　TLC5540 芯片的内部结构框图

TLC5540 的运行时序图见图 10-40。时钟信号 CLK 在每一个下降沿采集模拟输入信号，第 N 次采集的数据经过 3 个时钟周期的延迟之后，送到内部数据总线上。此时如果输出使能 $\overline{OE}$ 有效，则数据可由 CPU 读取或进入缓冲存储器。其中，时钟的高、低电平持续时间 $t_{W(H)}$、$t_{W(L)}$ 最小为 12.5ns，时钟周期最小为 25ns，因此采样速率最高为 40Msps。图中 t_{pd} 为数据输出延迟时间，典型值为 9ns，最大为 15ns。另外，数据输出端从有效转为高阻的延迟时间最大为 20ns；数据输出端从高阻转为有效的延迟时间最大为 15ns。

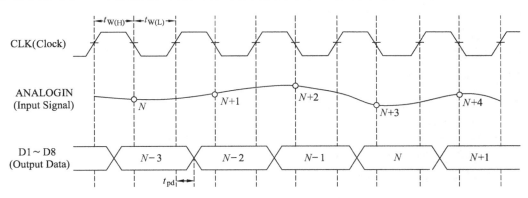

图 10-40　TLC5540 的运行时序图

限于篇幅，更详细的介绍请参见 TI 公司的芯片技术手册。

由于 TLC5540 的转换速率高达 40Msps，已经远高于普通 MCS-51 系列单片机的时钟频率，因此不太适合在一般单片机系统中应用，除非采用较低的采样频率，如 1Msps。近年来所出现的一些高速单片机的处理速度已经达到几十 MIPS,可以与 TLC5540 配合组成高速数据采集系统。

10.2.5 A/D 转换器的选用

A/D 转换器的类型和生产厂家很多,不同的产品其应用特性也有很大的差别。随着微电子技术的不断发展,各种新型的 ADC 产品在不断涌现。目前可以选用的 ADC 产品种类已经有近千种,限于篇幅,本书不予详细介绍。在设计数据采集系统、测控系统和智能仪表时,首先面对的就是如何选择合适的 A/D 转换器件以满足应用系统的设计要求。下面就从不同的角度介绍 A/D 转换器的选用要点。

1. A/D 转换器的位数

A/D 转换器的位数与整个系统所要测量和控制的范围与精度有关,但又不是唯一确定系统精度的因素。因为系统精度所涉及的环节与因素较多,从传感器的精度、信号预处理电路、到 A/D 转换器、输出电路、与执行机构的精度都有关,甚至还包括软件算法。然而在选择 A/D 转换器时,其位数至少应当比系统总精度所要求的最低分辨率多一位。这是因为没有基本的分辨率就谈不上精度,虽然分辨率与精度是不同的概念。实际选取的 A/D 转换器要与其他环节的精度相适应,选得太高既没有意义,价格也要高得多。

另外,还要注意的是,对于某些类型的 A/D 转换器,其位数与转换速度有一定关系。比较典型的是 V/F 变换型器件,其位数与转换速度成反比关系。

2. A/D 转换器的转换速度

前面已经讲过,不同原理实现的 A/D 转换器其转换时间差别较大。总的来说,积分型、电荷平衡型和跟踪比较型 A/D 转换器的转换速度较慢,转换时间从几毫秒到几十毫秒不等。通常用于对温度、压力、流量等缓慢变化参数的测量和控制。逐次比较型 A/D 转换器的转换时间可以从几个微秒到 $100\mu s$ 左右,属于中等速度的 A/D 转换器,常用于工业多通道单片机测量控制系统和声频数字转换系统等场合。转换时间最短的是用双极型或 CMOS 工艺制成的全并行型、串并行型和电压转移函数型的 A/D 转换器,其转换时间仅为 20 ~ 100ns,即转换速率可达 10 ~ 50Msps。高速 A/D 转换器适用于雷达、数字通信、实时记录、实时分析、视频数字转换等高速应用场合。

选用高速 A/D 转换器还要注意与微处理器的配合。如果采用转换时间为 $100\mu s$ 的 A/D 转换器,其转换速率为 10 千次/秒。根据采样定理和实际需要,一个周期的波形需要采样 10 个点,那么这样的系统最高能够处理 1kHz 的信号。若采用 $10\mu s$ 的 A/D 转换器,信号频率可以提高到 100kHz,但对一般微处理器来说,要在 $10\mu s$ 内完成 A/D 转换器的启动、读数、存储、数据处理等工作已经比较困难。要继续提高采样速率,就必须采用高速 CPU,或采用辅助电路,如 FPGA、CPLD、DMA 等技术来实现信号采样。

3. A/D 转换器接口与外围电路

从前面的介绍中可以看到,各种型号的 A/D 转换器的接口有很大的不同。大部分 A/D 转换器具有三态输出,能够与微处理器直接连接,但有些却不具备;并行接口时高于 8 位的 A/D 转换器与微处理器接口时通常要分两次输出数据,有些 A/D 转换器可以一次读出数据,以便与 16 位微处理器接口。各种串行接口的 A/D 转换器,可以方便地与各种单片机接口,受到用户的广泛重视与欢迎。新型器件由于采用了先进的制造技术,其通信速率可以达到数百 ksps 甚至数千 ksps。

对于具有多路模拟开关的 A/D 转换器,在接口时要注意先选择通道地址,再启动 A/D 转换。但对于缓慢变化的信号,为了节省时间,两者也可以同时进行。

对于快速变化的信号,为了保证转换精度,通常要加采样保持器。以下数据可以作为是否要加采样保持器的参考:如果 A/D 转换器的转换时间是 100ms,对 8 位 ADC 可以不加采样保持器的信号频率是 0.12Hz,对 12 位 ADC 可以不加采样保持器的信号频率是 0.0077Hz。如果 A/D 转换器的转换时间是 $100\mu s$,对 8 位 ADC 可以不加采样保持器的信号频率是 12Hz,对 12 位 ADC 可以不加采样保持器的信号频率是 0.77Hz。

ADC 的外围电路包括时钟电路、参考电源、补偿电路、量程变换电路等。有些 A/D 转换器很少或没有外围电路,因此电路设计非常简单。各种 A/D 转换器的外围电路也很不相同,需要根据具体电路正确地进行连接并进行正确的编程。

4. 工作电压与基准电压

有些早期设计的 A/D 转换器需要 ±15V 工作电压,近年来开发的产品可以在 ±5 ~ ±15V 范围内工作,这就需要多种电源工作。通常模拟信号为双极性的 A/D 转换器,其工作电源需要双电源;模拟信号为单极性的 A/D 转换器,其工作电源只需要单电源。如果选择使用单一的 +5V 电源的 A/D 转换器,与单片机系统共同使用一个电源就比较方便。

基准电压源是提供给 A/D 转换器在转换时所需要的参考电压。对于高精度的 A/D 转换器,基准电压源要用单独的高精度稳压电源供给,否则会影响转换的精度。一些典型的基准电源电路如下:

ADR421	2.5V 超精密、低噪声基准电压源
REF3225	2.5V 微功耗、高精度基准电压源
TL431	2.5 ~ 36V 精密可调基准电压源
LM723	2.0 ~ 37V 高精度可调稳压电源

最后需要指出的是,越来越多的单片机内部集成了 ADC 和 DAC 转换器,如有高速、高精度要求等特殊要求,可以选用外接 ADC 或 DAC 芯片。

为了方便编程,许多 ADC 和 DAC 芯片厂商还提供 C 语言的库函数,用户可以参考或调用。

为了提高 ADC 和 DAC 的运行效率,建议采用中断方式来编程,有些兼容单片机还具有 DMA(直接存储器访问)功能(如 C8051F),利用 DMA 来实现 ADC 和 DAC 可以大大提高传输效率,实现 ADC 和 DAC 的自动化数据采样和传输。

习 题 十

1. 实现 D/A 转换器一般有哪几种方法?各有什么特点?
2. 实现模数转换一般要经过哪四个过程?
3. A/D 与 D/A 器件的功能是什么?A/D 与 D/A 接口与其他接口有何异同点?
4. A/D 与 D/A 转换器的性能指标都有哪些?指标中的精度与分辨率有何区别?
5. 参照教材中锯齿波发生器的例子,自行设计一个三角波发生器,并编写相应的软件。如果要产生正弦波信号,在硬件与软件设计上有什么变化?

6. 用 D/A 转换器作波形发生器时,输出波形的最高频率取决于哪些因素?

7. A/D 转换器按其转换原理分为几种类型？各有什么特点？适于哪些应用？

8. 一个单片机应用系统中采用 ADC0809 检测 8 路温度信号。ADC0809 的地址为 0FF00H～0FF07H,试画出其硬件连接图并编写相应的软件。

9. 如果系统中还接有其他器件：数据存储器 62256, 地址为 0000H～07FFFH; Intel 8255, 地址为 0FF10H～0FF13H,在硬件设计上应如何考虑？

第 11 章
MCS-51 兼容单片机

11.1 概　　述

  Intel 公司在 1980 年推出 MCS-51 系列单片机以后，便把主要精力放在开发高端的通用 CPU 工作上。同时实施了对于 MCS-51 的技术开放政策，与多家半导体公司签订了技术协议，允许这些公司在 MCS-51 内核的基础上开发与之兼容的新型产品。这一策略使 MCS-51 兼容单片机的产品种类和数量得到了迅速的发展。众多半导体厂商在 MCS-51 单片机的基础上，结合了最新的技术成果，推出了各具特色的 MCS-51 兼容单片机。这给 MCS-51 单片机这一早期开发的产品赋予了新的生命力，并形成了众星捧月、不断更新、长久不衰的发展格局，在 8 位单片机的发展中成为一道独特的风景线。其中比较有影响的公司有 Winbond（伟邦、又称华邦）公司、Philips 公司、Atmel 公司、Dallas 公司、Infieon（英飞凌）公司、Cygnal 公司、STC 公司等。特别是 STC 公司坚持长年努力研发，不断完善和提高 MCS-51 兼容单片机的性能，为广大用户提供了丰富的产品系列。

  这些 MCS-51 兼容单片机在以下几个方面做了重大的改进，使产品的性能有了很大的提高。

  (1) 提高了运行速度

  早期的 MCS-51 单片机最高时钟频率为 12MHz，这个最高限制一直持续了很长时间。直到 Atmel 公司推出的 89C51 系列单片机把振荡器的最高频率提高了一倍，即达到了 24MHz。目前新型的 MCS-51 兼容单片机最高时钟频率普遍达到了 40MHz。不仅如此，这些新型的单片机还对系统的指令周期进行了优化，使得一个机器周期所包含的振荡周期数从 12 个减少到 6 个以下（甚至达到 1 个）。单就指令运行速度方面而言，这已经使得新型的 MCS-51 兼容单片机的处理能力比早期的 51 系列单片机提高了 10 倍以上。速度最快的 Cygnal 公司 C8051F 系列单片机的处理能力是早期 51 系列单片机的 20~25 倍。

  (2) 改进并增加了存储器

  早期的 MCS-51 单片机要么没有片内 ROM，要么采用掩膜 ROM 或者 EPROM 作为程序存储器，且最大容量仅为 8KB。在 Atmel 公司推出的 89C51 系列单片机中，首次采用了当时新型的 Flash 存储器技术。从那以后，Flash 存储器技术得到了长足的发展，Flash 存储器的存取速度和容量都有了很大的提高。目前几乎所有的新型单片机都有配置了大容量的 Flash 程序存储器的产品系列。采用特殊的技术，还可以使 MCS-51 兼容单片机的程序存储器超过 64KB。与此同时，MCS-51 兼容单片机的内部 RAM 也进一步增加，超过了 256B，可达 4KB 以上。一些新型的 MCS-51 兼容单片机还具有作为数据存储器的 EEPROM。

  为了支持产品的软件更新，新型的 MCS-51 兼容单片机又增加了 ISP（In System Programming)或 IAP(In Application Programming)功能。这两个功能可以对焊接在电路板的芯片直接下载程序,或对已经在应用环境下的芯片修改更新程序,而不需要额外的硬件设备。这不仅方便了用户程序开发,也给应用程序的更新带来了方便。

(3) 具有更多的系统功能模块

早期的 MCS-51 单片机由于当时技术条件的限制不能内置完善的功能模块,对于复杂系统应用就显得有些功能不足。新型的 MCS-51 兼容单片机增加了许多功能模块,如实时时钟、通信接口、LCD 驱动、A/D 转换、D/A 转换、输入捕捉、输出比较等,相应的中断系统也有了更多的中断源和优先级。为了能够更方便地处理数据,许多新型单片机还具有双数据指针(MCS-51 单片机只有一个数据指针 DPTR)。当然,由于各个生产厂家的开发目标和要求不同,这些新增加的功能模块并没有统一的标准和配置。即使是同一种功能的模块,在使用上也有所不同。

(4) 具有宽电源电压、低功耗、低噪声与高可靠性等特性

早期的 MCS-51 单片机的总体技术水平比较低,功耗大、噪声水平高、可靠性差,对电源的要求也比较苛刻(一般为 $5V \pm 0.5V$)。随着微电子技术与制造工艺的不断发展与进步,新型的微处理器普遍采用了宽电源电压的技术。采用低电源电压有利于降低功耗和噪声水平,目前典型的 89C51 系列单片机电源电压为 2.7~6V。空闲模式和掉电模式下的电流也进一步降低。

鉴于看门狗(Watch Dog Timer)技术在实际应用系统中被证明是非常有效的系统故障恢复手段,新型 MCS-51 单片机普遍增加了看门狗模块。另外,由于电磁兼容(Electro-Magnetic Compatibility)标准在各国逐步完善与相继实施,迫使微处理器的生产厂商必须采取相应的措施满足电磁兼容性能的要求。新型 MCS-51 兼容单片机采取了一系列措施降低噪声辐射与提高抗干扰能力。例如,在不使用外部扩展时,关闭 ALE 信号的输出;采用各种抗电磁干扰元件和技术等。

(5) 具有更加完善的加密功能

早期的单片机没有加密功能,为了保护知识产权,现在程序与数据的加密已经成为一种必需。Flash 存储器的出现对加密技术提出了更高的要求,而解密技术的发展也促进了各种加密技术和方法的改进和完善。新型的 MCS-51 兼容单片机所采用的加密技术更为先进和完善,使得解密更为困难甚至成为不可能,从而有效地保护了用户程序和知识产权。

本章将简要介绍几种主要的新型 MCS-51 兼容单片机,更为详细的资料请参阅有关产品生产商发布的数据手册。

11.2 AT89 系列单片机

在众多的 MCS-51 兼容单片机中,Atmel 公司的 AT89C51、AT89S51 系列单片机(简称 AT89 系列)是一个里程碑,因为与 MCS-51 指令、管脚完全兼容,而片内的 Flash 程序存储器广受用户欢迎。这种单片机对开发设备的要求很低,一般的编程器均可对其进行编程,开发时间也大大缩短。写入单片机内的程序还可以进行加密,这比传统的 MCS-51 单片机要有很多优势。AT89 系列单片机的主要特点如下:

1. 内部含 Flash 存储器

AT89 系列单片机以 Flash 存储器作为系统的程序存储器,这不仅在系统的开发过程中可以十分容易地进行程序修改,而且使整个系统结构更加紧凑。在一些小系统中,完全可以不进行外部程序存储器的扩展,利用一片电路就构成一个完整的单片机系统。

2. 与 MCS-51 单片机引脚兼容

大部分 AT89 系列单片机的引脚与 MCS-51 单片机的引脚完全兼容,所以当用 AT89 系列单片机取代 MCS-51 单片机时,可以直接进行代换。

3. 静态时钟方式

AT89 系列单片机可以采用静态时钟方式,以降低系统的功耗。

4. 宽电压工作

AT89 系列单片机工作电压为 2.7~6.0V。

2016 年美国微芯科技(Microchip)收购了 Atmel 公司,8 位单片机产品(也称微控制器 MCU)以 PIC 和 AVR 为主,详细信息可查阅相关微芯科技网站。

11.3 Nuvoton(原 Winbond)系列单片机

华邦(Winbond)公司的 MCS-51 兼容 8 位单片机也有其特色。华邦单片机对 8051 系统的性能做了改进和提高,多数单片机的指令周期只需要 4 个时钟周期,工作频率最高可达 40MHz,片内含有 22.1184MHz RC 振荡器,工作电压为 2.4~5.5V,工作温度为 -40℃~85℃,具有高抗干扰能力(8kV ESD/4kV EFT)。程序存储器 Flash 容量可达 128KB,内嵌 SRAM 可达 2KB,还可配置用户的数据 Flash,并具有 ISP 功能。片上功能更强,有 SPI、IIC、UART、10 位的 ADC 等。2008 年由华邦电子分割成立新塘科技(Nuvoton)公司,继承 8 位单片机产品的研发,目前拥有的产品系列有 W78EXXX、W79EXXX、W77EXXX、N78E366、N78EXXX 等。

新塘科技(Nuvoton)的 MCS-51 兼容 8 位单片机产品系列分布图见图 11-1。

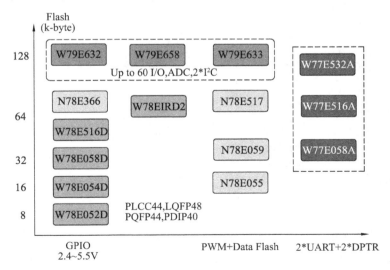

图 11-1 Nuvoton 的 8051 兼容单片机产品系列分布图

11.4 Silicon Labs C8051F 系列单片机

11.4.1 C8051F 系列单片机的结构及特点

早期由 Cygnal 公司开发的 C8051F 系列单片机是完全集成的混合信号系统级芯片（SoC），具有与 MCS-51 指令集完全兼容的高速 CIP-51 内核，片内集成了数据采集和控制系统中常用的模拟、数字外设及其他功能部件（包括 PGA、ADC、DAC、电压比较器、电压基准、温度传感器、SMBuS/I^2C、UART、SPI、定时器、可编程计数器/定时器阵列、内部振荡器、看门狗定时器及电源监视器等），内置 Flash 程序存储器、内部 RAM，大部分器件都内置芯片中，还包括外部数据存储器空间的 RAM，即 XRAM。2003 年 Silicon Labs 公司收购了 Cygnal 公司，并继续从事 C8051F 系列单片机的研发。

值得一提的是 C8051F 单片机具有与 32 位 ARM 芯片类似的片内调试电路，通过 JTAG 接口可以进行非侵入式、全速在系统调试，为在线编程、调试开发带来了极大方便。

C8051F 系列有多种不同配置的产品。例如，典型产品 C8051F120 含高速 8051 微控制器内核（速度可达 100MIPS）、256+8kB 的 RAM 数据存储器、128kB 可编程 Flash 程序存储器、带可编程放大器的 8 通道 12 位 ADC（转换速率最大 100ksps）、8 通道 8 位 ADC（转换速率最大 500ksps）、两个 12 位 DAC、64 个 I/O 口线、带 SMBus/I^2C、SPI 同步串行接口、两个 UART 异步串口、可编程 16 位计数器/定时器阵列 PCA、6 个捕捉/比较模块、5 个通用 16 位计数器/定时器、看门狗等，C8051F120 的内部结构框图如图 11-2 所示。

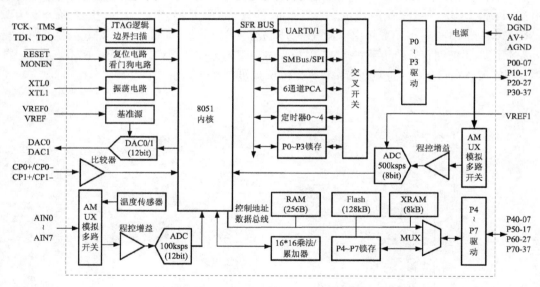

图 11-2 C8051F120 内部结构框图

C8051F 系列单片机除了高性能、丰富的片上系统外，另一特性是超低功耗，非常适合物联网应用。例如，C8051F99 系列超低功耗单片机具有低于 1μA 的唤醒模式、150μA/MHz 的活动模式以及低至 10nA 的多个睡眠模式。其片内的电容式感应输入为应用设备提供了电容式按钮、滑动条、滚轮和临近感应的人机交互模式。

C8051F 系列单片机规格品种也比较丰富,可查阅 Silicon Labs 公司网站。

11.4.2 C8051F 系列单片机应用举例

图 11-3 给出了一个以 C8051F340 为核心的全自动洗衣机的硬件电路设计方案。所采用的 C8051F340 单片机有如下特点:

- C8051F340 的内核与 8051 兼容,工作频率可达 50MHz,程序存储器 Flash 64kB,数据存储器 RAM 4.25kB,另外还有片内的 I^2C、SPI、UART 接口。
- C8051F340 有比较充足的 I/O 引脚(有 P0～P4,共 40 个 I/O)。
- 可以外接晶振,也可以使用内部振荡器,当外部晶振有故障时,可以切换到内部。
- 内置 10 位、20-通道、200 ksps 的 ADC,可以检测模拟量信号。
- 有内置的 USB 接口,可方便与上位机通信。
- 提供内置的 Silicon Labs 2-Wire (C2) 调试接口,下载程序及进行跟踪调试也非常方便。

根据所需的输入/输出信号类型进行 I/O 分配,如表 11-1 所示。人机交互的状态指示(指示进水、洗涤、漂洗、排水、脱水、故障、结束、工作)和时间指示采用动态扫描的 LED 显示器,当 W0 为低电平时,D0～D7 输出状态信号(低电平有效),当 W1 和 W2 依次为低电平时,D0～D7 输出时间显示数码管的笔段信号(低电平有效),数码管 LED1、LED2 分别显示时间的高位和低位。其中,水位检测、平稳检测用到了模数转换。另保留了 P0.0～P0.5 I/O 端口,可用于浊度信号、质料信号、温度信号的检测,温度、变频电机的控制。

表 11-1 C8051F340 硬件电路设计中的 I/O 分配

NO	类别	信号名	IO	输入/输出	类型	说明
1	检测	Water	P4.0	输入	模拟量	水位检测
2	检测	Shake	P3.7	输入	模拟量	平稳检测
3	检测	Cover	P3.6	输入	开关量	机盖检测
4	驱动	Val1	P4.7	输出	开关量	进水阀驱动
5	驱动	Val2	P4.6	输出	开关量	出水阀驱动
6	驱动	Clutch	P4.5	输出	开关量	脱水离合器驱动
7	驱动	M1	P4.4	输出	开关量	排水泵驱动
8	驱动	M2A	P4.3	输出	开关量	洗涤电机正转驱动
9	驱动	M2B	P4.2	输出	开关量	洗涤电机反转驱动
10	驱动	Bell	P4.1	输出	开关量	声音报警
11	人机交互	Start	P2.3	输入	开关量	启动信号
12	人机交互	Stop	P2.4	输入	开关量	停止信号
13	人机交互	Sel_L1	P2.5	输入	开关量	水位选择—高
14	人机交互	Sel_L2	P2.6	输入	开关量	水位选择—中
15	人机交互	Sel_L3	P2.7	输入	开关量	水位选择—低
16	人机交互	Sel_M1	P3.0	输入	开关量	方式选择—洗涤
17	人机交互	Sel_M2	P3.1	输入	开关量	方式选择—单漂洗
18	人机交互	Sel_M3	P3.2	输入	开关量	方式选择—单脱水
19	人机交互	Sel_T1	P3.3	输入	开关量	时间选择—长
20	人机交互	Sel_T2	P3.4	输入	开关量	时间选择—中
21	人机交互	Sel_T3	P3.5	输入	开关量	时间选择—短
22	人机交互	W0～W2	P2.0～P2.2	输出	开关量	LED 显示位扫描驱动
23	人机交互	D0～D7	P1.0～P1.7	输出	开关量	LED 显示段扫描驱动

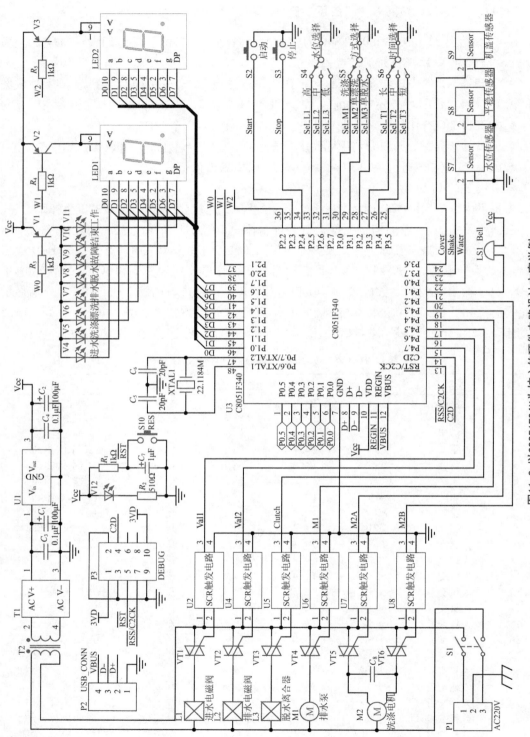

图11-3 以C8051F34X为核心的硬件电路设计方案举例

11.5 STC 单片机

11.5.1 STC 单片机的发展

成立于 1999 年的 STC 宏晶科技公司对 Intel 8051 单片机一直进行持续不断的技术升级创新，成为目前全球著名的单片机研发和制造厂商，也使得诞生于 20 世纪 70 年代的 8051 单片机技术仍然生机盎然。

与 8051 兼容的 STC 单片机经历了 STC89/90、STC10/11、STC12、STC15 多系列产品的发展，累计发布上百种产品。全部产品采用 Flash 技术和 ISP/IAP（在系统可编程/在应用可编程）技术，全面提升了单片机的运行速度，扩大了存储器容量，集成了多种功能模块，提供了多种配置、各种封装的系列产品，并在产品的可靠性、安全性、适用性、可用性方面不断改进，性价比不断地提升，使得 STC 单片机活跃在各个应用领域。

11.5.2 STC 单片机的特点

STC 单片机有多种产品系列，每种系列又分不同型号，对应了不同的工作电压、程序存储器容量、SRAM 容量、片上功能模块和封装。下面以 STC15 系列为例，介绍 STC 单片机在性能功能、可靠安全、适用可用方面的特点。

1. 性能功能方面

（1）高速

增加型的 8051 内核采用单时钟/机器周期，比传统的 8051 速度提高了 8~12 倍。

（2）大容量

片内 Flash 程序存储器超过 60KB，片内 SRAM 可达 4KB。

（3）超低功耗

掉电模式小于 $0.4\mu A$，空闲功耗小于 1mA，正常工作模式 4~6mA。

（4）丰富的片上模块

8 通道 10 位高速 ADC，8 路 PWM，7 个定时/计数器，4 个高速 UART，带有高速同步 SPI 串口，多达 64 个 I/O 端口，每个 I/O 驱动能力可达 20mA（只是整个芯片最大驱动电流有限制）。

（5）高精度 R/C 时钟

片上集成了高精度 R/C 时钟（±0.3%），常温下温漂±0.6%（-20℃~65℃），频率范围 5~35MHz，可以省去外部晶振。

2. 可靠安全方面

（1）超强抗干扰能力

具有 20kV 高抗静电 ESD 保护，通过 4kV 快速脉冲干扰 EFT 测试，宽电压抗电源抖动，宽温度范围（-40℃~+80℃），片内看门狗 WDT，无须外部复位和晶振。

（2）安全性好

每片单片机具有全球唯一身份证，下载程序难以被解密，内部数据难以复制，有利于保护程序开发者的知识产权。

3. 适用可用方面

(1) 采用8051内核

兼容8051指令系统,以往大量的8051程序可以方便地移植到STC单片机上运行,大大提高了单片机程序的利用率。

(2) 丰富的产品型号可选

STC公司提供了多种配置、各种封装的系列型号产品,有传统双列直插的DIP8/DIP16/DIP20/SKDIP28到SOP/TSSOP/DFN/QFN/LQFP贴片封装,每个芯片的I/O端口从6到62个不等,价格从1元以下到10元以内不等,极大地方便了客户选型和设计。

(3) 采用ISP/IAP(在系统可编程/在应用可编程)技术

可直接通过USB接口进行ISP下载编程,做到了一个STC单片机也是一个仿真器,方便了程序的下载和调试,大大提高了调试效率,降低了开发成本和周期。

(4) 良好的开发环境

功能强大的STC-ISP在线编程软件,包含了项目发布、脱机下载、RS-485下载、程序加密后传输下载等功能。另外,STC针对高校学生提供了丰富的样例程序,为培养未来的应用开发者做了大量的支持工作。

11.5.3 STC单片机的ISP和IAP技术

STC单片机提供了ISP(In-System Programming)在系统可编程电路。通过ISP电路可以将STC单片机中的Flash程序存储器内容擦除或将最终用户代码写入,不需要从电路板上取下STC单片机器件,所以STC单片机可以采用贴片封装,也不需要专门的写入器。当然应用系统需要在交付前使用ISP将应用程序写入单片机中。

STC单片机还提供了更先进的IAP(In-Application Programming)在应用可编程电路。通过IAP电路STC单片机可以在应用现场由外部获取新代码,对STC单片机重新编程,即可用内部已有的专用程序来更新原来的应用程序。采用IAP技术的单片机将Flash存储器映射为两个存储器空间,当运行一个存储器空间的用户程序时,该程序可以对另一个存储器空间进行重新编程,编程结束后将控制权转移到另一个存储器空间。通常,利用单片机中的某个串行接口将IAP电路连接到开发系统或其他外部系统。因此,利用IAP技术,可以让应用系统在交付后,仍可方便地更新、完善应用程序。

当然,支持IAP的单片机也具有了ISP功能,而支持ISP的单片机不一定支持IAP方式。

11.5.4 STC单片机实例

以STC15系列单片机STC15F2K60S2为例,介绍其内部结构和外部封装。STC15F2K60S2单片机工作电压为4.5~5.5V(另有低电压芯片STC15L2K60S2,工作电压为2.4~3.6V),含有2KB的SRAM,多达63.5KB的程序存储器(Flash),几乎包含了数据采集和控制中所需的所有单元模块,如定时器、I/O端口、高速A/D转换、看门狗、UART超高速异步串行通信口1和串行通信口2、CCP/PWM/PCA组件、高速同步串行端口SPI、片内高精度R/C时钟及高可靠复位等模块。因此,该单片机称得上是一个片上系统(System On Chip),宏晶科技的STC名称也是来源于"片上系统"(System Chip)。

其中,CCP/PWM/PCA 组件包含了捕获、比较、脉冲调制和可编程计数器阵列等功能,具有丰富的脉冲信号处理能力。

1. 内部结构

STC15F2K60S2 型号单片机的内部结构框图如图 11-4 所示。

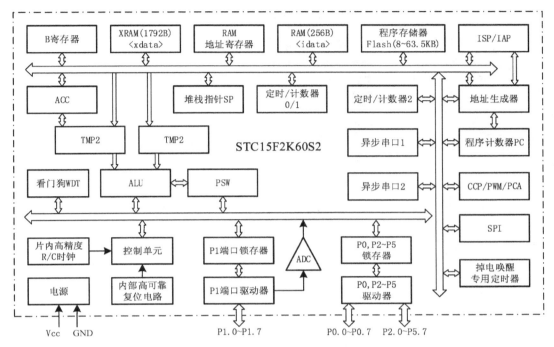

图 11-4 STC15F2K60S2 型号单片机的内部结构框图

2. 外部封装

STC15F2K60S2 型号单片机有多种封装,其中采用 LQFP44 和 PDIP40 封装如图 11-5 所示。除了 Vcc 和 GND 电源引脚外,其他功能部件的引脚与 P0～P5 共用。

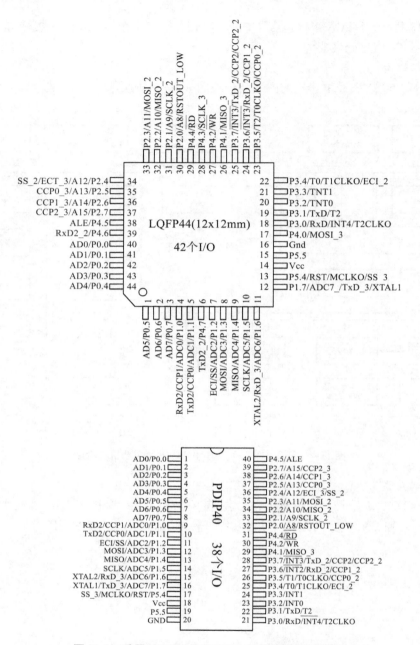

图 11-5 采用 LQFP44 和 PDIP40 封装的引脚示意图

习题十一

1. 51 系列兼容单片机主要有哪几种产品？
2. STC 单片机有哪些主要特点？
3. 简述单片机的 ISP 与 IAP 技术。

附录 A MCS-51 指令表

MCS-51 指令系统常用符号及含义：

addr11	11 位地址
addr16	16 位地址
bit	内部 RAM 或专用寄存器中的直接寻址位
rel	补码形式的 8 位地址偏移量
direct	直接地址单元（RAM、SFR、I/O）
#data	立即数
Rn	当前寄存器区的 8 个通用工作寄存器 R0~R7（n=0~7）
Ri	当前寄存器区中可作间址寄存器的两个通用工作寄存器 R0、R1（i=0、1）
A	累加器
B	专用寄存器，用于 MUL 和 DIV 指令中
C	进位标志或进位位，或布尔处理机中的累加器
@	间接寻址方式中，表示间接寄存器的符号
/	位操作数的前缀，表示对该位操作数先取反再参与操作，但不影响该操作数
(X)	X 中的内容
((X))	由 X 寻址的单元中的内容
←	箭头左边的内容被箭头右边的内容所代替
∧	逻辑"与"
∨	逻辑"或"
⊕	逻辑"异或"

表 A-1 数据传送类指令

十六进制代码	指令助记符	说明	字节数	执行周期数	对标志位影响			
					CY	AC	OV	P
E8~EF	MOV A, Rn	(A)←(Rn)	1	1	×	×	×	√
E5	MOV A, direct	(A)←(direct)	2	1	×	×	×	√
E6, E7	MOV A, @Ri	(A)←((Ri))	1	1	×	×	×	√
74	MOV A, #data	(A)←data	2	1	×	×	×	√
F8~FF	MOV Rn, A	(Rn)←(A)	1	1	×	×	×	×
A8~AF	MOV Rn, direct	(Rn)←(direct)	2	2	×	×	×	×
78~7F	MOV Rn, #data	(Rn)←data	2	1	×	×	×	×
F5	MOV direct, A	(direct)←(A)	2	1	×	×	×	×
88~8F	MOV direct, Rn	(direct)←(Rn)	2	2	×	×	×	×
85	MOV direct1, direct2	(direct1)←(direct2)	3	2	×	×	×	×

续表

十六进制代码	指令助记符	说明	字节数	执行周期数	CY	AC	OV	P
86,87	MOV direct,@Ri	(direct)←((Ri))	2	2	×	×	×	×
75	MOV direct,#data	(direct)←data	3	2	×	×	×	×
F6,F7	MOV @Ri,A	((Ri))←(A)	1	1	×	×	×	×
A6,A7	MOV @Ri,direct	((Ri))←(direct)	2	2	×	×	×	×
76,77	MOV @Ri,#data	((Ri))←data	2	1	×	×	×	×
90	MOV DPTR,#data16	(DPTR)←data16	3	2	×	×	×	×
93	MOVC A,@A+DPTR	(A)←((A)+(DPTR))	1	2	×	×	×	√
83	MOVC A,@A+PC	(A)←((A)+(PC))	1	2	×	×	×	√
E2,E3	MOVX A,@Ri	(A)←((P2)+(Ri))	1	2	×	×	×	√
E0	MOVX A,@DPTR	(A)←((DPTR))	1	2	×	×	×	√
F2,F3	MOVX @Ri,A	((P2)+(Ri))←(A)	1	2	×	×	×	×
F0	MOVX @DPTR,A	((DPTR))←(A)	1	2	×	×	×	×
C0	PUSH direct	(SP)←(SP)+1,((SP))←(direct)	2	2	×	×	×	×
D0	POP direct	(direct)←((SP)),(SP)←(SP)-1	2	2	×	×	×	×
C8~CF	XCH A,Rn	(A)⟷(Rn)	1	1	×	×	×	√
C5	XCH A,direct	(A)⟷(direct)	2	1	×	×	×	√
C6,C7	XCH A,@Ri	(A)⟷((Ri))	1	1	×	×	×	√
D6,D7	XCHD A,@Ri	$(A)_{3\sim0}$⟷$((Ri))_{3\sim0}$	1	1	×	×	×	√

表 A-2 算术运算类指令

十六进制代码	指令助记符	说明	字节数	执行周期数	CY	AC	OV	P
28~2F	ADD A,Rn	(A)←(A)+(Rn)	1	1	√	√	√	√
25	ADD A,direct	(A)←(A)+(direct)	2	1	√	√	√	√
26,27	ADD A,@Ri	(A)←(A)+((Ri))	1	1	√	√	√	√
24	ADD A,#data	(A)←(A)+data	2	1	√	√	√	√
38~3F	ADDC A,Rn	(A)←(A)+(Rn)+CY	1	1	√	√	√	√
35	ADDC A,direct	(A)←(A)+(direct)+CY	2	1	√	√	√	√
36,37	ADDC A,@Ri	(A)←(A)+((Ri))+CY	1	1	√	√	√	√
34	ADDC A,#data	(A)←(A)+data+CY	2	1	√	√	√	√

续表

十六进制代码	指令助记符	说 明	字节数	执行周期数	对标志位影响			
					CY	AC	OV	P
98~9F	SUBB A, Rn	(A)←(A)−(Rn)−CY	1	1	√	√	√	√
95	SUBB A,direct	(A)←(A)−(direct)−CY	2	1	√	√	√	√
96,97	SUBB A,@Ri	(A)←(A)−((Ri))−CY	1	1	√	√	√	√
94	SUBB A,#data	(A)←(A)−data−CY	2	1	√	√	√	√
04	INC A	(A)←(A)+1	1	1	×	×	×	√
08~0F	INC Rn	(Rn)←(Rn)+1	1	1	×	×	×	×
05	INC direct	(direct)←(direct)+1	2	1	×	×	×	×
06,07	INC @Ri	((Ri))←((Ri))+1	1	1	×	×	×	×
A3	INC DPTR	(DPTR)←(DPTR)+1	1	2	×	×	×	×
14	DEC A	(A)←(A)−1	1	1	×	×	×	√
18~1F	DEC Rn	(Rn)←(Rn)−1	1	1	×	×	×	×
15	DEC direct	(direct)←(direct)−1	2	1	×	×	×	×
16,17	DEC @Ri	((Ri))←((Ri))−1	1	1	×	×	×	×
A4	MUL AB	(B)(A)←(A)×(B)	1	4	√	×	√	√
84	DIV AB	(A)←(A)/(B)的商 (B)←(A)/(B)的余数	1	4	√	×	√	√
D4	DA A	对A中的数据进行十进制调整	1	1	√	√	√	√

表 A-3 逻辑操作类指令

十六进制代码	指令助记符	说 明	字节数	执行周期数	对标志位影响			
					CY	AC	OV	P
58~5F	ANL A, Rn	(A)←(A)∧(Rn)	1	1	×	×	×	√
55	ANL A,direct	(A)←(A)∧(direct)	2	1	×	×	×	√
56,57	ANL A,@Ri	(A)←(A)∧((Ri))	1	1	×	×	×	√
54	ANL A,#data	(A)←(A)∧data	2	1	×	×	×	√
52	ANL direct,A	(direct)←(direct)∧(A)	2	1	×	×	×	×
53	ANL direct,#data	(direct)←(direct)∧data	3	2	×	×	×	×
48~4F	ORL A, Rn	(A)←(A)∨(Rn)	1	1	×	×	×	√
45	ORL A,direct	(A)←(A)∨(direct)	2	1	×	×	×	√
46,47	ORL A,@Ri	(A)←(A)∨((Ri))	1	1	×	×	×	√
44	ORL A,#data	(A)←(A)∨data	2	1	×	×	×	√

续表

十六进制代码	指令助记符	说明	字节数	执行周期数	对标志位影响 CY	AC	OV	P
42	ORL direct,A	(direct)←(direct)∨(A)	2	1	×	×	×	×
43	ORL direct,#data	(direct)←(direct)∨data	3	2	×	×	×	×
68~6F	XRL A,Rn	(A)←(A)⊕(Rn)	1	1	×	×	×	√
65	XRL A,direct	(A)←(A)⊕(direct)	2	1	×	×	×	√
66,67	XRL A,@Ri	(A)←(A)⊕((Ri))	1	1	×	×	×	√
64	XRL A,#data	(A)←(A)⊕data	2	1	×	×	×	√
62	XRL direct,A	(direct)←(direct)⊕(A)	2	1	×	×	×	×
63	XRL direct,#data	(direct)←(direct)⊕data	3	2	×	×	×	×
E4	CLR A	(A)←0	1	1	×	×	×	√
F4	CPL A	(A)←$\overline{(A)}$	1	1	×	×	×	×
23	RL A	累加器A循环左移一位	1	1	×	×	×	×
33	RLC A	累加器A带进位标志循环左移一位	1	1	√	×	×	√
03	RR A	累加器A循环右移一位	1	1	×	×	×	×
13	RRC A	累加器A带进位标志循环右移一位	1	1	√	×	×	√
C4	SWAP A	对累加器A中的数据进行半字节交换	1	1	×	×	×	×

表 A-4 控制转移类指令

十六进制代码	指令助记符	说明	字节数	执行周期数	对标志位影响 CY	AC	OV	P
11 31 ⋮ F1	ACALL addr11	PC←(PC)+2,SP←(SP)+1 (SP)←(PC)$_L$,SP←(SP)+1 (SP)←(PC)$_H$,PC10~PC0←addr11	2	2	×	×	×	×
12	LCALL addr16	PC←(PC)+3,SP←(SP)+1 (SP)←(PC)$_L$,SP←(SP)+1 (SP)←(PC)$_H$,PC←addr16	3	2	×	×	×	×
22	RET	PC$_H$←((SP)),SP←(SP)-1 PC$_L$←((SP)),SP←(SP)-1 子程序返回	1	2	×	×	×	×
32	RETI	PC$_H$←((SP)),SP←(SP)-1 PC$_L$←((SP)),SP←(SP)-1 中断返回	1	2	×	×	×	×

续表

十六进制代码	指令助记符	说明	字节数	执行周期数	对标志位影响 CY	AC	OV	P
01 21 … E1	AJMP addr11	(PC)←(PC)+2 PC10~PC0←addr11 PC15~PC11 不变	2	2	×	×	×	×
02	LJMP addr16	(PC)←addr16	3	2	×	×	×	×
80	SJMP rel	(PC)←(PC)+2 (PC)←(PC)+rel	2	2	×	×	×	×
73	JMP @A+DPTR	(PC)←(A)+(DPTR)	1	2	×	×	×	×
60	JZ rel	(PC)←(PC)+2 若(A)=0,则(PC)←(PC)+rel	2	2	×	×	×	×
70	JNZ rel	(PC)←(PC)+2 若(A)≠0,则(PC)←(PC)+rel	2	2	×	×	×	×
E5	CJNE A,direct,rel	(PC)←(PC)+3 若(A)≠(direct),则(PC)←(PC)+rel	3	2	×	×	×	×
B4	CJNE A,#data,rel	(PC)←(PC)+3 若(A)≠data,则(PC)←(PC)+rel	3	2	×	×	×	×
B8~BF	CJNE Rn,#data,rel	(PC)←(PC)+3 若(Rn)≠data,则(PC)←(PC)+rel	3	2	×	×	×	×
B6,B7	CJNE @Ri,#data,rel	(PC)←(PC)+3 若((Ri))≠data,则(PC)←(PC)+rel	3	2	×	×	×	×
D8~DF	DJNZ Rn,rel	(PC)←(PC)+2,(Rn)←(Rn)-1 若(Rn)≠0,则(PC)←(PC)+rel	2	2	×	×	×	×
D5	DJNZ direct,rel	(PC)←(PC)+3,(direct)←(direct)-1 若(direct)≠0,则(PC)←(PC)+rel	3	2	×	×	×	×
00	NOP	空操作	1	1	×	×	×	×

表 A-5 位操作类指令

十六进制代码	指令助记符	说明	字节数	执行周期数	对标志位影响 CY	AC	OV	P
C3	CLR C	CY←0	1	1	√	×	×	×
C2	CLR bit	(bit)←0	2	1	×	×	×	×
D3	SETB C	CY←1	1	1	√	×	×	×
D2	SETB bit	(bit)←1	2	1	×	×	×	×
B3	CPL C	CY←$\overline{CY}$	1	1	√	×	×	×
B2	CPL bit	(bit)←$\overline{(bit)}$	2	1	×	×	×	×
82	ANL C,bit	(CY)←(CY)∧bit	2	2	√	×	×	×

续表

十六进制代码	指令助记符	说　　明	字节数	执行周期数	对标志位影响			
					CY	AC	OV	P
B0	ANL C,/bit	(CY)←(CY)∧$\overline{(bit)}$	2	2	√	×	×	×
72	ORL C,bit	(CY)←(CY)∨bit	2	2	√	×	×	×
A0	ORL C,/bit	(CY)←(CY)∨$\overline{(bit)}$	2	2	√	×	×	×
A2	MOV C,bit	(CY)←(bit)	2	1	√	×	×	×
92	MOV bit,C	(bit)←(CY)	2	1	×	×	×	×
40	JC rel	(PC)←(PC)+2,若(CY)=1,则 (PC)←(PC)+rel	2	2	×	×	×	×
50	JNC rel	(PC)←(PC)+2,若(CY)=0,则 (PC)←(PC)+rel	2	2	×	×	×	×
20	JB bit,rel	(PC)←(PC)+3,若(bit)=1,则 (PC)←(PC)+rel	3	2	×	×	×	×
30	JNB bit,rel	(PC)←(PC)+3,若(bit)=0,则 (PC)←(PC)+rel	3	2	×	×	×	×
10	JBC bit,rel	(PC)←(PC)+3,若(bit)=1,则 (PC)←(PC)+rel,(bit)←0	3	2	×	×	×	×

附录 B MCS-51 指令矩阵表（汇编/反汇编表）

表 B-1 MCS-51 指令矩阵

	0	1	2	3	4	5	6,7	8~F
0	NOP	AJMP0	LJMP addr16	RR A	INC A	INC direct	INC @Ri	INC Rn
1	JBC bit, rel	ACALL0	LCALL addr16	RRC A	DEC A	DEC direct	DEC @Ri	DEC Rn
2	JB bit, rel	AJMP1	RET	RL A	ADD A,#data	ADD A,direct	ADD A,@Ri	ADD A,Rn
3	JNB bit, rel	ACALL1	RETI	RLC A	ADDC A,#data	ADDC A,direct	ADDC A,@Ri	ADDC A,Rn
4	JC rel	AJMP2	ORL direct,A	ORL direct,#data	ORL A,#data	ORL A,direct	ORL A,@Ri	ORL A,Rn
5	JNC rel	ACALL2	ANL direct,A	ANL direct,#data	ANL A,#data	ANL A,direct	ANL A,@Ri	ANL A,Rn
6	JZ rel	AJMP3	XRL direct,A	XRL direct,#data	XRL A,#data	XRL A,direct	XRL A,@Ri	XRL A,Rn
7	JNZ rel	ACALL3	ORL C,bit	JMP @A+DPTR	MOV A,#data	MOV direct,#data	MOV @Ri,#data	MOV Rn,#data
8	SJMP rel	AJMP4	ANL C,bit	MOVC A,@A+PC	DIV AB	MOV direct,direct	MOV direct,@Ri	MOV direct,Rn
9	MOV DPTR,#data16	ACALL4	MOV bit,C	MOVC A,@A+DPTR	SUBB A,#data	SUBB A,direct	SUBB A,@Ri	SUBB A,Rn
A	ORL C,/bit	AJMP5	MOV C,bit	INC DPTR	MUL AB		MOV @Ri,direct	MOV Rn,direct
B	ANL C,/bit	ACALL5	CPL bit	CPL C	CJNE A,#data,rel	CJNE A,direct,rel	CJNE @Ri,#data,rel	CJNE Rn,#data,rel
C	PUSH direct	AJMP6	CLR bit	CLR C	SWAP A	XCH A,direct	XCH A,@Ri	XCH A,Rn
D	POP direct	ACALL6	SETB bit	SETB C	DA A	DJNZ direct,rel	XCHD A,@Ri	DJNZ Rn,rel
E	MOVX A,@DPTR	AJMP7	MOVX A,@R0	MOVX A,@R1	CLR A	MOV A,direct	MOV A,@Ri	MOV A,Rn
F	MOVX @DPTR,A	ACALL7	MOVX @R0,A	MOVX @R1,A	CPL A	MOV direct,A	MOV @Ri,A	MOV Rn,A

说明：表中为行向高位、列向低位的十六进制数构成一个字节的指令的操作码，其相交处的框内就是相对应的汇编语言指令。

附录 C 图形符号对照表

表 C-1 常用分立元件图形符号

元件名称	常见图形符号	国家标准(GB4728)和国际标准(IEC617)
一般电阻	R R	R R
一般电容	C	C
极性电容	C C	C
一般电感	L	L
带磁芯的电感	L	L
压电晶体		
一般开关		
按钮开关		
二极管		
发光二极管		
三极管		

表 C-2　常用逻辑门电路图形符号

电路名称	原部颁标准	常见图形符号	国家标准（GB4728）和国际标准（IEC617）
与门	74LS08	74LS08	74LS08
或门	74LS32	74LS32	74LS32
非门	74LS04	74LS04	74LS04
或非门	74LS02	74LS02	74LS02
二输入端与非门	74LS00	74LS00	74LS00
四输入端与非门	74LS20	74LS20	74LS20
集电极开路的二输入端与非门（OC门）	74LS03	74LS03	74LS03
缓冲输出的二输入端与非门（驱动器）	74LS37	74LS37	74LS37
异或门	74LS86	74LS86	74LS86
带施密特触发特性的非门	74LS14	74LS14	74LS14

参考文献

[1] 邹丽新,翁桂荣.单片微型计算机原理[M].2版.苏州:苏州大学出版社,2009.
[2] 翁桂荣,邹丽新.单片微型计算机接口技术[M].苏州:苏州大学出版社,2007.
[3] 朱欣华,邹丽新,朱桂荣.智能仪器原理与设计[M].北京:高等教育出版社,2011.
[4] 周航慈.单片机应用程序设计技术[M].北京:北京航空航天大学出版社,1991.
[5] 谭浩强.C程序设计[M].4版.北京:清华大学出版社,2010.
[6] 杨加国,谢维成.单片机原理与应用及C51程序设计[M].北京:清华大学出版社,2009.
[7] 徐爱钧.KeilC51单片机高级语言应用编程技术[M].北京:电子工业出版社,2015.
[8] 郭天祥.51单片机C语言教程.北京:电子工业出版社[M],2013.
[9] 杨欣.实例解读51单片机完全学习与应用[M].北京:电子工业出版社,2011.
[10] 郑锋.51单片机应用系统典型模块开发大全[M].北京:中国铁道出版社,2013.
[11] 孙安青.MCS-51单片机C语言编程100例[M].北京:中国电力出版社,2015.
[12] 林立,张俊亮.单片机原理及应用:基于Proteus和KeilC[M].北京:电子工业出版社,2014.
[13] 陈蕾.单片机原理与接口技术[M].北京:机械工业出版社,2012.
[14] 彭伟.单片机C语言程序设计实训100例[M].2版.北京:电子工业出版社,2012.
[15] 康华光.电子技术基础模拟部分[M].6版.北京:高等教育出版社,2014.
[16] 康华光.电子技术基础数字部分[M].6版.北京:高等教育出版社,2014.
[17] 黄根春.全国大学生电子设计竞赛教程——基于TI器件设计方法[M].北京:电子工业出版社,2012.
[18] 于歆杰.电路原理[M].北京:清华大学出版社,2015.
[19] BruceCarter.运算放大器权威指南[M].4版.北京:人民邮电出版社,2014.
[20] 胡寿松.自动控制原理[M].6版.北京:科学出版社,2013.
[21] 胡汉才.单片机原理及其接口技术[M].3版.北京:清华出版社,2010.
[22] 朱兆优.单片机原理与应用:基于STC系列增强型80C51单片机[M].3版.北京:电子工业出版社,2016.
[23] 何宾.STC单片机原理及应用——从器件、汇编、C到操作系统的分析和设计立体化教程[M].北京:清华大学出版社,2015.
[24] 徐爱钧,徐阳.STC15单片机原理及应用[M].北京:高等教育出版社,2016.
[25] 丁向荣.单片微机原理与接口技术——基于STC15系列单片机[M].2版.北京:电子工业出版社,2018.
[26] 邹丽新,陈蕾,陈大庆,等.单片微型计算机实验与实践[M].苏州:苏州大学出版社,2017.